绿色食品生产操作规程（四）

张志华　张　宪　主编

中国农业出版社
北　京

本书编委会

主　任　张华荣

副主任　唐　泓　杨培生　陈兆云　张志华

成　员　张　宪　欧阳喜辉　郑必昭　李　岩

高照荣　曾晓勇　余新华　谭小平

闫志农　蔡全军　胡清秀　么宗利

张树秋

主　　编　张志华　张　宪

副 主 编　余汉新　唐　伟　刘艳辉　项爱丽

技术编审　马　雪　粘昊菲

参编人员（按姓氏笔画排序）

么宗利　王转丽　刘新桃　杜　芳

杨　芳　杨晓凤　张丙春　周　熙

周绪宝　郝志勇　郝贵宾　翁　华

梁　玉　谢陈国　樊恒明

序

绿色食品标准体系是绿色食品发展理念的技术载体，是绿色食品事业发展的基础。参照发达国家和地区食品质量安全的先进标准，结合我国国情农情，按照“安全与优质并重、先进性与实用性相结合”的原则和全程质量控制技术路线，我们建立了一套特色鲜明、先进实用、科学管用的标准体系，包括产地质量环境标准、生产技术标准、产品质量标准和包装储运标准。截至2021年底，经农业农村部发布的现行有效绿色食品标准142项，其中基础通用技术标准14项、产品标准128项。这些标准的发布实施，为指导绿色食品生产、规范标志许可审查和证后监管提供了重要依据。

绿色食品生产操作规程是绿色食品标准体系的重要组成部分，是落实绿色食品标准化生产的重要手段，是解决标准化生产“最后一公里”问题的关键。2020年，中国绿色食品发展中心组织部分绿色食品工作机构、相关科研机构、大专院校及农技推广部门，在各地原有相关工作的基础上，结合各地实际，充分融入绿色食品的理念和标准要求，按不同区域、不同作物品种、不同生产模式等生产条件，制定了50项绿色食品生产操作规程，包括绿豆、高粱、谷子、蚕豆、马铃薯、甘薯、花生、向日葵、哈密瓜、番茄、胡萝卜、大葱、大蒜、食用菌、猪、牛、鸡、鱼、虾、蟹20类产品。所制定的规程内容丰富、科学严谨、务实管用、可操作性强，必将对指导企业和农户按标生产、提升绿色食品标准化生产水平、引领农业全产业链标准化生产发挥积极作用。

此书汇总了2020年制定的50项区域性绿色食品生产操作规程，旨在为相关地区绿色食品生产提供规范指导，为绿色食品标准化生产提供重要依据。此书可作为绿色食品生产企业和农民作业指导书，也可作为各级绿色食品工作机构的工具书，同时可为其他农业企业提供技术参考，助推规程进企入户、落地生根，推动绿色食品事业高质量发展。

中国绿色食品发展中心主任 张华荣

目　录

绿色食品生产操作规程(四)

绿 色 食 品 生 产 操 作 规 程

LB/T 163—2021

北 方 地 区
绿色食品春播绿豆生产操作规程

2021-09-26 发布

2021-10-01 实施

中国绿色食品发展中心 发布

前　言

本规程由中国绿色食品发展中心提出并归口。

本规程起草单位：山西省农产品质量安全中心、中国绿色食品发展中心、山西农业大学、怀仁市龙首山粮油贸易有限责任公司、怀仁市农业技术推广中心、河北省农产品质量安全中心、吉林省绿色食品办公室、陕西省农产品质量安全中心。

本规程主要起草人：郑必昭、张志华、朱慧珺、敖奇、柴秀花、张耀文、赵雪英、闫虎斌、张泽燕、徐苗、杨雷鹏、鲁栋梁、荣晓亮、高伟、郝青婷、赵发辉、边青春、林静雅。

北方地区绿色食品春播绿豆生产操作规程

1 范围

本规程规定了北方地区绿色食品春播绿豆的产地环境、品种选择、整地施肥、播种、田间管理、收获、生产废弃物的处理、储藏、包装运输及生产档案管理。

本规程适用于河北北部、山西北部、辽宁、吉林、黑龙江、陕西等地区绿色食品春播绿豆的生产。

2 规范性引用文件

下列文件对于本文件的应用是必不可少的。凡是注日期的引用文件，仅注日期的版本适用于本文件。凡是不注日期的引用文件，其最新版本(包括所有的修改单)适用于本文件。

GB 4404.2 粮食作物种子 第2部分:豆类

GB 13735 聚乙烯吹塑型农用地膜覆盖薄膜

NY/T 391 绿色食品 产地环境质量

NY/T 393 绿色食品 农药使用准则

NY/T 394 绿色食品 肥料使用准则

NY/T 658 绿色食品 包装通用准则

NY/T 1056 绿色食品 储藏运输准则

3 产地环境

生产基地选在生态环境良好、无污染的地区，应远离公路、铁路干线及工矿区，避开工业和城市污染源的影响，并具有可持续生产能力。土地质地以壤土为宜，选地势平坦、土层深厚、质地疏松、肥力中上、保水保肥能力较好的地块。绿色食品生产和常规生产之间应设置物理屏障或有效缓冲带。产地环境条件应符合 NY/T 391 的要求。

4 品种选择

4.1 选择原则

选择适宜当地区域种植的优质、抗病、抗旱、抗倒、丰产、成熟期不炸荚的品种，以生育期为 70 d～105 d 的中晚熟品种为宜。

4.2 品种选用

建议选择晋绿豆 8 号、并绿 9 号、并绿 11 号、冀绿 9239、冀绿 7 号、中绿 5 号、白绿 8 号、白绿 11 号、吉绿 10 号等。种子质量应符合 GB 4404.2 的要求。

4.3 种子处理

用机械或人工清选，剔除混杂粒、病斑粒、虫蚀粒、瘪粒、破碎粒及杂质等。播前选择晴天晒种 1 d～2 d，每天翻动 2 次。

5 整地施肥

5.1 整地

深耕 25 cm～30 cm，适时耕翻耙匀，使地面平整、疏松，清除根茬、杂草，无坷垃、石块。有灌溉条件时，视墒情灌足底墒水，水质应符合 NY/T 391 的要求。

5.2 施肥

应符合 NY/T 394 的要求，坚持化肥减控，有机肥为主原则。鼓励测土配方施肥。无测土条件的，一般在旋耕前，每亩*施商品有机肥约 200 kg 或完全腐熟的农家肥 2 000 kg、氮(N)3 kg～5 kg、磷(P_2O_5)6 kg～8 kg、钾(K_2O)3 kg～4 kg。露地平播时，结合整地将商品有机肥、氮肥、磷肥一次性以底肥施入；覆膜穴播时，商品有机肥结合整地作为底肥施入，氮肥、磷肥结合播种，一次完成。土壤肥力较好的，可不施或少施肥料。

6 播种

6.1 茬口与播期

应尽量避免与豆类作物重茬、迎茬，避免白菜茬和辣椒茬。当土地表层 5 cm 处的地温连续 5 d 稳定通过 12 ℃以上时播种。

6.2 播种方式

6.2.1 覆膜穴播

北方高寒冷凉区，应选择质量符合 GB13735 规定的厚度≥0.01 mm、宽度 70 cm 的地膜，进行覆膜播种。采用拖拉机牵引多功能绿豆铺膜穴播机，起垄、覆膜、播种、施肥，一次完成。宽窄行种植，垄宽 35 cm～40 cm，垄沟宽 60 cm～65 cm，每垄 2 行，膜上穴播，根据地力及品种的不同，穴距为 15 cm～25 cm，每穴 3 粒～4 粒，覆土厚度 3 cm～5 cm。

6.2.2 露地平播

北方其他区域，可采用露地平播方式。采用机器播种，等行距或宽窄行种植均可。根据地区的差异，行距可选择 40 cm～50 cm 或 60 cm～65 cm，株距 10 cm～20 cm，播深 3 cm～5 cm，每亩播量 1.0 kg～1.5 kg，质地黏重且含水量高的土壤应适当浅播，沙壤土墒情差时适当深播，做到不重播、不漏播，深浅一致，覆土严密，播后及时镇压。

7 田间管理

7.1 查苗放苗

苗前如遇降雨导致地表板结，应及时用机具沿播种行轻碾压松土或人工放苗。出苗后，应及时查苗，缺苗时及早进行催芽坐水补种。

7.2 间苗定苗

幼苗 2 叶～3 叶时，间苗、定苗，去小留大、去弱留强、去杂留纯。高肥水地每亩留苗 0.67 万株～1.0 万株；中肥水地块每亩留苗 1.1 万株～1.3 万株；水肥差的旱薄地每亩留苗 1.4 万株～1.5 万株。

露地平播时需结合间苗、定苗，浅锄 1 次，分枝期至封垄前视田间情况中耕 1 次～2 次。

在绿豆开花期可视墒情浇水 1 次～2 次，每次每亩浇水量 30 m^3～40 m^3，水质应符合 NY/T 391 的要求。

7.3 病虫草害防治

7.3.1 防治原则

坚持预防为主，综合防治的植保方针，以农业防治为基础，优先使用物理防治和生物防治，必要时科学使用低毒、高效、低残留的农药品种进行化学防治。

7.3.2 常见病虫草害

豆荚螟、斑须蝽、蝼蛄、蚜虫、灰灰菜、马齿苋等。

---

* 亩为非法定计量单位，1 亩≈667 m^2。

7.3.3 防治措施

7.3.3.1 农业防治

与禾本科等非豆科作物合理轮作；选用耐病抗病品种；选用籽粒饱满、无霉变、无病变的种子；中耕锄草；收获后及时深翻晾晒；清洁田园，减轻病虫害的发生。

7.3.3.2 物理防治

根据害虫生物学特性，采用黄板诱杀蚜虫，用频振灯诱杀蝼蛄等害虫的成虫，用黑光灯诱杀豆荚螟、豇豆荚螟、豆卷叶野螟等害虫的成虫。通过人工清除病株和病部防治病害，采用人工除草或机械除草防治草害。

7.3.3.3 生物防治

利用天敌控制有害生物的发生；如利用七星瓢虫和食蚜蝇防治蚜虫，利用广赤眼蜂和松毛虫赤眼蜂防治斑须蝽。

7.3.3.4 化学防治

农药的使用应符合 NY/T 393 的要求，所选用的农药获得国家在绿豆上的使用登记证号，具体化学防治方法参见附录 A。

8 收获

8.1 采收

8.1.1 人工收获

当田间 90%以上的豆荚变黑褐色、荚皮变硬后，人工采摘收获。

8.1.2 机械收获

当田间 95%以上的豆荚变黑褐色、荚皮变硬后，机械一次性收获。

8.2 脱粒、晾晒

收获完成后，及时脱粒、晾晒，然后用清选设备清选。感官要求籽粒色泽具有该豆类固有的色泽，气味具有该豆类固有的气味，无异味。

9 生产废弃物处理

生产资料包装物使用后当场收集或集中处理，不能引起环境污染。收获后的绿豆秸秆可粉碎还田，也可将其收集整理后用于家畜喂养或其他用途。

10 储藏

籽粒含水量≤13%时，按标准装袋入库。仓库的地周边、墙壁、墙面、门窗、房顶和管道等做防鼠处理，必要时，可在出入品及窗户处设置挡鼠板或粘鼠板。储藏设施、周围环境、卫生要求、出入库、堆放等应符合 NY/T 1056 的要求。

11 包装运输

包装材料应符合 NY/T 658 的要求，且方便回收。运输工具应清洁、干燥、无污染、有防雨设施，不得与非绿色食品绿豆及其他有毒有害、易污染环境的物品混装混运，应符合 NY/T 1056 的要求。

12 生产档案管理

建立并保存相关记录，健全生产记录档案，为生产活动追溯提供有效的证据。记录主要包括产地环境、种子、栽培技术、肥料、病虫草害防治措施、收获、储藏、运输、销售、废弃物处理记录等。记录应真实准确，生产记录档案保存 3 年以上。

附　录　A
（资料性附录）
北方地区绿色食品春播绿豆生产主要草害防治方案

北方地区绿色食品春播绿豆生产主要草害防治方案见表 A.1。

表 A.1　北方地区绿色食品春播绿豆生产主要草害防治方案

防治对象	防治时期	农药名称	使用剂量	施药方法	安全间隔期，d
禾本科杂草	苗后	5%精喹禾灵乳油	60 mL/亩～70 mL/亩	茎叶喷雾	60
注：农药使用以最新版本 NY/T 393 的规定为准。					

LB/T 164—2021

北 方 地 区
绿色食品夏播绿豆生产操作规程

2021-09-26 发布 2021-10-01 实施

中国绿色食品发展中心 发布

前　言

本规程由中国绿色食品发展中心提出并归口。

本规程起草单位:河南省绿色食品发展中心、河南省农业科学院粮食作物研究所、周口市农产品质量安全检测中心、南阳市农产品质量检测中心、濮阳市农产品质量安全监测检验中心、漯河市郾城区农业农村局检测站、中国绿色食品发展中心、河北省农产品质量安全中心、山西省农产品质量安全中心、山东省绿色食品发展中心。

本规程主要起草人:樊恒明、李君霞、于璐、乔春楠、杨朝晖、秦娜、许琦、姬伯梁、张琪、王飞、刘金权、乔新平、房丽婷、宋迎辉、介元芬、孙颖、赵梦璐、石聪、田俊屹、刘娟。

北方地区绿色食品夏播绿豆生产操作规程

1 范围

本规程规定了北方地区绿色食品夏播绿豆生产的产地环境、品种选择、整地播种、田间管理、收获、生产废弃物处理、运输储藏、包装运输及生产档案管理。

本规程适用于河北南部、山西南部、河南西北部、山东北部的绿色食品绿豆生产。

2 规范性引用文件

下列文件对于本文件的应用是必不可少的。凡是注日期的引用文件，仅注日期的版本适用于本文件。凡是不注日期的引用文件，其最新版本(包括所有的修改单)适用于本文件。

GB 4404.2 粮食作物种子 第2部分:豆类

NY/T 391 绿色食品 产地环境质量

NY/T 393 绿色食品 农药使用准则

NY/T 394 绿色食品 肥料使用准则

NY/T 658 绿色食品 包装通用准则

NY/T 1056 绿色食品 储藏运输准则

3 产地环境

3.1 环境条件

应选择生态环境良好和无污染的地区，远离工矿区和公路铁路干线，避开工业和城市污染源的影响，基地相对集中连片，产地环境条件应符合 NY/T 391 的要求。

3.2 土壤条件

要求耕层深厚，有机质含量≥1%，以土质疏松肥沃、透气性好的中性或弱碱性壤土、排灌方便、不重茬的地块为宜。最好与禾本科作物间隔2年～3年轮作1次。

3.3 地理条件

本区位于北纬34°～40°，本区域种植制度为两年三熟或一年两熟制。

4 品种选择

4.1 选择原则

根据北方地区生产条件及市场需求，因地制宜地选择株型直立紧凑，底荚果与地面有一定的高度，结荚集中、成熟相对一致，高产、优质、抗逆性强品种。

4.2 品种选用

各地结合区域条件，选择抗旱、抗病性强、适应性广的优良绿豆品种。河北:冀绿9号、冀绿13等。山西:晋绿1号、晋绿6号等。山东:潍绿11号、潍绿12号等。河南:郑绿8号、郑绿12等。种子质量应符合 GB 4404.2 的要求。

5 整地播种

5.1 整地

前茬宜选小麦、马铃薯等非豆科作物茬口。播前要趁墒深翻耕，精细整地，耕深20 cm～25 cm;或麦收后及早整地，浅犁细耙，掩埋底肥。

5.2 施足底肥、种肥

每亩施农家肥2 000 kg～3 000 kg，硫酸铵（含N 20%）20 kg/亩～30 kg/亩、过磷酸钙（含P_2O_5 12%）20 kg/亩～30 kg/亩，或复合肥25 kg/亩～40 kg/亩做底肥，播种前结合整地一次施入；土壤肥力差时，每亩应施尿素2 kg～2.5 kg做种肥，种肥深施于种子下方4 cm～5 cm处，切忌种肥同位。

5.3 播前造墒

播种要求田间土壤持水量70%以上，播前根据土壤墒情及时灌水或坐水点播。灌溉水质量应符合NY/T 391的要求。

5.4 播种

5.4.1 播期

麦收后抢墒播种后，立即耙磨一遍，镇压保墒。适播期6月中旬以前，不晚于7月上旬。

5.4.2 种子处理

播种前利用风选、水选、机械清选，选留饱满大粒种子。播前5 d～7 d将种子摊在席子上，厚度≤5 mm，翻晒1 d～2 d。播前用根瘤菌肥（3亿个/g）每亩120 g～130 g接种，或钼酸铵3 g、硼砂3 g～5 g拌种，或用种量3%的增产菌拌种，或用1%的磷酸二氢钾拌种。

5.4.3 播种方式

有条播、穴播和撒播3种。大面积播种可用机器条播；选择穴播机，保证种肥隔离5 cm～7 cm，行距40 cm～50 cm，穴距15 cm～17 cm，每穴1粒～3粒，覆土深度3 cm～5 cm为宜。土壤墒情差，播后镇压，土壤黏重或水分较大时可浅播，播后遇雨应及时浅松土表。

5.4.4 播量及留苗密度

按照早熟品种密晚熟品种稀，旱地密水浇地稀，瘠薄地密肥地稀，直立型密蔓生型稀的原则留苗。根据粒型大小，亩播量1.0 kg～2.0 kg，一般每亩留苗12 000株～15 000株。

6 田间管理

6.1 查苗补苗、间定苗

出苗后及时查苗、补苗。补种和移栽应在7 d内完成；第1片复叶出现间苗，第2片复叶展开后定苗。

6.2 中耕除草

中耕掌握“浅—深—浅”原则，头遍中耕在苗期进行，破除板结，结合间定苗进行第2次中耕，第3遍在开花封垄前中耕，深度5 cm～7 cm，结合中耕，进行培土、除草和扩根。

6.3 灌溉排水

有条件的地区可在绿豆开花前灌水1次，结荚期再灌水1次。如水源紧张，应集中在盛花期灌水1次。灌溉量应使土壤田间持水量保持在80%左右。绿豆遇雨应注意排涝。灌溉水质量应符合NY/T 391的要求。

6.4 追肥

使用肥料应严格按照NY/T 394规定执行。以有机肥为主，化肥为辅。当季无机氮与有机氮用量比不超过1∶1，无机氮素用量不得高于当季非绿色食品作物需求量的一半。做到氮、磷、钾及中、微量元素合理搭配。

始花期叶面追施，每亩用磷酸二氢钾40 g～60 g、钼酸铵25 g～35 g、硼砂15 g～25 g，各兑水15 kg～20 kg，或用0.4%磷酸二氢钾与1%尿素混合；花荚期叶面喷施硼酸溶液（含H_3BO_3 0.2%）

0.7 kg/亩～1 kg/亩、磷酸二氢钾 0.3 kg/亩。

6.5 病虫害防治

6.5.1 防治原则

坚持农业防治、物理防治、生物防治为主，化学防治为辅的绿色食品综合防治原则，预防为主，综合防治。农药使用严格执行 NY/T 393 的有关规定。

6.5.2 常见病虫害

根腐病、病毒病、叶斑病、白粉病、地老虎、蚜虫、豆叶螟等。

6.5.3 防治措施

6.5.3.1 农业防治

选用抗病抗逆优质品种。与禾本科等非豆科作物合理轮作，加强田间管理，做好田园清洁，及时拔掉病株、病叶、病荚。适期播种，避开病虫害高发期。

6.5.3.2 物理防治

根据害虫生物学特性进行诱杀。利用频振式杀虫灯、黑光灯诱杀小地老虎、豆荚螟，每 20 亩安装 1 台频振式杀虫灯为宜；利用糖醋液(红糖 5：醋 20：水 80)诱杀金龟子、小地老虎，每亩挂 10 个～20 个为宜；利用黏虫板诱杀蚜虫、飞虱，按照每亩挂 30 块～40 块的密度挂在行间，悬挂高度高出植株上部 20 cm～30 cm，或人工捕捉等。采用防鸟网、稻草人、悬挂彩飘带等防控鸟害。

6.5.3.3 生物防治

积极保护利用天敌，利用田间捕食螨、寄生蜂等自然天敌捕食蚜虫。

6.5.3.4 化学防治

化学防治应在专业技术人员指导下进行。农药的使用应符合 NY/T 393 的要求，所选用的农药获得国家在绿豆上的使用登记或符合省级农业主管部门的临时用药措施。

7 收获

7.1 分次采收

田间 70%左右豆荚变色，豆角变干，豆粒圆鼓时分次采收，每隔 6 d～8 d 采摘 1 次，应在 10:00 前及傍晚收获，实行单打、单收。

7.2 一次性收获

全田 80%以上荚果变黑、籽粒含水量 15%左右时及时机械收获。

7.3 及时晾晒

绿豆收获后应选择通风阴凉处及时晾晒，防止雨浸湿发芽。

8 生产废弃物处理

生产资料包装物使用后当场收集或集中处理，不能引起环境污染。收获后的绿豆秸秆应掩青还田，也可将其收集整理后用于其他用途，不得在田间焚烧。

9 运输储藏

9.1 储藏

绿豆晾晒清选后储藏于冷凉干燥处，籽粒含水量控制在 13.5%以下。储藏设施、周围环境、卫生要求、出入库、堆放等应符合 NY/T 1056 的要求。仓库的地周边、墙壁、墙面、门窗、房顶和管道等，都做防鼠处理，所有的缝隙不超过 1 cm。

9.2 包装运输

包装材料符合绿色食品相关产品质量要求且方便回收，包装符合 NY/T 658 的要求；运输工具清洁、干燥、有防雨设施，运输符合 NY/T 1056 的要求，运输过程中禁止与其他有毒有害、易污染环境的物质接触。

10 生产档案管理

建立绿色食品绿豆田间技术档案，做好整个生产过程的全面记载，为生产活动追溯提供可查资料。详细记录产地环境条件、生产技术、病虫害防治、采收、运输、储藏、销售等各环节所采取的具体措施。记录应真实准确，生产记录档案保存 3 年以上，做到农产品生产可追溯。

绿 色 食 品 生 产 操 作 规 程

LB/T 165—2021

南 方 地 区
绿色食品夏播绿豆生产操作规程

2021-09-26 发布　　2021-10-01 实施

中国绿色食品发展中心　发布

前　言

本规程由中国绿色食品发展中心提出并归口。

本规程起草单位:安徽省农业科学院作物研究所、安徽省绿色食品管理办公室、宣城市农产品质量安全监管局、安徽省公众检验研究院有限公司、黄山市农业技术推广中心、旌德县农产品质量安全监管局、江苏省绿色食品办公室、荆门(中国农谷)农业科学研究院、重庆市农产品质量安全中心、中国绿色食品发展中心。

本规程主要起草人:周斌、周伟、杨勇、张俊、叶卫军、洪剑、刘舜舜、王健、武美兰、杭祥荣、王光俊、张海彬、张晓云。

南方地区绿色食品夏播绿豆生产操作规程

1 范围

本规程规定了南方地区绿色食品夏播绿豆生产的产地环境、品种选择、整地和施肥、播种、田间管理、病虫草害防治、收获和脱粒清选、储存、包装运输、生产废弃物处理及生产档案管理。

本规程适用于江苏、安徽、湖北等长江中下游地区及重庆西部的绿色食品夏播绿豆生产。

2 规范性引用文件

下列文件对于本文件的应用是必不可少的。凡是注日期的引用文件，仅注日期的版本适用于本文件。凡是不注日期的引用文件，其最新版本（包括所有的修改单）适用于本文件。

GB 4404.2 粮食作物种子 第2部分：豆类

NY/T 285 绿色食品 豆类

NY/T 391 绿色食品 产地环境质量

NY/T 393 绿色食品 农药使用准则

NY/T 394 绿色食品 肥料使用准则

NY/T 658 绿色食品 包装通用准则

NY/T 1056 绿色食品 储藏运输准则

3 产地环境

生产基地选择在无污染和生态条件良好的地区，空气环境和灌溉水质良好、光照条件好、排灌方便、土层深厚、土壤疏松肥沃；基地应远离工矿区和公路、铁路干线，避开工业和城市污染源。大气、灌溉水、土壤的质量应符合 NY/T 391 的要求。

4 品种选择

4.1 选择原则

选用适宜当地生态气候特点、熟期适宜、抗病抗逆性强、丰产性好、商品率高的优良品种。

4.2 推荐品种

江苏、安徽推荐选用中绿5号、苏绿2号、皖科绿3号、冀绿7号等，湖北推荐选用鄂绿4号、鄂绿5号、冀绿11、中绿14等，重庆西部推荐选用冀绿21、潍绿8号、渝黑绿3号等。

5 整地和施肥

5.1 整地

前茬作物收获后，深耕细耙2遍～3遍，使土壤疏松，上虚下实。

5.2 施基肥

结合整地施用基肥，每亩施用有机肥1 000 kg～1 500 kg、过磷酸钙15 kg～20 kg、尿素5 kg。肥土混匀。肥料使用按 NY/T 394 的规定执行。

6 播种

6.1 种子

6.1.1 种子质量

种子质量符合 GB 4404.2 的要求。品种纯度不低于96%，净度不低于99%，发芽率不低于85%，水分不高于13%。

6.1.2 种子处理

播前选晴天把种子摊匀晾晒1 d。

6.2 播种

6.2.1 播种期

根据茬口和品种特性确定播期,夏播绿豆适播期为6月中旬至7月中旬,迟播不能晚于8月上旬。

6.2.2 播种方法

机械或人工播种,可采取条播、穴播2种方式。

6.2.3 播种量

根据品种特性、气候条件和土壤肥力,确定播种量。一般亩用种1.0 kg~1.5 kg。

6.2.4 播种深度

根据土壤墒情,一般播种深度为3 cm~4 cm。

7 田间管理

7.1 间苗

第1片复叶展开前间苗,做到间小留大、间杂留纯、间弱留强。

7.2 定苗

第2片复叶展开后定苗,根据品种特性和土壤肥力,每亩留苗8 000株~12 000株。

7.3 中耕除草

出苗到开花前,中耕除草2次~3次,中耕深度掌握"浅—深—浅"的原则,并进行培土,护根排水。

7.4 肥水管理

开花以后土壤含水量以60%~70%为宜。封垄前长势不足,可追施尿素5 kg/亩。花期防虫的同时可用0.2%磷酸二氢钾溶液喷洒植株。

8 病虫草害防治

8.1 防治原则

以保持和优化农业生态系统为基础,建立有利于各类天敌繁衍和不利于病虫草害滋生的环境条件,提高生物多样性,维持农业生态系统的平衡。坚持预防为主、综合防治的理念,以农业措施、物理防治、生物防治为主,优先采用农业措施。

8.2 常见病虫害

8.2.1 病害

主要有病毒病、白粉病、叶斑病等。

8.2.2 虫害

主要有蚜虫、斜纹夜蛾、豆荚螟、豆象等。

8.3 防治措施

8.3.1 农业防治

选用对当地主要病虫害高抗的优质品种,培育无病虫壮苗;创造适宜作物生长发育的环境条件,施足有机肥,控制氮素化肥,平衡施肥,有机肥须充分腐熟;及时拔除病株,带出田外深埋,并彻底清园;加强水分管理,严防田间积水;人工除草防治草害。

8.3.2 物理防治

用蓝黄板(规格25 cm×30 cm,25 m^2/张)或频振式杀虫灯(半径120 m/盏)诱杀多种害虫成虫。

−18 ℃冷冻 10 h 或−10 ℃冷冻 10 d 或−5 ℃～0 ℃冷冻 30 d 防治豆象。

8.3.3 生物防治

积极保护并利用天敌防治病虫害，如用瓢虫防治蚜虫。

9 收获和脱粒清选

9.1 收获

熟期一致的品种在田间豆荚 2/3 变黑时采用人工一次性收割；熟期不一致的品种分 2 期～3 期收获，人工采摘豆荚，最后一期一次性收割。

9.2 脱粒清选

豆荚及时晾晒。至 20％炸裂时，人工或机械脱粒清选。籽粒需符合 NY/T 285 的要求，水分≤13.5％，杂质≤1.0％，纯粮率≥97.0％。

10 储存

籽粒晾晒至水分下降至 13％后入库储藏。储藏温度 10 ℃～12 ℃，空气相对湿度 70％～80％，库内堆放应气流均匀畅通。储藏设施、周围环境、卫生要求、出入库、堆放等应符合 NY/T 1056 的要求。储藏设施应具有防虫、防鼠、防鸟的功能，储藏条件应符合温度、湿度和通风等要求。

11 包装运输

包装材料符合食品相关产品质量要求，包装符合 NY/T 658 的要求，包装材料方便回收；运输工具和运输管理等应符合 NY/T 1056 的要求。应用专用车辆。运输用的车辆、工具、铺垫物等应清洁、干燥、无污染，不得与非绿色食品及其他有毒有害物品混装混运。

12 生产废弃物处理

生产资料包装物使用后当场收集或集中处理，不能引起环境污染。收获后的植株应粉碎还田，或将其收集整理后用于其他用途，不得在田间焚烧。

13 生产档案管理

建立并保存相关记录，为生产活动追溯提供有效的证据。记录主要包括种子、肥料、农药采购记录及肥料、农药使用记录；种植全过程农事活动记录；收获、运输、储藏、销售记录。记录应真实准确，保存期限不得少于 3 年，做到农产品生产可追溯。

附 录 A
(资料性附录)
南方地区绿色食品夏播绿豆生产主要草害防治方案

南方地区绿色食品夏播绿豆生产主要草害防治方案见表 A.1。

表 A.1 南方地区绿色食品夏播绿豆生产主要草害防治方案

防治对象	防治时期	农药名称	使用剂量	使用方法	安全间隔期,d
一年生禾本科杂草	杂草 3 叶～5 叶期	5%精喹禾灵乳油	50 mL/亩～70 mL/亩	茎叶喷雾	每季作物最多使用 1 次
注:农药使用应以最新版本 NY/T 393 的规定为准。					

绿 色 食 品 生 产 操 作 规 程

LB/T 166—2021

东 北 地 区
绿色食品春播谷子生产操作规程

2021-09-26 发布　　　　2021-10-01 实施

中国绿色食品发展中心　发布

前　　言

本规程由中国绿色食品发展中心提出并归口。

本规程起草单位:内蒙古自治区绿色食品发展中心、赤峰市农畜产品质量安全监督站、巴林左旗农牧局、内蒙古农业大学、宁城县农牧局、中国绿色食品发展中心、辽宁省农产品加工流通促进中心、吉林省绿色食品办公室、黑龙江省绿色食品发展中心、呼和浩特农畜产品质量安全中心、科右中旗农畜产品质量安全监督检测站、鄂托克旗农畜产品质量安全监督管理站。

本规程主要起草人:包立高、李岩、王向红、李艳丽、郝贵宾、郝璐、李刚、于永俊、吕晶、李松林、张永平、刘英然、刘斌斌、吴秋雁、张金凤、周东红、栗瑞红、范琦智、宁淑红。

东北地区绿色食品春播谷子生产操作规程

1 范围

本标准规定了东北地区绿色食品谷子种植的基本要求、品种选择、播前准备、播种、田间管理、病虫草害防治、收获、生产废弃物处理包装、运输储藏和生产档案管理技术内容。

本标准适用于内蒙古、吉林、辽宁、黑龙江地区的绿色食品春播谷子种植。

2 规范性引用文件

下列文件对于本文件的应用是必不可少的。凡是注日期的引用文件，仅注日期的版本适用于本文件。凡是不注日期的引用文件，其最新版本(包括所有的修改单)适用于本文件。

GB/T 8232　粟

GB 13735　聚乙烯吹塑农用地面覆盖薄膜

GB/T 35795　全生物降解农用地面覆盖薄膜

NY/T 391　绿色食品　产地环境质量

NY/T 393　绿色食品　农药使用准则

NY/T 394　绿色食品　肥料使用准则

NY/T 658　绿色食品　包装通用准则

NY/T 1056　绿色食品　储藏运输准则

3 基本要求

3.1 气候条件

无霜期 95 d～125 d，≥10 ℃年有效积温在 1 600 ℃～3 000 ℃，年降水量在 300 mm 以上。

3.2 土壤条件

谷子适应各种土壤类型上种植。一般要求耕层厚度≥30 cm，有机质含量≥10.0 g/kg，坡度≤15%，并符合 NY/T 391 的要求。

4 品种选择

4.1 选择原则

选用生育期适宜、优质、抗病虫害、抗逆并经登记通过的品种，并符合 GB/T 8232 的要求。

4.2 推荐品种

黄金苗系列：黄八叉、大金苗、小金苗、赤优金苗系列、金苗 K 系列、敖谷金苗等；

毛毛谷系列：毛毛谷等；

红谷系列：赤优红谷、峰红系列、红谷 K 系列、敖汉红谷、敖红谷等；

赤谷系列：赤谷 8 号、赤谷 10 号、峰谷系列、赤谷 K 系列、峰优谷系列、中敖谷系列等；

公谷系列：公谷 60、公谷 84、公谷 88；

金谷系列：金谷 2 号、金谷 3 号；

龙谷系列：龙谷 25；

朝谷系列：朝谷 58；

九谷系列：九谷 11、九谷 13。

5 播前准备

5.1 选地

选择前茬为豆类、马铃薯、玉米、高粱等地块，避免重茬、迎茬。

5.2 整地

上茬作物收获后至土壤封冻前或谷子播种前 10 d～15 d，灭茬并深耕 25 cm 以上，耕后耙、耢、镇压，疏松土壤，达到上平下碎。结合整地每亩施腐熟农家肥 1 000 kg 以上。

5.3 地膜选择

选择厚度≥0.010 mm 的地膜或者降解膜，幅宽 80 cm～90 cm、120 cm～130 cm，并符合 GB 13735、GB/T 35795 的要求。

5.4 种子处理

5.4.1 温汤浸种

用 30 ℃左右的温水浸泡种子 2 h～3 h 后，自然晾干。

5.4.2 药剂拌种

药剂应符合 NY/T 393 的要求。可用 36%的甲基硫菌灵悬浮剂 1 000 倍～2 000 倍液拌种防治黑穗病。

6 播种

6.1 播期

耕层 5 cm 土壤温度达到 5 ℃稳定 7 d 以上开始播种。

6.2 播量

根据不同模式确定播种量，露地种植每亩播量 0.2 kg～0.3 kg；半膜膜下滴灌种植每亩播量 0.15 kg～0.2 kg；全膜覆盖种植和露地种植每亩播量 0.15 kg～0.2 kg。

6.3 播种方法

6.3.1 露地种植

匀垄开沟种植，行距 40 cm～45 cm，用谷子精量播种机一次性完成开沟、施肥、播种、镇压等作业，播种深度 4 cm～5 cm。

6.3.2 半膜膜下滴灌种植

大小垄种植，大垄宽 60 cm～70 cm，小垄宽 40 cm，穴距 16.5 cm，每亩播种 0.75 万穴～0.8 万穴，每穴2 株～3 株。

半膜膜下滴灌沟播模式选用膜下滴灌精量播种机一次性完成开沟起垄、侧深施肥、铺滴灌带、覆膜、破膜穴播、覆土镇压等作业程序。

半膜膜下滴灌平播模式采用施肥点播机一次性完成开沟、侧深施肥、标准覆膜、破膜穴播、覆土镇压等作业程序。两种模式播种深度均为 3 cm～5 cm。

6.3.3 全膜覆盖种植

大小垄种植，大垄宽 60 cm～70 cm，小垄宽 40 cm，穴距 16.5 cm，每亩播种 0.75 万～0.8 万穴，每穴2 株～3 株。用全膜覆盖精量播种机沟播种植，一次性完成开沟、起垄、施肥、覆膜、破膜穴播、镇压等作业程序，播种深度 3 cm～5 cm。

6.4 种肥

6.4.1 施肥原则

肥料使用应符合 NY/T 394 的要求。

6.4.2 露地种植

结合播种，每亩施磷酸二铵（46% P_2O_5）5 kg～7.5 kg，尿素（46% N）1 kg～1.5 kg，50%硫酸钾（50% K_2O）4 kg～5 kg做种肥，施肥深度8 cm～10 cm。

6.4.3 半膜膜下滴灌种植

6.4.3.1 推荐配方

结合播种，每亩按50%配方肥即20∶20∶10（N∶P_2O_5∶K_2O）25 kg～30 kg。施肥深度8 cm～10 cm。

6.4.3.2 常规配方

结合播种，每亩施用尿素（46% N）10 kg～15 kg，磷酸二铵（46% P_2O_5）12 kg～15 kg，硫酸钾（50% K_2O）4 kg～5 kg，施肥深度8 cm～10 cm。

6.4.4 全膜覆盖种植

推荐配方：结合播种，采取一次性深施技术，每亩按50%配方肥即20∶20∶10（N∶P_2O_5∶K_2O），施用25 kg～30 kg。施肥深度8 cm～10 cm。

常规配方：结合播种，采取化肥一次性深施技术，每亩施用尿素（46% N）10 kg～15 kg，磷酸二铵（46% P_2O_5）10 kg～12 kg，硫酸钾（50% K_2O）5 kg～6 kg，施肥深度8 cm～10 cm。

7 田间管理

7.1 查苗护膜

播种后应及时检查出苗情况。地膜覆盖田如遇大风揭膜，应及时用土封严，如遇苗孔错位、覆土层板结时，应及时放苗。

7.2 间、定苗

7.2.1 露地种植

在谷子3叶1心时开始间苗、定苗；露地种植每亩留苗2万株～3万株，株距5.0 cm～8.0 cm。半膜膜下滴灌种植及全膜覆盖种植每亩留苗1.5万株～2.4万株。

7.3 中耕

7.3.1 露地种植

结合间、定苗垄间浅耘；拔节期深中耕，同时拔除垄内大草。

7.3.2 半膜膜下滴灌种植

在谷子拔节前利用中耕机清除杂草，将垄间杂草翻入地下，视杂草生长情况耥地1遍～2遍，耥地深3 cm～4 cm。

7.4 浇水

有灌溉条件的地区，采用膜下滴灌。播种后及时浇出苗水，每亩浇水15 m^3～20 m^3，在拔节期至灌浆期视土壤墒情及降雨情况浇水1次～3次。

7.5 追肥

7.5.1 露地种植

拔节期每亩追施尿素（46% N）10 kg～15 kg，追肥时将尿素撒施于距谷苗5 cm～7 cm处，然后及时深中耕。

7.5.2 半膜膜下滴灌种植

在拔节期结合滴灌每亩追施尿素2 kg～5 kg。

8 病虫草害防治

8.1 防治原则

病虫草害要以预防为主，及时根据病虫情测报，进行防治。以农业防治、物理防治和生物防治为主，化学防治用药要符合 NY/T 393 的要求。

8.2 常见病虫草害

白发病、黑穗病、粟叶甲、粟灰螟、黏虫、稗草。

8.3 农业防治

因地制宜选用抗病虫品种，轮作倒茬。栽培过程合理密植，通风透光，加强水肥管理，培育壮苗。收获后通过深翻，破坏害虫繁殖场所。对感染病虫害的秸秆集中进行无害处理，减少病虫害繁殖基数。结合中耕等及时除草。

8.4 物理防治

可利用频振杀虫灯或会黑光灯诱杀粟叶甲、粟灰螟、黏虫等害虫。

8.5 生物防治

喷施大蒜素、食醋等趋避粟叶甲、粟灰螟、黏虫等害虫。

8.6 化学防治

可用 12.5%烯禾啶乳油 100 mL/亩～140 mL/亩除稗草等一年生禾本科杂草，见附录 A。

9 收获

谷粒全部变黄、硬化、叶片枯黄后适时收割，割茬高度 3 cm～5 cm，割倒并晾晒 5 d～7 d 风干，脱粒、清选后，入库储藏。

10 生产废弃物处理

谷子收获后，应及时清除田间秸秆、残膜，进行无害化处理；及时回收滴灌带。

11 包装

包装应符合 NY/T 658 的要求，对绿色食品谷子进行包装销售。

12 运输储藏

应符合 NY/T 1056 的要求，采收及运输严格按要求操作。

13 生产档案管理

生产者需建立《东北地区绿色食品谷子生产管理档案》，生产管理档案应明确记录种植、管理、收获、储存等各个环节内容，包括产地环境条件、生产技术、田间农事操作、投入品管理，病虫草害的发生时期、程度及防治方法，采收及采后处理、后期管理记录等情况。生产管理档案至少保存 3 年，做到产品可追溯。

附 录 A
(资料性附录)
东北地区绿色食品春播谷子生产主要病草害防治方案

东北地区绿色食品春播谷子生产主要病草害防治方案见表A.1。

表A.1 东北地区绿色食品春播谷子生产主要病草害防治方案

防治对象	防治时期	农药名称	使用剂量	使用方法	安全间隔期,d
黑穗病	发病初期	36%甲基硫菌灵悬浮剂	1 000倍～2 000倍液	浸种	30
禾本科杂草	苗后	12.5%烯禾啶乳油	100 mL/亩～140 mL/亩	茎叶喷雾	—
注:农药使用以最新版本NY/T 393的规定为准。					

绿 色 食 品 生 产 操 作 规 程

LB/T 167—2021

西 北 地 区
绿色食品春播谷子生产操作规程

2021-09-26 发布　　　　2021-10-01 实施

中国绿色食品发展中心　发布

前　言

本规程由中国绿色食品发展中心提出并归口。

本规程起草单位：山西省农产品质量安全中心、中国绿色食品发展中心、山西农业大学、中国农业科学院农业环境与可持续发展研究所、怀仁市龙首山粮油贸易有限责任公司、天镇县农技中心、河北省农产品质量安全中心、内蒙古自治区农畜产品质量安全监督管理中心、陕西省农产品质量安全中心、甘肃省绿色食品办公室。

本规程主要起草人：郝志勇、唐伟、卢成达、秦香苗、李千广、黄学芳、王娟玲、黄明镜、赵晓琴、白素芳、刘化涛、赵聪、史云虎、孙东宝、刘永忠、李阳、赵发辉、郝贵宾、王璋、杜彦山。

西北地区绿色食品春播谷子生产操作规程

1 范围

本规程规定了西北地区绿色食品春播谷子生产的产地环境、播前准备、播种、田间管理、收获、生产废弃物处理、运输储藏及生产档案管理。

本规程适用于河北、山西、内蒙古、陕西、甘肃及宁夏地区绿色食品春播谷子的生产。

2 规范性引用文件

下列文件对于本文件的应用是必不可少的。凡是注日期的引用文件，仅注日期的版本适用于本文件。凡是不注日期的引用文件，其最新版本(包括所有的修改单)适用于本文件。

GB 4404.1 粮食作物种子 第1部分:禾谷类

NY/T 391 绿色食品 产地环境质量

NY/T 393 绿色食品 农药使用准则

NY/T 394 绿色食品 肥料使用准则

NY/T 1056 绿色食品 储藏运输准则

3 产地环境

生产基地应选择在无污染和生态环境良好的地区，应远离工矿区和公路铁路干线，避开工业和城市污染源的影响。生产基地的大气、土壤、水质等产地环境条件应符合 NY/T 391 的要求，并确保在谷子生产过程中环境质量不下降。

4 播前准备

4.1 选地

选择土壤耕层深厚、地势平坦、排灌方便、土壤结构适宜的地块，土质以红、黄壤土或红黏土、红沙土为宜，土壤有机质含量在 10 g/kg 以上。忌选通透性差、排水不良的沟洼下湿地和窝风多雾地块。选择实行 3 年以上轮作倒茬的地块，前茬以豆类、薯类、玉米、油料等作物为宜，避免重茬、迎茬。

4.2 整地

前茬作物秋收后，土壤封冻前，及时灭茬耕翻，耕翻深度 20 cm～25 cm，春季地表解冻时及时耙耱保墒。未秋耕翻地块，应在早春顶凌耕翻，翻、耙、压等作业紧密结合，消除坷垃，碎土保墒，使耕层土壤达到上虚下实。

4.3 种子

4.3.1 品种选择

选择适宜当地生态气候条件的已审定或已登记的高产优质、抗逆性强、商品性好的优良品种。河北省可选用张杂谷系列、冀谷系列的冀谷 39、冀谷 42 等品种；山西省可选用晋谷 21、晋谷 29、长生 13 等品种；内蒙古可选用黄金苗系列、红谷系列、赤谷系列的赤谷 8 号、赤谷 10 号、公谷系列的公谷 60、公谷 84、公谷 88、金谷系列的金谷 2、金谷 3、龙谷系列的龙谷 25 等品种；陕西省可选用晋谷 21、晋谷 29、汾选 3 号等品种；甘肃省可选用陇谷 13、陇谷 14、陇谷 15 等品种；宁夏回族自治区可选用晋谷 21、晋谷 40、豫谷 18 等品种。种子质量应符合 GB 4404.1 的要求。

4.3.2 种子处理

4.3.2.1 清选

选择籽粒饱满的种子，机械或人工方式进行种子清选，剔除秕粒、病粒、杂质等，并测定种子发芽率。播前1周将谷种摊晒2 d～3 d，禁止直接在水泥地面或铁板面上晾晒。

4.3.2.2 浸种

用55 ℃温汤浸种10 min，然后用冷水冷却，以消灭种子内部和种子外部黏着的线虫、白发病菌和黑穗病菌，再把种子晾干后备用。

4.3.2.3 拌种

选用商品包衣种子，或专用种衣剂自行包衣。种衣剂及拌种药剂应符合NY/T 393的要求，且获得国家在谷子上的使用登记证号，严格按照药剂使用说明书的剂量使用种衣剂。

4.4 施肥

4.4.1 施肥原则

以农家肥料、有机肥料、微生物肥料为主，化学肥料为辅。使用化学肥料应减控用量。所用肥料应对环境以及谷子的营养、口感、品质、商品性和抗性无不良影响。

4.4.2 施肥方法

结合土壤翻耕，每亩施用优质有机肥1 600 kg～2 000 kg、尿素10 kg～15 kg、磷酸二铵5 kg～7 kg和硫酸钾5 kg～7 kg。禁止使用未经国家或省级农业部门登记的化肥和生物肥料，施用肥料应符合NY/T 394的要求。

5 播种

5.1 播期

根据地域特点、生产条件和谷子品种特性，保证耕作层10 cm地温稳定通过10 ℃以上、土壤含水量≥15%时，即可播种。

5.2 播量

根据土壤质地、土壤墒情、种子发芽率、播种方式等因素确定播量，一般控制在每亩用种0.5 kg～0.75 kg。

5.3 播种方法

采用机播或耧播方式，播种深度3 cm～4 cm，行距一般40 cm左右。墒缺时采取先空耧开沟划开干土，后带籽探墒播种，播后及时镇压。

6 田间管理

6.1 苗期管理

6.1.1 砘压

播后砘压3次。播种后5 d左右，幼芽即将透土时砘压；1叶1心时砘压；3叶期砘压。砘压都在9:00—17:00，叶片柔软时进行。

6.1.2 疏苗定苗

在1叶～2叶时，按去3留2的比例疏苗，将小苗、弱苗、病杂苗和苗间杂草拔除，留下壮苗。在4叶～5叶时，按预定株距和约1:1的去留比例，隔1去1定苗。每亩留苗密度2万株～3万株。

6.1.3 苗期除草

定苗后，结合中耕浅锄，适时将行间残株、分蘖、虫病苗、谷莠、杂草以及后发苗全部拔掉。适用于化学除草的品种，可使用符合NY/T 393要求且获得国家在谷子上的使用登记证号的除草剂，严格按照药剂使用说明书规定的时期、剂量等使用要求合理使用。

6.2 中期管理

6.2.1 中耕培垄

第一次中耕在定苗后进行，浅耕 3 cm，划断浅根；第二次在拔节后进行，深耕 6 cm～9 cm，根除杂草，铲断老根；第三次在抽穗前进行，浅耕 3 cm～6 cm，锄草、培土、排湿；灌浆初期，再浅耕 1 次。即做到"头遍浅，二遍深，三遍不伤根，四遍促生长"。

6.2.2 浇水

如遇自然降雨不足，有灌溉条件的谷田，可视旱情，拔节期浇 1 水，孕穗期浇 1 水。孕穗抽穗期为需水临界期，浇水防止孕穗期缺水。灌溉用水标准应符合 NY/T 391 的要求。

6.3 后期管理

注意防旱、防涝、防倒伏、防早衰、防鸟害。

6.4 病虫害防治

6.4.1 防治原则

病虫害防治应遵循预防为主，综合防治的理念，以农业防治为重点，物理、生物和化学防治有机结合的综合防治措施。使用药剂时，应首选低毒、低残留、广谱、高效农药，注意交替使用农药，禁止使用国家明令禁止的剧毒、高毒、高残留的农药品种。

6.4.2 常见病虫害

常见病害包括黑穗病等；虫害包括粟灰螟、玉米螟、黏虫、蚜虫等。

6.4.3 防治措施

6.4.3.1 农业防治

选用高抗、多抗品种，定期品种轮换，实行 3 年以上的轮作制度。冬春及时处理谷茬、谷草，消灭谷茬、谷草中越冬的幼虫。适期晚播，避开螟蛾羽化产卵盛期。播后覆土 2 cm～3 cm，不宜过厚，以利于谷苗早出土，减少发病概率。在间苗、定苗时，结合中耕，拔除、深埋、销毁发病株，控制病害扩散。

6.4.3.2 物理防治

根据害虫生物学特性诱杀害虫。采用频振灯诱杀粟灰螟、玉米螟等害虫的成虫，按照灯管功率 15 W的单灯控制半径 120 m 进行布灯，高度为杀虫灯接虫口离地面 1.5 m 左右。采用棋盘状排列黑光灯，于成虫盛发期诱杀黏虫，每 45 亩面积放置 1 盏；或用谷草把引诱成虫产卵，每亩放置 15 把，3 d～4 d 换 1 次草把，并把换下的草把烧毁。采用黄板诱杀蚜虫，每亩悬挂规格为 20 cm×25 cm或 25 cm×30 cm的黄板 40 张～60 张。

6.4.3.3 生物防治

保护和利用害虫天敌，杀灭害虫。可利用赤眼蜂、草蛉、瓢虫、食蚜蝇、猎蝽等防治害虫。赤眼蜂防治玉米螟应在田间卵始盛期（成虫羽化率达 15%）和盛期（一般距第一次放蜂 7 d 左右）各放蜂 1 次。每亩设 3 个点，第一次每点放 165 头，第二次每点放 180 头。

6.4.3.4 化学防治

所选用的农药应符合 NY/T 393 的要求，且获得国家在谷子上的使用登记证号，严格按照农药使用说明书的剂量使用。具体化学防治方法参见附录 A。

7 收获

颖壳变黄，谷穗断青，籽粒变硬，即可收获。收获后及时晾晒、脱粒，严防霉烂变质。禁止在沙土场、公路上脱粒、晾晒。收获过程中避免污染。

8 生产废弃物处理

及时收集生产中使用的农药包装袋等生产废弃物，进行无害化处理。

9 运输储藏

运输过程中应注意防雨、防潮、防污染，不得与其他有毒物质混运，符合 NY/T 1056 的要求。当籽粒含水量降至13%以下才可入库储存，仓库应满足通风、干燥、清洁、阴凉、无鼠害、无虫害、无阳光直射的要求，不得与有毒、有害、有异味物质或水分较高的物质混存。

10 生产档案管理

绿色食品谷子生产单位应建立档案制度。档案资料主要包括质量管理体系文件、生产计划、产地合同、生产数量、生产过程控制、产品检测报告、应急情况处理等控制文件。详细记录投入品名称、有效成分、登记证号、防治对象、使用量、使用方法、使用时间、使用地点及面积、使用人员、安全间隔期等信息。档案资料由专人保管，保存期限不得少于 3 年，做到农产品生产可追溯。

附 录 A
(资料性附录)
西北地区绿色食品春播谷子生产主要病草害防治方案

西北地区绿色食品春播谷子生产主要病草害防治方案见表 A.1。

表 A.1 西北地区绿色食品春播谷子生产主要病草害防治方案

防治对象	防治时期	农药名称	使用剂量	使用方法	安全间隔期,d
黑穗病	发病初期	36%甲基硫菌灵悬浮剂	1 000 倍~2 000 倍液	浸种	30
禾本科杂草	苗后	12.5%烯禾啶乳油	100 mL/亩~140 mL/亩	茎叶喷雾	—
注:农药使用以最新版本 NY/T 393 的规定为准。					

LB/T 168—2021

华 北 地 区
绿色食品夏播谷子生产操作规程

2021-09-26 发布　　2021-10-01 实施

中国绿色食品发展中心　发布

前　言

本规程由中国绿色食品发展中心提出并归口。

本规程起草单位:河南省绿色食品发展中心、河南省农业科学院粮食作物研究所、洛阳市农业技术推广服务中心、平顶山市农产品质量监测中心、鹤壁市农产品检验检测中心、济源市农产品质量检测中心、沁阳市农业农村局、中国绿色食品发展中心、河北省农产品质量安全中心、山东省绿色食品发展中心。

本规程主要起草人:余新华、李君霞、管立、刘远航、乔礼、马会丽、马雪、杨朝晖、刘娟、杨爱霞、刘姝言、王雪、闫贝琪、王丽娜、刘尚伟、吴荣平、朱灿灿、代书桃。

华北地区绿色食品夏播谷子生产操作规程

1 范围

本规程规定了华北地区绿色食品夏播谷子生产的产地环境、播前准备、播种、田间管理、病虫害防治、收获、生产废弃物处理、运输储藏及生产档案管理。

本规程适用于河北中南部、山东、河南的绿色食品夏播谷子生产。

2 规范性引用文件

下列文件对于本文件的应用是必不可少的。凡是注日期的引用文件，仅注日期的版本适用于本文件。凡是不注日期的引用文件，其最新版本(包括所有的修改单)适用于本文件。

GB4404.1 粮食作物种子 第1部分：禾谷类

NY/T 391 绿色食品 产地环境质量

NY/T 393 绿色食品 农药使用准则

NY/T 394 绿色食品 肥料使用准则

NY/T 658 绿色食品 包装通用准则

NY/T 1056 绿色食品 储藏运输准则

3 产地环境

3.1 环境条件

产地环境条件应符合 NY/T 391 的要求。生产基地应远离工矿区，水域上游、上风口没有污染源，避开工业和城市污染源的影响，并确保在谷子生产过程中环境质量不下降。

3.2 土壤条件

宜选择土层深厚、有机质含量≥1%，pH 在 6.5～8.0 的土壤。产地土壤元素位于背景值正常区域，周围没有金属或非金属矿山，无农药残留污染。

3.3 地理气候条件

地处北纬 32.4°～39.8°，本区域种植制度为两年三熟或一年两熟制。

4 播前准备

4.1 选地

应选用地势平坦、保水保肥、排水良好的地块，避免重、迎茬。应与豆类、薯类、玉米、高粱等作物实行 2 年～3 年轮作倒茬。

4.2 整地

前茬作物收获后，应及时浅耕或浅松后播种，抢茬的可以贴茬播种。

4.3 基肥

基肥以农家肥、有机肥、微生物肥为主，化学肥料为辅，肥料使用应符合 NY/T 394 的要求。可每亩施用腐熟有机肥 2 500 kg 以上、磷酸二铵 8 kg～10 kg、硫酸钾 3 kg～5 kg。根据不同地区地力的不同可相应调整。

4.4 品种选择及种子处理

4.4.1 品种选择

应选用通过国家(省)登记、适合当地栽培，优质、抗病性强的谷子品种，并注意定期更换品种。本区域谷子品种熟性以中熟和早熟为主，生育期 80 d～90 d，晚播时应选用 80 d～85 d 的品种。可选济谷、冀谷、豫谷系列品种。种子质量应符合 GB 4404.1 的要求。

4.4.2 种子处理

4.4.2.1 精选种子

采用机械风选、筛选、重力选等方法，选择有光泽、粒大、饱满、无虫蛀、无霉变、无破损的种子。或播前用 10%～15%盐水溶液精选，将饱满种子捞出，用清水洗净，晾干待播。

4.4.2.2 浸种

播前 2 d～3 d 用 50 ℃～55 ℃温水浸种 10 min，然后用冷水冷却，晾干后备用。

4.4.2.3 晒种

播种前 7 d～15 d 将种子晾晒 2 d～3 d。禁止直接在水泥地面或铁板面上晾晒。

5 播种

5.1 播期

前茬收获后应抢时播种，6 月中旬完成播种，晚播不宜超过 7 月 1 日。

5.2 播种量

应足墒浅种，每亩播种量 0.3 kg～0.6 kg。沙土或轻壤土可酌情少播，黏土加大播种量。

5.3 播种方式

耧播或机播，行距 30 cm～50 cm，播深 2 cm～4 cm，播后覆土 2 cm～3 cm，隔天镇压。

6 田间管理

6.1 苗期管理

6.1.1 灌水

结合土壤墒情适时灌水，如墒情不好，播后即灌蒙头水，透墒后利用畦沟排除田间积水。灌溉用水符合 NY/T 391 的要求。

6.1.1 化学除草

谷苗 5 叶～6 叶后，如禾本科杂草较多可用 12.5%的烯禾啶乳油 100 mL/亩～140 mL/亩，茎叶喷雾。除草剂使用应符合 NY/T 393 的要求。

6.1.2 查苗补苗、间苗定苗

出苗后发现断垄，应在 5 叶期雨后或浇水后移栽补苗，空穴率超过 25%时应毁种重播。3 叶～4 叶期间苗，5 叶～6 叶期定苗，常规种亩留苗 3.5 万株～4.0 万株，杂交种亩留苗 2.5 万株～3.5 万株。

6.2 拔节抽穗期管理

6.2.1 中耕、追肥

谷子拔节至封垄前，结合追肥深中耕培土，孕穗中期浅锄。对肥力瘠薄的弱苗地块或贴茬播种地块，拔节至孕穗期结合中耕培土，追施发酵好的沼气肥、腐熟的人粪尿等有机肥 300 kg～500 kg，或每亩追施尿素 3 kg～5 kg。肥料使用应符合 NY/T 394 的要求。

6.2.2 灌溉

要求灌溉用水符合 NY/T 391 中的要求。谷子孕穗期如发生干旱，当土壤水分低于田间持水量的 70%时，应及时灌水。

6.3 开花成熟期管理

6.3.1 防旱防涝

灌浆期如发生干旱应隔垄轻灌，不宜在大风天浇水。谷子后期遇涝，应及时排水。灌溉用水符合

NY/T 391 中的要求。

6.3.2 叶面追肥

灌浆初期出现脱肥，每亩应用 0.2%磷酸二氢钾溶液 50 kg～60 kg。肥料使用应符合 NY/T 394 的要求。

7 病虫害防治

7.1 防治原则

坚持农业防治、物理防治、生物防治为主，化学防治为辅的绿色食品综合防治原则，预防为主，综合防治。农药使用严格执行 NY/T 393 的有关规定。

7.2 农业防治

合理轮作、选用抗病虫品种，加强田间管理、培育壮苗、清洁田园、严防积水、及时将拔除的病株带出地块，远离基地深埋等措施。

7.3 物理防治

阳光晒种，黏虫和螟虫盛发期可用频振式杀虫灯、黑光灯诱杀，每 45 亩放置 1 盏；或用谷草把引诱成虫产卵，每亩放置 15 把，3 d～4 d 换 1 次草把并烧毁。或每亩悬挂 30 张～50 张黏虫板防治蚜虫和飞虱，或人工捕捉等。采用防鸟网、放置稻草人、悬挂彩飘带等方法防控鸟害。

7.4 生物防治

积极保护利用天敌，防治病虫害，如用瓢虫防治蚜虫，用丽蚜小蜂防治白粉虱等。

7.5 化学防治

化学防治应在专业技术人员指导下进行。农药的使用应符合 NY/T 393 的要求，所选用的农药获得国家在谷子上的使用登记或省级农业主管部门的临时用药措施。具体防治方法参见附录 A。

8 收获

谷穗变黄，95%谷粒硬化，适时收获，收获过程中应避免污染，严防霉烂变质。收获工具清洁、卫生、无污染、有防雨设施。人工收割以蜡熟中期为宜，机械收获以完熟初期为宜，收割前应对收割机进行清理，防止杂质或污染物混入。

9 生产废弃物处理

生产包装物、农药包装袋、农药包装瓶（包括玻璃和塑料）要及时清理走，不要残留在田间，并交给相关的正规公司处理。收获后的谷子秸秆应粉碎还田，也可将其收集整理后用于其他用途，不得在田间焚烧。

10 运输储藏

收获后应及时去杂晾晒，当谷粒含水量降低到 13%以下时入库储藏。储藏设施、周围环境、卫生要求、出入库、堆放等应符合 NY/T 1056 的要求。包装材料符合 NY/T 658 的要求，包装材料方便回收；运输工具清洁、干燥、有防雨设施，运输符合 NY/T 1056 的要求，运输过程中禁止与其他有毒有害、易污染环境的物质混合运输，防止污染。

11 生产档案管理

建立绿色食品夏播谷子生产档案。详细记录质量管理体系文件、生产计划、产地环境条件、生产过程控制、肥水管理、病虫草害的发生和防治、产品检测报告、应急处理、收获、运输储藏等情况。记录应真实准确，档案资料由专人保管，至少保存 3 年，做到农产品生产可追溯。

附 录 A
(资料性附录)
华北地区绿色食品夏播谷子生产主要草害防治方案

华北地区绿色食品夏播谷子生产主要草害防治方案见表 A.1。

表 A.1 华北地区绿色食品夏播谷子生产主要草害防治方案

防治对象	防治时期	农药名称	使用剂量	使用方法	安全间隔期,d
一年生禾本科杂草	杂草出齐后 2 叶～5 叶期	12.5%烯禾啶乳油	100 mL/亩～140 mL/亩	茎叶喷雾	—
注:农药使用以最新版本 NY/T 393 的规定为准。					

绿 色 食 品 生 产 操 作 规 程

LB/T 169—2021

北 方 地 区
绿色食品春播高粱生产操作规程

2021-09-26 发布

2021-10-01 实施

中国绿色食品发展中心 发布

前　言

本规程由中国绿色食品发展中心提出并归口。

本规程起草单位：山西省农产品质量安全中心、中国绿色食品发展中心、山西农业大学资源与环境学院、怀仁市龙首山粮油贸易有限责任公司、内蒙古自治区农畜产品质量安全监督管理中心、辽宁省农产品加工流通促进中心、吉林省绿色食品办公室、河南省绿色食品发展中心。

本规程主要起草人：郑必昭、张志华、董二伟、戴润芳、焦晓燕、李飞、王劲松、王媛、武爱莲、薛毅、王颖、郭郁、王立革、郭珺、郝璐、史宏伟、叶新太。

北方地区绿色食品春播高粱生产操作规程

1 范围

本规程规定了北方地区绿色食品春播高粱生产的产地环境、播前整地、品种选择、播种、施肥、化学除草、田间管理、病虫害防治、收获、生产废弃物处理、包装及运输、生产档案管理。

本规程适用于山西、内蒙古、辽宁、吉林、黑龙江、山东、河南等地区绿色食品春播高粱的生产。

2 规范性引用文件

下列文件对于本文件的应用是必不可少的。凡是注日期的引用文件，仅注日期的版本适用于本文件。凡是不注日期的引用文件，其最新版本(包括所有的修改单)适用于本文件。

GB 4404.1 粮食作物种子 第1部分：禾谷类

NY/T 391 绿色食品 产地环境质量

NY/T 393 绿色食品 农药使用准则

NY/T 394 绿色食品 肥料使用准则

NY/T 658 绿色食品 包装通用准则

NY/T 895 绿色食品 高粱

NY/T 1056 绿色食品 储藏运输准则

NY/T 1166 生物防治用赤眼蜂

3 产地环境

产地环境条件应符合NY/T 391的要求。选择土层深厚、结构良好、肥力适中、pH 6.5～8.5、地势平坦田块。前茬以豆科作物为最佳，其次为玉米、花生等作物，不宜重茬和迎茬。

4 播前整地

4.1 秋深耕晒垡

前茬作物收获后用灭茬机灭茬，秸秆还田后，每亩施腐熟的、符合NY/T 394要求的有机肥500 kg～1 000 kg，用深耕机进行深翻，深度25 cm～30 cm。

4.2 春季整地

在有灌溉条件的地块，4月初每亩灌溉60 m^3～80 m^3，4月底旋耕机旋耕，做到无大土块和残茬，表土上虚下实，地面平整。

5 品种选择

5.1 选择原则

选择经国家、省审(鉴、认)定或登记，并适宜当地生态条件，高产、优质、抗倒伏的高粱品种，以适于机械化田间管理和收获的中矮秆品种为宜。

5.2 种子质量

种子质量符合GB 4404.1的要求。

5.3 种子处理

未包衣的种子，播种前2周左右晒种2 d～3 d促进出苗；或者用60 g/L戊唑醇种子处理悬浮剂100 mL/

100 kg～150 mL/100 kg 种子拌种，包衣面积达到 90%以上，晒干备用。进行发芽试验，确定播种量。

6 播种

6.1 播种时期

当 5 cm 地温稳定通过 10 ℃～12 ℃、土壤相对含水量 70%左右时播种。播种时间以 4 月底至 5 月上旬为宜。

6.2 播量及播深

每亩播种 0.5 kg～1 kg，播种深度 3 cm～5 cm。

6.3 播种方式

采用条播机或高粱专用播种施肥一体机进行条播或穴播；50 cm 等行距种植，穴距 20 cm～25 cm 精播。每穴 2 粒～3 粒，播后耱地镇压。免耕机单粒播种，根据地力不同用种量 0.3 kg～0.5 kg，亩保苗 7 000 株～9 000 株，垄距 50 cm～65 cm，株距 10 cm～15 cm。

7 施肥

播种时同步施肥，每亩施氮(N)7 kg～10 kg、磷(P_2O_5)5 kg～6 kg、钾(K_2O)5 kg～8 kg。

8 化学除草

主要草害为莎草及阔叶杂草，如三棱草、鸭舌草、稗草及异形莎草、眼子草、野荞麦、兰花草、苘麻、苍耳、田旋花、猪毛菜等，每亩用 25%氯氟吡氧乙酸异辛酯 50 mL～60 mL 茎叶喷雾。除草剂使用应符合 NY/T 393 的要求，所选用的农药获得国家在高粱上的使用登记。

9 田间管理

9.1 间苗

幼苗 3 叶期间苗，株高 70 cm～90 cm 的机械化品种每亩留苗 20 000 株～25 000 株，株高 140 cm～150 cm的机械化品种每亩留苗 10 000 株～12 000 株，中高秆品种每亩留苗 7 000 株～9 000 株。

9.2 灌溉

在土壤含水量低于田间持水量 70%时，在大喇叭口时期每亩浇水 60 m^3 左右，灌溉水质符合 NY/T 391 的要求。

9.3 中耕培土

拔节期用中耕培土施肥机进行中耕培土除草。

10 病虫害防治

10.1 防治原则

坚持预防为主，综合防治的植保方针，优先采用农业防治、物理防治和生物防治措施，合理使用低风险农药。

10.2 常见病虫草害

主要病害为顶腐病、丝黑穗病和散黑穗病，主要虫害为蛴螬、蝼蛄、金针虫、地老虎、叶螨、蚜虫、黏虫和玉米螟等。

10.3 防治方法

10.3.1 农业措施

选用适应性和抗病虫性较强的品种，耕翻土地、清除杂草，合理轮作倒茬，及时拔除田间病株。避免与大豆、蔬菜、小麦间作套种。高温期适时灌溉,增加相对湿度,抑制叶螨繁殖。

10.3.2 物理防治

采用频振式杀虫灯或诱虫板诱杀害虫。田间插谷草把、玉米干叶把等草把诱蛾产卵,集中销毁。

10.3.3 生物防治

每亩放置棉铃虫、玉米螟、桃蛀螟等鳞翅目害虫的性诱剂诱芯各36个~60个;或放置两张蜂卡,赤眼蜂产品质量应达到NY/T 1166规定的一级成品蜂标准。

10.3.4 化学防治

农药使用应符合NY/T 393的要求,所选用的农药获得国家在高粱上的使用登记,参见附录A。

11 收获

11.1 人工收获

蜡熟末期收获。收获高粱果穗,晾晒干燥脱粒。

11.2 机械收获

完熟期机械化收获。一次性完成收割、脱粒、卸粮等作业流程,高粱籽粒符合NY/T 895的要求。

12 生产废弃物处理

生产资料包装物使用后当场收集或集中处理,不能引起环境污染。收获后的高粱秸秆等废弃物应粉碎还田,也可将其收集整理后用于其他用途,不得在田间焚烧。

13 包装及运输

包装应符合NY/T 658的要求,包装材料方便回收;运输工具清洁、干燥、有防雨设施。运输过程应符合NY/T 1056的要求,禁止与其他有毒有害、易污染环境的物质一起运输。

14 生产档案管理

建立并保存相关记录。主要包括种子、肥料、农药采购及肥料、农药使用记录;全过程农事活动记录;收获、运输、储藏、销售记录。记录档案应真实准确,保存3年以上。

附　录　A
（资料性附录）
北方地区绿色食品春播高粱生产主要病虫草害防治方案

北方地区绿色食品春播高粱生产主要病虫草害防治方案见表 A. 1。

表 A. 1　北方地区绿色食品春播高粱生产主要病虫草害防治方案

<table>
<tr><th>防治对象</th><th>防治时期</th><th>农药名称</th><th>使用剂量</th><th>使用方法</th><th>安全间隔,d</th></tr>
<tr><td rowspan="2">高粱丝黑穗病、散黑穗病</td><td rowspan="2">播种前</td><td>60 g/L 戊唑醇悬浮种衣剂</td><td>100 mL/100 kg～150 mL/100 kg 秧子</td><td>拌种</td><td rowspan="2">—</td></tr>
<tr><td>36%甲基硫菌灵悬浮剂</td><td>1 000 倍～2 000 倍液</td><td>浸种</td></tr>
<tr><td rowspan="2">玉米螟</td><td rowspan="2">拔节至大喇叭口</td><td>8 000 IU/μL 苏云金杆菌悬浮剂</td><td>150 mL～200 mL</td><td>加细沙灌心叶</td><td rowspan="2">—</td></tr>
<tr><td>0.3%印楝素乳油</td><td>80 mL～100 mL</td><td>喷雾</td></tr>
<tr><td>阔叶杂草</td><td>阔叶杂草 2 叶～4 叶期</td><td>36%氯氟吡氧乙酸异辛酯乳油</td><td>50 mL～60 mL</td><td>茎叶喷雾</td><td>—</td></tr>
<tr><td colspan="6">注：农药使用以最新版本 NY/T 393 的规定为准。</td></tr>
</table>

绿 色 食 品 生 产 操 作 规 程

LB/T 170—2021

南 方 地 区
绿色食品春夏高粱生产操作规程

2021-09-26 发布　　　　2021-10-01 实施

中国绿色食品发展中心　发布

前　言

本规程由中国绿色食品发展中心提出并归口。

本规程起草单位:安徽农业大学、安徽省绿色食品管理办公室、安徽皖垦种业股份有限公司、安徽文王酿酒股份有限公司、安徽省公众检验研究院有限公司、淮南市农产品质量安全检测中心、长丰县农广校、泾县泾川镇农业综合服务站、中国绿色食品发展中心、四川省绿色食品发展中心、荆门(中国农谷)农业科学研究院、江苏省绿色食品办公室。

本规程主要起草人:黄正来、耿继光、张文静、黄亚滢、王勋、崔磊、袁东婕、潘迎九、段玉校、陈月玲、田岩、王艳蓉、王光俊、杭祥荣。

南方地区绿色食品春夏高粱生产操作规程

1 范围

本规程规定了南方地区绿色食品春夏高粱生产的产地环境、品种选择与种子处理、整地施肥、播种、田间管理、收获、生产废弃物处理、储藏和生产档案管理。

本规程适用于江苏、安徽、湖北、四川西部等南方地区的绿色食品春夏高粱的生产。

2 规范性引用文件

下列文件对于本文件的应用是必不可少的。凡是注日期的引用文件，仅注日期的版本适用于本文件。凡是不注日期的引用文件，其最新版本(包括所有的修改单)适用于本文件。

GB 4404.1 粮食作物种子 第1部分:禾谷类

NY/T 391 绿色食品 产地环境质量

NY/T 393 绿色食品 农药使用准则

NY/T 394 绿色食品 肥料使用准则

NY/T 1056 绿色食品 储藏运输准则

3 产地环境

产地环境条件应符合 NY/T 391 的要求。选择生产基地相对集中连片、耕层深厚、肥力较高、保水保肥及排水良好，前茬未使用高毒、残留期长农药的大豆、小麦、玉米、马铃薯、蔬菜等作物地块，宜选3年以上未种植过高粱的地块。

4 品种选择与种子处理

4.1 品种选择

根据生态条件选用登记推广的优质、高产、抗逆性强、熟期适中的品种，如红缨子1号、红茅6号、大红粮等。肥力条件好的地块，选用耐水肥、抗倒伏、增产潜力大的高产品种；干旱瘠薄的地块，选用抗旱耐瘠、适应性强的稳产品种。

4.2 种子质量

应符合 GB 4404.1 的要求。纯度不低于 99.0%，净度不低于 99.0%，发芽率不低于 85.0%，水分不高于 13.0%。

4.3 种子处理

播种前，利用晴好天气将种子晾晒 2 d～3 d，测定种子发芽率；一般每 100 kg 种子用 60 g/L 的戊唑醇悬浮种衣剂 100 mL～150 mL 拌种或购买包衣种子，种衣剂应符合 NY/T 393 的要求。

5 整地施肥

5.1 整地

播种前，用旋耕起垄机旋耕，做到无坷垃和残茬，表土上虚下实，垄形整齐；最好利用大型机械一次性耙、耢、压成型，做到整平耙细。每隔3年深松深翻1次，深松深翻 35 cm 以上，打破犁底板结层。

5.2 施肥

应符合 NY/T 394 的要求，以有机肥为主，化肥为辅。根据土壤肥力状况，确定施肥量和肥料比例。

基肥一般施精制有机肥 300 kg/亩($N+P_2O_5+K_2O=5\%$;有机质 45%),45%(N∶P∶K=15∶15∶15)高效复合肥 15 kg/亩。严格禁止使用未经国家或省级农业农村主管部门登记的化学和生物肥料。

6 播种

6.1 播种期

地温稳定在 12 ℃以上开始播种,春高粱播种期一般在 4 月上中旬至 5 月上旬,夏高粱播种期一般在 6 月上中旬,适期内争取早播。

6.2 播种方式

播种方式为条播,可以选用带有气吸勺轮式排种器的精密播种机精量条播,等行距(50 cm~60 cm)或宽窄行(宽行距 70 cm~80 cm、窄行距 30 cm~40 cm)种植,一次性完成播种、施肥、覆土、镇压等作业工序。播种深度 3 cm~5 cm。

6.3 播种量

应根据种子发芽率、整地质量、土壤墒情等条件确定。一般每亩播量 1.0 kg~1.5 kg;采用精量播种机播种,每亩播量 0.75 kg 左右。

7 田间管理

7.1 查苗补苗

出苗后及时查苗,发现缺苗,及时补种或补栽。

7.2 间苗定苗

出苗 3 叶~4 叶时进行间苗,5 叶~6 叶时进行定苗,去除病苗、劣苗、小苗,留健壮苗。普通杂交种留苗 7 000 株/亩~8 000 株/亩,机械化品种留苗 10 000 株/亩~12 000 株/亩。

7.3 中耕施肥

一般中耕 2 次,第 1 次结合定苗进行;第 2 次在拔节孕穗前,用中耕培土施肥机进行中耕培土和施肥,每亩追施 5 kg 尿素;根据天气情况、土地肥力情况以及高粱植株生长情况,在高粱抽穗扬花灌浆期每亩追施 45%(N∶P∶K=15∶15∶15)高效复合肥 20 kg~25 kg。

7.4 病虫草害防治

7.4.1 防治原则

坚持预防为主,综合防治的植保方针,以农业防治为基础,优先采用物理和生物防治技术,辅之化学防治措施。药剂选择和使用应符合 NY/T 393 的要求,在生物类农药不能满足防控指标的情况下,允许有限度地使用部分中低等毒性的有机合成农药,且不得超过农药登记时的剂量和使用次数。

7.4.2 主要防治对象

黑穗病、炭疽病、地下害虫、蚜虫、螟虫、田间杂草等。

7.4.3 防治措施

7.4.3.1 农业防治

选用多抗品种,选用抗性强的品种,品种定期轮换;采用合理耕作制度、轮作换茬等措施,合理布局,加强中耕除草,及时拔除病株、摘除病叶,降低病虫源数量,减少有害生物的发生。及时清除甜高粱生产基地周边渠、沟、埂的杂草,破坏病虫越冬的寄生场所,减少害虫的寄主植物,达到防治病虫草害的效果。

7.4.3.2 物理防治

利用害虫趋光特性,选用频振式诱虫灯或黑光灯,对螟虫、黏虫、蝼蛄、地老虎等多种害虫进行,单灯可控制 3 hm^2 左右。利用蚜虫趋黄性,从苗期开始悬挂黄板,每亩悬挂 30 块~40 块。在 3 叶~8 叶期,利用糖醋酒液对害虫的诱杀作用可有效控制高粱芒蝇。

7.4.3.3 生物防治

保护利用害虫天敌,创造有利于天敌生存的环境。

7.4.3.4 化学防治

农药的使用应符合 NY/T 393 的要求,具体化学防治方法参见附录 A。

8 收获

于蜡熟期收获最为适宜,其特征是穗基部茎秆变黄,植株下部 4 叶～6 叶枯死,穗上下两端小穗外颖呈棕色。食用型高粱在霜前割倒晾晒,要防霜冻影响适口性;酿造型品种可适当晚收,籽粒干后收割脱粒。

9 生产废弃物处理

生产资料包装物使用后当场收集或集中处理,以免引起环境污染。高粱秸秆在收获后进行粉碎,结合深翻或深松整地全量还田。

10 储藏

在收获脱粒后,籽粒晾晒至水分在 13%以下入库,专收专储,以免混杂。储藏设施、周围环境、卫生要求、出入库、堆放等应符合 NY/T 1056 的要求。储藏设施应清洁、干燥、通风、无虫害和鼠害,严防霉变、虫蛀、污染。严禁与有毒、有害、有腐蚀性,易发霉、发潮、有异味的物品混存。

11 生产档案管理

建立绿色食品高粱生产档案,详细记录使用投入品的名称、来源、用法、用量和使用时间及安全间隔期,病虫草害的发生,防治情况,收获日期等内容。记录应真实准确,保存期限不得少于 3 年,做到农产品生产可追溯。

附 录 A
(资料性附录)
南方地区绿色食品春夏高粱生产主要病虫草害化学防治方案

南方地区绿色食品春夏高粱生产主要病虫草害化学防治方案见表 A.1。

表 A.1 南方地区绿色食品春夏高粱生产主要病虫草害化学防治方案

防治对象	防治时期	农药名称	使用剂量	使用方法	安全间隔期,d
黑穗病	种子处理	60 g/L 戊唑醇悬浮种衣剂	100 mL/100 kg 种子～150 mL/100 kg 种子	种子包衣	—
玉米螟	心叶期至抽穗期	0.3%印楝素乳油	80 mL/亩～100 mL/亩	喷雾	7
	卵孵化盛期和低龄幼虫发生期	100 亿活芽孢/mL 苏云金杆菌悬浮剂	150 mL～200 mL/亩	加细沙灌心叶	—
阔叶杂草	播后苗前或苗后	25%氯氟吡氧乙酸乳油	50 mL/亩～60 mL/亩	茎叶喷雾	每季最多使用 1 次
注:农药使用以最新版本 NY/T 393 的规定为准。					

绿 色 食 品 生 产 操 作 规 程

LB/T 171—2021

长 江 以 南
绿色食品高粱生产操作规程

2021-09-26 发布 2021-10-01 实施

中国绿色食品发展中心 发布

前　言

本规程由中国绿色食品发展中心提出并归口。

本规程起草单位：四川省绿色食品发展中心、四川省农业科学院分析测试中心、四川省农业科学院农业质量标准与检测技术研究所、四川省绵阳市涪城区农业农村局、中国绿色食品发展中心、重庆市农产品质量安全中心、贵州省绿色食品发展中心。

本规程主要起草人：闫志农、杨晓凤、尹全、张富丽、雷绍荣、魏榕、晏宏、周熙、彭春莲、唐伟。

长江以南绿色食品高粱生产操作规程

1 范围

本规程规定了长江以南绿色食品高粱的产地环境、生产技术、病虫草鸟害防治、收获、包装储运、生产废弃物处理和生产档案管理。

本规程适用于浙江、福建、湖南、广东、四川、重庆、贵州、云南等长江以南地区绿色食品高粱的生产。

2 规范性引用文件

下列文件对于本文件的应用是必不可少的。凡是注日期的引用文件，仅注日期的版本适用于本文件。凡是不注日期的引用文件，其最新版本(包括所有的修改单)适用于本文件。

GB 4404.1 粮食作物种子 第1部分：禾谷类

GB 13735 聚乙烯吹塑农用地面覆盖薄膜

NY/T 391 绿色食品 产地环境质量

NY/T 393 绿色食品 农药使用准则

NY/T 394 绿色食品 肥料使用准则

NY/T 658 绿色食品 包装通用准则

NY/T 1056 绿色食品 储藏运输准则

3 产地环境

产地环境应符合 NY/T 391 的要求，地势平坦、排灌方便的地块；再生高粱选择海拔 450 m 以下；选择土壤 pH 6.0～8.5，耕层深厚、土壤疏松肥沃，有机质含量在 1%以上的壤土为宜。

4 生产技术

4.1 头季高粱

4.1.1 品种选择

根据生态条件选用经国家登记的优质、高产、抗逆性强的非转基因优良高粱品种，如红缨子、泸州红1号、国窖红1号、川糯粱1号、金糯粱1号、红茅糯2号、晋渝糯3号等，以中散穗或散穗型品种为宜。种子质量应符合 GB 4404.1 的要求。

4.1.2 种子处理

4.1.2.1 晒种

播种前 10 d～15 d，将种子摊开在阳光下晒 4 h～8 h。

4.1.2.2 发芽试验

播种前 10 d，进行 1 次～2 次发芽试验。

4.1.2.3 种子处理

可采用拌种方式对种子进行处理，阴干后再播种。具体使用方法见附录 A。

4.1.3 整地

前茬作物收获后，按照无作物秸秆、杂草的要求，将地块耙平。垄上条播方式，及时起垄，垄距 50 cm～60 cm，耕深 20 cm～25 cm；平播方式，将地块整平耙细，达到待播状态；原窝直播方式不用翻耕，仅需清除作物秸秆和杂草即可。

4.1.4　基肥

结合整地，按2 500 kg/亩～3 000 kg/亩一次性施入充分腐熟的优质农家肥。

4.1.5　播种

可采用直播或育苗移栽方式。

4.1.5.1　直播

4.1.5.1.1　播种时期

土壤耕层5 cm～10 cm地温稳定通过15 ℃时即可播种，具体播期根据气候条件、种植制度确定。露地播种一般在4月上旬至6月中旬进行，再生高粱可提前到3月中下旬，播种后覆膜，农用地膜符合GB 13735的要求。

4.1.5.1.2　播种量

播种量根据种子品种特性、发芽率、整地质量、土壤墒情、播种时期等情况综合确定。一般品种净作7 000株/亩～9 000株/亩，耐密品种10 000株/亩～12 000株/亩，机播0.5 kg/亩～0.65 kg/亩，人工播0.65 kg/亩～1.0 kg/亩。

4.1.5.1.3　播种方式

——垄上条播：该方法多在气候冷凉和低洼易涝地区采用；

——平播：该方法播后地面无垄形，播深一致，下种均匀，出苗快，扎根深，保苗效果好；

——平播后起垄：在春季耙平的土地上平播，中耕时逐渐培起垄来。此法可兼收平播保墒和垄播增温、排涝的优点；

——穴播：该方法能够造成局部的发芽所需要的水、温、气条件，有利于在不良条件下播种而保证苗全苗旺，同时节省用种量；

——原窝直播：种植规格接近的油菜田、蚕豆田可推行此方法。

4.1.5.1.4　种肥

施15 kg/亩复合肥（N、P、K各含15%）作种肥，种子与肥保持3 cm～5 cm距离，防止烧种。

4.1.5.1.5　出苗管理

露地直播的需保持土壤湿润；覆膜直播的需在出苗后引苗出膜。

4.1.5.2　育苗移栽

4.1.5.2.1　苗床制作

选择背风向阳、地面平整、排灌方便、土质偏沙、肥力中上的无病干净地块作苗床。

根据移栽苗龄大小，苗床与移栽面积比为1∶(20～30)。

按厢面1.3 m～1.5 m、厢沟0.4 m～0.5 m、沟深10 cm～15 cm作厢，厢面呈“凹形”，四周开通排水沟。

4.1.5.2.2　播种时期

播期根据气候条件、种植制度确定。一般头季高粱的播期为2月底至4月中旬；蓄留再生高粱的应在4月上旬前播种。播后细土盖种2 cm～3 cm，浇水补墒，覆膜保温，农用地膜符合GB 13735的要求。提倡使用漂浮育苗、盘育苗等护根育苗技术。

4.1.5.2.3　播种量

根据种子特性和品种特点，按0.25 kg/亩～0.5 kg/亩播种。

4.1.5.2.4　苗期管理

播种至出苗期注意保温保湿；苗龄2叶1心后适时通风炼苗；候均温稳定通过15 ℃时即可揭膜，施腐熟清粪水提苗。

4.1.5.2.5　大田移栽

候均温稳定通过15 ℃即可移栽。一般4叶～6叶移栽，漂浮育苗和盘育苗等可适时提早到3.5叶移栽。具体移栽时间依据种植制度、前茬作物收割时间、气候条件等确定。移栽前需对苗床浇水保根，每亩移栽密度根据高粱的品种特性和种植制度等确定，移栽后及时浇水定根，确保成活。

4.1.6 田间管理

4.1.6.1 移栽成活后或直播苗龄达到4叶～5叶进行匀苗、间苗和补苗处理；每穴保留或补足2苗。

4.1.6.2 6叶～8叶除去分蘖苗、中耕除草和培土壅蔸。

4.1.6.3 肥料应符合NY/T 394的要求。

全生育期用肥量为：施用25 kg/亩左右复合肥(N、P、K各含15%)。

苗肥在移栽后5 d或直播4叶后施用，比例占20%～30%，每亩加施腐熟清粪水1 000 kg～1 500 kg。拔节肥在6叶～8叶施用，比例占50%～60%，每亩加施腐熟农家肥1 500 kg～2 000 kg。

穗肥在幼穗分化期根据田间长势的酌情施用。一般每亩施清水1 000 kg、尿素3 kg～5 kg。

4.2 再生高粱

留桩：杂交高粱正季收获时留桩3 cm～4 cm；常规高粱采正季收获时留桩30 cm～40 cm，待基部腋芽萌发后再剪除3 cm～4 cm以上部分，及时移除田间秸秆。

除蘖：再生苗3叶期～5叶期，按照除上留下、去弱留强原则保持1桩1苗。缺窝缺苗部分移栽带根蘖苗补足。

施肥：头季高粱收获后2 d内施用发苗肥，每亩施用腐熟清粪水1 000 kg～1 500 kg；再生苗5叶1心第2次施肥，按每亩2 000 kg腐熟清粪水加6 kg～7 kg尿素施用。如遇旱情及时抗旱保苗。

培土：结合施用发苗肥中耕除草，施用拔节肥培土壅蔸。

5 病虫草鸟害防治

5.1 基本要求

5.1.1 防治原则

遵循以防为主、以控为辅的植保方针，以农业防治、物理防治为基础，优先采用生物防治，辅之化学防治，农药使用应符合NY/T 393的要求。

5.2 防治措施

5.2.1 农业防治

选用抗病虫品种，合理轮作倒茬，及时深翻土壤，适期播种，培育壮苗。

5.2.2 物理防治

可采用诱杀与避驱等方式，利用频振式杀虫灯、黄板等诱杀害虫，每50亩左右安装1盏杀虫灯诱杀夜蛾科害虫，每亩挂黄板20张～25张诱捕蚜虫、芒蝇。籽粒转色至成熟期可使用防鸟网、反光膜、驱鸟器等驱赶鸟类。

5.2.3 生物防治

利用释放赤眼蜂方法防治玉米螟的幼虫。方法为：每亩设置2个释放点，释放时应根据风向、风速设置点位，如风大时，应在上风头适当增加布点和释放量，下风头可适当减少；共放两次蜂，在玉米螟产卵时期后推10 d，第一次放蜂，间隔5 d～7 d第二次放蜂，每次每亩释放蜂10 000头；蜂卡使用方法：每亩使用2个蜂卡(一般每个蜂卡约70粒柞蚕卵，每粒柞蚕卵可出70头～80头赤眼蜂)，将蜂卡均匀分开，用牙签固定于高粱中部叶片背面的中间背光处既可。

利用瓢虫、草蛉、食蚜蝇、蚜茧蜂等自然天敌防治蚜虫，益害比约为1∶80。

5.2.4 化学防治

加强病虫害的测报，及时掌握病虫草害的发生动态，选用低毒、低残留的农药，优先选用生物农药，针对病虫草害应掌握防治时期施药、安全间隔期和施药次数，降低农药用量。推荐防治方法参见附录A。

6 收获

全穗85%～90%籽粒变红变硬时抢晴收割，及时晾晒或烘干。

7 包装储运

7.1 包装

应符合NY/T 658的要求。

7.2 储藏

收获脱粒后，籽粒晾晒至水分≤13%后入库管理，应清洁、干燥、通风，严防霉变、虫蛀、污染，严禁与有毒、有害、有腐蚀性、易发霉、发潮、有异味的物品混存，无虫害和鼠害。储藏设施、周围环境、卫生要求、出入库、堆放等应符合NY/T 1056的要求。

8 生产废弃物处理

及时清理废旧农、地膜、农药及肥料包装等，不应残留在田间，统一回收并交由专业公司处理。

秸秆粉碎发酵后可用作青贮饲料、有机肥料等，或者直接填埋处理。

9 生产档案管理

应建立质量追溯体系，建立绿色食品高粱生产的档案，应详细记录产地环境条件、生产管理、病虫草鸟害防治、采收及采后处理、废弃物处理记录等情况，并保存记录3年以上。

附 录 A
(资料性附录)
长江以南绿色食品高粱生产主要病虫害防治方案

长江以南绿色食品高粱生产主要病虫害防治方案见表 A.1。

表 A.1 长江以南绿色食品高粱生产主要病虫害防治方案

防治对象	防治时期	农药名称	使用剂量	使用方法	安全间隔期,d
丝黑穗病	种子处理	60 g/L 戊唑醇悬浮种衣剂	药种比 1∶(667~1 000)	种子包衣	—
玉米螟	害虫卵孵化盛期至低龄幼虫期	8 000 IU/μL 苏云金杆菌悬浮剂	150 mL/亩~200 mL/亩	加细沙灌心叶	—
	害虫卵孵盛期至低龄幼虫期	0.3%印楝素乳油	80 mL/亩~100 mL/亩	喷雾	—
注:农药使用以最新版本 NY/T 393 的规定为准。					

LB/T 172—2021

东 北 地 区
绿色食品马铃薯生产操作规程

2021-09-26 发布　　2021-10-01 实施

中国绿色食品发展中心　发布

前　言

本规程由中国绿色食品发展中心提出并归口。

本规程起草单位：内蒙古自治区绿色食品发展中心、呼伦贝尔市绿色食品发展中心、吉林省绿色食品办公室、辽宁省农产品加工流通促进中心、通辽市农畜产品质量安全中心、中国绿色食品发展中心、黑龙江省绿色食品发展中心、乌审旗农牧局农畜产品质量安全监管站。

本规程主要起草人：包立高、李岩、陈伟、罗旭、李刚、郝璐、郝贵宾、王桂玲、刘欣雨、杜大勇、吕光萍、冯慧、王德志、张金凤、吴秋艳、乔春楠、康晓军、刘琳、高敏。

东北地区绿色食品马铃薯生产操作规程

1 范围

本规程规定了东北地区绿色食品马铃薯的产地环境，选地整地，种子薯准备，播种，田间管理，收获，包装、储藏和运输，生产废弃物处理及生产档案管理。

本规程适用于内蒙古东部、辽宁、吉林、黑龙江等地区的绿色食品马铃薯生产。

2 规范性引用文件

下列文件对于本文件的应用是必不可少的。凡是注日期的引用文件，仅注日期的版本适用于本文件。凡是不注日期的引用文件，其最新版本(包括所有的修改单)适用于本文件。

GB 18133　马铃薯种薯

NY/T 391　绿色食品　产地环境质量

NY/T 393　绿色食品　农药使用准则

NY/T 394　绿色食品　肥料使用准则

NY/T 658　绿色食品　包装通用准则

NY/T 1056　绿色食品　储藏运输准则

3 产地环境

应符合 NY/T 391 的要求。生态环境良好、无污染，远离工矿区和公路、铁路干线，避开污染源。与常规生产区域之间应设置有效的缓冲带或物理屏障。

4 选地整地

4.1 选地

土地相对平整，土层深厚、土质疏松，具备良好的排灌条件。实行 3 年以上轮作，前茬以禾本科作物为宜，不能为块根、块茎作物类作物。

4.2 整地

前茬作物收获后及时整地为宜，机械深翻 30 cm 以上，整平耙细。

5 种子薯准备

5.1 种薯品种

选用通过国家登记、适宜当地气候和栽培条件的优质、高产、抗病、抗逆性强的马铃薯品种。选用脱毒种薯，质量符合 GB 18133 的要求。推荐选用夏波蒂、尤金、兴佳 2 号、费乌瑞它、中薯 5 号、大西洋、维拉斯、闽薯 1 号、早大白、冀张薯 8 号、蒙薯 21 等。

5.2 种薯处理

5.2.1 催芽

一般播前 15 d～20 d 在室温 13 ℃～18 ℃的散射光条件下进行催芽，块茎堆放适中，催芽过程中要定时翻动，保证出芽均匀，当顶芽长到 1 mm～1.5 mm 时切块播种。

5.2.2 切块

一般每块 30 g～50 g，带有 1 个～2 个芽眼。在切块过程中每人准备 2 把～3 把切刀，切刀用 3%高锰酸钾溶液或75%酒精消毒,一般每切3个~5个种薯就进行切刀消毒,切到带病种薯时应立即更换切刀消毒。推荐采用小整薯播种。

6 播种

6.1 播期

当10 cm地温稳定达到7 ℃~8 ℃即可播种,一般4月25至5月15日播种为宜。

6.2 播深

高垄种植模式薯块到垄顶距离10 cm左右。

6.3 密度

一般马铃薯种植行距70 cm~80 cm,株距20 cm~25 cm,每亩保苗4 500株~5 000株为宜。

7 田间管理

7.1 施肥

7.1.1 施肥原则

肥料施用应符合NY/T 394的要求。以有机肥为主,化肥为辅。在保障营养有效供给的基础上减少化肥用量,无机氮素用量不能高于当地同种作物施肥用量的一半。

7.1.2 基肥

根据土壤肥力确定施肥量,结合深翻秋整地一次深施入。亩施用优质农家肥1 500 kg~2 500 kg、磷酸二铵30 kg~35 kg、硫酸钾20 kg~25 kg及尿素5 kg~6.5 kg。

7.1.3 追肥

结合第1次中耕,亩施用尿素5 kg~6.5 kg条施于距植株10 cm~12 cm,深度10 cm~15 cm处。在生长期,据实际需要喷施叶面肥。

7.2 中耕培土

当田间出苗率达到30%时,进行第1次中耕,培土厚度3 cm左右;当苗高15 cm~20 cm时进行第2次中耕,培土厚度5 cm~10 cm。

7.3 灌溉

田间0 cm~20 cm土壤持水量低于60%进行适量灌溉,灌水量30 mm~40 mm。一般收获前15 d停止灌水。

7.4 病虫草害防治

7.4.1 防治原则

坚持预防为主,综合防治的原则。优先采用物理和生物防治技术,辅之化学防治措施。药剂选择符合NT/T 393的要求,按照农药产品标签写明的范围、用药量和安全间隔期及注意事项等使用。

7.4.2 常见病虫草害

主要病害:晚疫病、早疫病、环腐病等。

主要虫害:地老虎、蛴螬、蚜虫等。

主要草害:稗草、狗尾草、灰藜、反枝苋、马齿苋等。

7.4.3 防治措施

7.4.3.1 农业防治

选用抗病品种、脱毒种薯、小整薯播种;清洁田园、切刀消毒、轮作倒茬、中耕培土、清除杂草、拔除病株等措施。

7.4.3.2 物理防治

应用频振式杀虫灯诱杀地老虎等害虫的成虫;应用诱虫黄板诱杀蚜虫等措施。

7.4.3.3 生物防治

保护和利用天敌,如利用七星瓢虫、大草蛉捕食蚜虫;用性诱剂或糖醋液诱杀地下害虫的成虫。

7.4.3.4 化学防治

具体化学防治方案参见附录A。

8 收获

依据气候、田间长势及市场情况,适时、及时确定收获时期。收获前10 d~15 d,进行杀秧处理。

9 包装、储藏和运输

包装、储藏、运输应符合NY/T 658、NY/T 1056的要求。

储藏窖或储藏库储存温度控制在2 ℃~4 ℃,湿度控制在85%~90%。

10 生产废弃物处理

生产用投入品包装不得重复使用,不能造成环境污染。

11 生产档案管理

生产全过程,要建立生产记录档案,包括 种子准备、播种、田间管理、收获、包装、储藏和运输等情况,记录保存3年以上。

附 录 A
(资料性附录)
东北地区绿色食品马铃薯生产操作规程主要病虫害草化学防治方案

东北地区绿色食品马铃薯生产操作规程主要病虫害草化学防治方案见表 A.1。

表 A.1 东北地区绿色食品马铃薯生产操作规程主要病虫害草化学防治方案

防治对象	防治时期	农药名称	使用剂量	使用方法	安全间隔期,d
晚疫病	发病前或发病初期	25%嘧菌酯悬浮剂	15 mL/亩～20 mL/亩	喷雾	14
	发病初期	75%代森锰锌水分散粒剂	160 g/亩～190 g/亩	喷雾	14
早疫病	发病初期	325 g/L 苯甲·嘧菌酯悬浮剂	20 mL/亩～40 mL/亩	喷雾	14
蛴螬、蝼蛄、金针虫、地老虎	播种期	3%噻虫嗪颗粒剂	800 g/亩～1 200 g/亩	沟施	—
甲虫、二十八星瓢虫、茶黄螨、蚜虫、白粉虱、红蜘蛛	生长期	100 亿孢子/mL 白僵菌可分散油悬浮剂	300 mL/亩	喷雾	—
		30%吡虫啉微乳剂	10 mL/亩～20 mL/亩	喷雾	7
一年生禾本科杂草部分双子叶杂草	播后苗前	960 g/L 精异丙甲草胺乳油	60 mL/亩～80 mL/亩	喷雾	每季最多施药 1 次
	生长期	480 g/L 灭草松水剂	150 mL/亩～200 mL/亩	茎叶喷雾	—
注:农药使用以最新版本 NY/T 393 的规定为准。					

绿 色 食 品 生 产 操 作 规 程

LB/T 173—2021

中 原 地 区
绿色食品拱棚马铃薯生产操作规程

2021-09-26 发布　　2021-10-01 实施

中国绿色食品发展中心　发布

前　言

本规程由中国绿色食品发展中心提出并归口。

本规程起草单位:河南省绿色食品发展中心、郑州市蔬菜研究所、安阳市农产品质量安全检测中心、新乡市农产品质量安全检测检验中心、中国绿色食品发展中心、北京市农业绿色食品办公室、河北省农产品质量安全中心、安徽省农产品质量安全管理站、湖北省绿色食品管理办公室、江苏省绿色食品办公室、山东省绿色食品发展中心、天津市农业发展服务中心。

本规程主要起草人:宋伟、吴焕章、崔超、郑军伟、黄继勇、史俊华、何霞、胡森、胡英会、赵雅娴、陈焕丽、张晓静、黄雅凤、崔卫、唐伟、张乐、杨朝晖、谢陈国、周先竹、黄宜荣、刘娟、张鑫。

中原地区绿色食品拱棚马铃薯生产操作规程

1 范围

本规程规定了中原地区绿色食品拱棚马铃薯的产地环境、拱棚搭建、品种选择、种薯处理、整地施肥、播种、田间管理、病虫草害防治、收获、生产废弃物处理、生产档案管理。

本规程适用于北京、天津、河北、上海、江苏、安徽、山东、河南、湖北的绿色食品拱棚马铃薯的生产。

2 规范性引用文件

下列文件对于本文件的应用是必不可少的。凡是注日期的引用文件,仅注日期的版本适用于本文件。凡是不注日期的引用文件,其最新版本(包括所有的修改单)适用于本文件。

GB 18133 马铃薯脱毒种薯

NY/T 391 绿色食品 产地环境质量

NY/T 393 绿色食品 农药使用准则

NY/T 394 绿色食品 肥料使用准则

NY/T 658 绿色食品 包装通用准则

NY/T 1049 绿色食品 薯芋类蔬菜

NY/T 1056 绿色食品 储藏运输准则

3 产地环境

应符合 NY/T 391 的要求。选择无霜期 180 d 以上;集中连片,交通便利,避开污染源;地势平坦、排灌方便;富含有机质、中性或微酸性的沙壤土或壤土为宜。

4 拱棚搭建

拱棚包括大拱棚、中拱棚和小拱棚。拱棚可根据当地种植习惯搭建。

5 品种选择

选用早熟、优质、丰产、抗病性好、抗逆性强、适应性广、商品性好的已审定或登记的适合当地拱棚栽培的早熟品种,如费乌瑞它、希森 3 号、早大白、中薯 5 号、中薯 8 号、中薯 10 号、郑薯 7 号、郑薯 9 号等。

6 种薯处理

6.1 选用脱毒种薯

种薯质量符合 GB 18133 的要求。

6.2 种薯处理

6.2.1 切块

每切块要有 1 个～2 个芽眼,块重 25 g～40 g。切块使用的刀具注意消毒。发现病烂薯时要及时剔除,并更换消毒过的刀具。

6.2.2 拌种

干拌法:70%甲基硫菌灵可湿性粉剂 100 g 或 72%代森锰锌可湿性粉剂 100 g 与滑石粉 2.5 kg(碱性土壤用石膏粉 2.5 kg)拌匀,拌种 100 kg 切好的种块。

湿拌法：70％甲基硫菌灵可湿性粉剂100 g或72％代森锰锌可湿性粉剂100 g用水稀释合适浓度均匀喷施100 kg切好的种块，晾干后播种。

6.2.3 催芽

播种前15 d～20 d在温度17 ℃～18 ℃、相对湿度湿度80％～85％条件下催芽。

人工播种可催大芽播种。将切块摊在用湿沙做成1 m宽、7 cm厚，长度不限的催芽床上，摊放一层马铃薯块盖一层湿沙或湿土，可摊放3层～4层。芽萌发0.5 cm～1.5 cm后扒出，散射光下适当晾晒，待萌芽变绿后播种。

机械播种播前2 d～3 d切块。

7 整地施肥

7.1 整地方法

及时灭茬深耕，耕深30 cm左右。播种前15 d～20 d扣膜升温，墒情不足时，提前人工造墒。

7.2 施肥

7.2.1 施肥量

基肥以有机肥和生物菌肥为主。每亩结合耕地撒施农家肥3 000 kg～5 000 kg、生物菌肥40 kg～120 kg，硫酸钾型氮、磷、钾复合肥(15：10：20或15：8：22)40 kg～60 kg，硫酸锌1.2 kg、硼肥1 kg。

7.2.2 施肥方法

施肥应符合NY/T 394的要求。按照有机无机相结合，重施基肥、早施催苗肥、适施现蕾肥的原则，实行测土配方平衡施肥。提倡采用水肥一体化滴灌追肥。

有机肥和50％的复合肥耕地前撒施、50％的复合肥在播种时集中条施。催苗肥在马铃薯出苗75％时追施速效氮肥(N含量为46％的尿素)15 kg/亩，现蕾50％时追施速效氮肥10 kg/亩＋速硫酸钾肥25 kg/亩。

8 播种

8.1 播期

棚温稳定在10 ℃～12 ℃，或地下10 cm处地温稳定在7 ℃以上时即可播种。中原地区拱棚马铃薯适宜播期一般在1月上旬至2月上旬。

8.2 播种密度

单垄双行种植：大行距80 cm～85 cm，小行距20 cm～15 cm，株距23 cm～25 cm。

单垄单行种植：行距65 cm～70 cm，株距20 cm～22.5 cm。

8.3 起垄标准

单垄双行种植：垄宽80 cm，垄沟宽20 cm，垄高30 cm左右；单垄单行种植：垄宽65 cm，垄沟宽30 cm，垄高30 cm左右。

8.4 播种深度

黏壤土播种深度8 cm～10 cm；沙壤土播种深度10 cm～15 cm。

8.5 播种方法

8.5.1 人工播种

按照种植密度和种植模式人工完成播种操作。

8.5.2 机械辅助播种

在种植垄所在位置条施复合肥，后利用开沟培土机开半沟、人工摆放种薯后，再对马铃薯播种沟进行覆土成垄，然后人工完成喷洒除草剂和覆盖地膜。

8.5.3 机械一体化播种

由马铃薯播种机一次性完成播种操作程序。

8.6 喷洒除草剂

一般用33%二甲戊灵封闭或除草膜覆盖。

9 田间管理

9.1 苗前管理

播种后3周要继续闷棚升温，提高地温促进早出苗出壮苗。

若覆盖地膜，播种后20 d后可膜上覆土3 cm～4 cm，或在出苗时及时人工查苗破膜（每天10:00前进行）。

9.2 苗后管理

9.2.1 温度管理

出苗后，生长前期白天棚温控制在16 ℃～28 ℃，夜间维持在10 ℃～16 ℃，白天温度>25 ℃及时放风。现蕾以后，要逐步加大通风量，白天温度控制在17 ℃～25 ℃，夜间维持在12 ℃～14 ℃，白天温度>24 ℃及时放风。当外界气温白天稳定在20 ℃以上，夜间气温稳定在12 ℃时，卷起全部底膜和腰膜，进行昼夜通风，但不撤膜以防倒春寒，当地寒流完全过去撤膜。

9.2.2 水分管理

拱棚马铃薯一般采用沟灌灌溉和水肥一体化滴灌带灌溉。

拱棚马铃薯各阶段最佳田间持水量为：苗期田间持水量65%～75%，现蕾开花期田间持水量80%左右，盛花期后期田间持水量60%～65%。

沟灌：苗前原则上不浇水，如田块干旱，可少量补水；出苗75%时，结合追肥浇大水1次；苗齐后至7片～8片真叶前尽量少浇水；现蕾期结合追肥浇1次大水；薯块膨大期（即盛花期）浇大水1次。以后视土壤墒情小水勤浇，水量不超过垄高的1/2。

滴灌：自出苗开始每隔7 d～10 d滴灌1次，全生育期滴灌8次左右，亩总滴灌水量120 m^3 左右。出苗后每次亩滴灌水量12 m^3；团棵期至封垄期每次亩滴灌水量14 m^3 左右；盛花期以后每次亩滴灌水量15 m^3 左右。

收获前7 d～10 d停止灌溉。

9.2.3 追肥管理

整个生育期追肥速效氮肥25 kg，硫酸钾型三元复合肥25 kg（$K_2O \geqslant 20\%$）。肥料使用应符合NY/T 394的要求。

沟灌追肥：结合浇水进行，分别于出苗75%、现蕾期追肥各1次。

滴灌追肥：分别于出苗75%、现蕾期随滴水追肥，后视生长情况少量多次随滴水追肥。施肥前1 h滴清水，中间滴带肥料的水溶液1 h～2 h再滴清水，以防未溶解肥料堵塞毛管滴孔。

叶面追肥：叶面肥根据秧苗长势，叶面喷施0.5%的尿素和0.1%的磷酸二氢钾水溶液。

9.2.4 中耕培土

植株团棵期结合浅中耕培土3 cm～4 cm；现蕾期结合中耕进行厚培土5 cm～6 cm。

10 病虫草害防治

10.1 常见病虫草害

拱棚马铃薯病害主要有早疫病、晚疫病、青枯病、黑痣病等；虫害主要有蚜虫、白粉虱、甜菜夜蛾、蛴螬、蝼蛄、金针虫、地老虎等；草害有马唐、狗尾草、马齿苋、藜等。

10.2 防治措施

10.2.1 农业防治

选用抗病品种，与非茄科类作物轮作。合理增施有机肥、生物菌肥。清除田间病残体。选用除草膜覆盖除草，或人工拔除杂草。

10.2.2 物理防治

利用频振式杀虫灯诱杀小地老虎、金龟子、棉铃虫、银纹夜蛾等害虫，每公顷安装1台频振式杀虫灯。蚜虫、白粉虱、蓟马等用黄板诱杀，用30 cm×20 cm的黄板涂上机油，每亩用30块～40块挂在行间，悬挂高度高出植株上部20 cm～30 cm。

10.2.3 生物防治

利用天敌防治害虫：利用蚜茧蜂、食蚜蝇、草蛉、瓢虫、小花蝽、步行虫和寄生菌等天敌，可大量消灭蚜虫；释放姬小蜂、反颚茧蜂、潜叶蜂等天敌进行“以虫治虫”。生物天敌无害化防。采用150亿孢子/g白僵菌可湿性粉剂、春雷霉素2%水剂等生物源农药防治病虫害。

10.2.4 化学防治

农药的使用应符合NY/T 393的要求。具体防治方法参见附录A。

11 收获

11.1 采收时间

拱棚马铃薯植株下部1/3叶片开始变黄是成熟收获的标志。中原地区拱棚马铃薯通常在4月中下旬至5月下旬上市，综合考虑市场行情适时上市。

11.2 收获方法

机械收获或人工挖掘收获。随收随运，避免暴晒。

11.3 收后处理

及时剔除病薯、烂薯和虫薯。按照NY/T 1056规定，边采收边分级包装运输上市。产品质量符合NY/T 1049的要求，包装符合NY/T 658的要求。

12 生产废弃物处理

生产过程中，农药、化肥等投入品包装应分类收集，进行无害化处理或回收循环利用。收获时马铃薯秧及时收集集中粉碎，堆沤有机肥料循环利用。

13 生产档案管理

建立拱棚马铃薯生产档案，详细记载产地环境条件、品种、整地、播种、田间管理、病虫草害防治、采收、生产废弃物处理等，生产档案真实、准确、规范，并妥善保存，以备查阅，至少保存3年以上。

附　录　A

（资料性附录）

中原地区绿色食品拱棚马铃薯生产主要病虫草害防治方案

中原地区绿色食品拱棚马铃薯生产主要病虫草害防治方案见表A.1。

表A.1　中原地区绿色食品拱棚马铃薯生产主要病虫草害防治方案

防治对象	防治时期	农药名称	使用剂量	使用方法	安全间隔期，d
病害	播种前	10%噻虫嗪种子处理微囊悬浮剂	167 mL/100 kg种薯～225 mL/100 kg种薯	拌种	—
		70%甲基硫菌灵可湿性粉剂	100 g/100 kg种薯	拌种	—
蛴螬、蝼蛄、金针虫、地老虎	播种期	3%噻虫嗪颗粒剂	800 g/亩～1 200 g/亩	沟施	—
甲虫、二十八星瓢虫、茶黄螨、蚜虫、白粉虱、红蜘蛛	生长期	100亿孢子/mL白僵菌可分散油悬浮剂	300 mL/亩	喷雾	—
		4.5%高效氯氰菊酯乳油	20 mL/亩～44 mL/亩	喷雾	14
		30%吡虫啉微乳剂	10 mL/亩～20 mL/亩	喷雾	7
早疫病	现蕾期	25%嘧菌酯悬浮剂	30 mL/亩～50 mL/亩	喷雾	14
晚疫病	发生前	75%代森锰锌	130 g/亩～190 g/亩	喷雾	14
	发生期	40%氟吡菌胺·烯酰吗啉悬浮剂	40 mL/亩～60 mL/亩	喷雾	7～10
	现蕾期	28%霜脲·霜霉威可湿性粉剂	150 g/亩～180 g/亩	喷雾	7
黑胫病	发生期	6%春雷霉素可湿性粉剂	37 mL/亩～47 mL/亩	喷雾灌根	—
草害	播种后出苗前	33%二甲戊灵乳油	200 g/亩～300 g/亩	土壤喷雾乳油	45～60
	生长期	480 g/L灭草松水剂	150 mL/亩～200 mL/亩	茎叶喷雾	—
注：农药使用以最新版本NY/T 393的规定为准。					

绿 色 食 品 生 产 操 作 规 程

LB/T 174—2021

长 江 流 域
绿色食品秋作马铃薯生产操作规程

2021-09-26 发布　　　　2021-10-01 实施

中国绿色食品发展中心　发布

前　言

本规程由中国绿色食品发展中心提出。

本规程起草单位:湖南省绿色食品办公室、湖南省阳雀湖农业发展有限公司、云南省农业科学院经济作物研究所、湖南省蔬菜研究所、中国绿色食品发展中心、江西省绿色食品发展中心、浙江省农产品质量安全中心、安徽省绿色食品管理办公室。

本规程主要起草人:刘新桃、任艳芳、朱建湘、姚春光、曾立宇、郑井元、陈燕、唐长青、刘丽辉、王俊飞、杜志明、杨远通、谢陈国。

长江流域绿色食品秋作马铃薯生产操作规程

1 范围

本标准规定了长江流域绿色食品秋作马铃薯生产的产地环境，土壤消毒，品种选择，整地施肥，田间管理，采收，生产废弃物的处理，包装、运输及生产档案管理。

本标准适用于长江流域的浙江、安徽、江西、湖南等省绿色食品秋作马铃薯的生产。

2 规范性引用文件

下列文件对于本文件的应用是必不可少的。凡是注日期的引用文件，仅注日期的版本适用于本文件。凡是不注日期的引用文件，其最新版本(包括所有的修改单)适用于本文件。

GB 18133 马铃薯脱毒种薯

NY/T 391 绿色食品 产地环境质量

NY/T 393 绿色食品 农药使用准则

NY/T 394 绿色食品 肥料使用准则

NY/T 658 绿色食品 包装通用准则

NY/T 1049 绿色食品 薯芋类蔬菜

NY/T 1056 绿色食品 储藏运输准则

3 产地环境

产地环境条件应符合 NY/T 391 的要求。选择在无污染和生态环境良好的地区。基地应远离工矿区和公路铁路干线，避开工业和城市污染源的影响。

选择土层较厚，地力中等以上，土质为沙性、沙壤性或轻壤、富含钙质的非重茬旱地、稀疏经济林地(油茶地、果园等)和地下水位低的地块，最好是生茬地，同时要求排灌方便、土层深厚、土肥肥力充足，土壤结构疏松、中性或微酸性的沙壤土或壤土，前茬作物为水稻或其他非茄科作物的地块。

4 土壤消毒

可用石灰 60 kg/亩～80 kg/亩撒于土壤表面进行土壤消毒。

5 品种选择

5.1 选择原则

选用通过国家农作物品种登记、适宜当地栽培环境和目前市场需求的鲜食品种或加工品种，品种应抗病抗逆性强、优质、丰产。

选用脱毒种薯，种薯级别不低于二级种，质量应符合 GB 18133 的要求。

江西、湖南可选择费乌瑞它、中薯 5 号、东农 303 等，浙江可选择费乌瑞它、中薯 5 号、东农 303、珍珠香薯等。

5.2 种薯储存

选择通风并有散射光的场地做种薯储存地。储存前在地面撒施生石灰一层，再铺稻草 1 cm～2 cm，垛码堆放，堆放高度不宜太高，忌阳光暴晒，并做好鼠害预防。

5.3 种薯处理与消毒

种薯顶部芽眼萌动即可切块。提倡以 20 g～40 g 脱毒小整薯播种为宜。50 g～100 g 薯块，纵向一切两瓣。100 g～150 g 薯块，一切三开纵斜切法，即把薯块纵切三瓣。150 g 以上的薯块，从尾部根据芽眼多少依芽眼螺旋排列纵斜方向向顶斜切成立体三角形的若干小块，每个切块重量应在 20 g 以上，并要有 2 个以上健全的芽眼。切刀应用 75%的酒精消毒。切块后拌种，每 50 kg 种薯用 2 kg 草木灰和 100 g 甲霜灵加水 2 kg 混合药拌匀进行拌种，切块应在播种前 2 d～3 d 进行，切块后薄摊，勿堆积过厚，以防烂种。

6 整地施肥

播种前 1 个月翻耕土壤，翻耕深度 30 cm～35 cm，并整碎铺平。

肥料使用符合 NY/T 394 要求。基肥应以农家肥为主、化肥为辅。一般每亩施入腐熟干猪粪或牛羊粪或鸡粪 800 kg～1 000 kg、茶匾、菜籽饼或花生麸 50 kg、过磷酸钙 25 kg 作基肥。施肥后旋耕平整土地。如采用畦面种植，按 150 cm 宽度包沟作业，畦面宽 100 cm～120 cm、畦高 30 cm～35 cm、沟宽 30 cm～50 cm；采用垄作种植，平整完土地即可。

7 播种

7.1 播种时间

10 月上旬至 10 月中旬。选择晴朗的天气进行，播种时土壤湿度不宜过大。

7.2 播种深度

播种深度 8 cm～15 cm。土壤水分含量高或土质偏黏的田块浅播；土壤水分含量低或土质疏松深厚的田块，可适当深播。

7.3 播种密度

每亩播种 4 500 株～5 000 株，参考株距 20 cm～25 cm，行距 50 cm～65 cm。

7.4 播种方法

在长江流域秋作马铃薯的生产一般采用畦种，但田块较大、适合机械化生产的土地，推荐使用垄作。播种时施种肥，视土壤肥力，种肥用量为每亩使用三元复合肥 40 kg～60 kg，中量元素肥 5 kg～10 kg。种薯竖直摆放，切面向下出苗较快。种肥与种薯间隔 5 cm～10 cm，避免烧芽。

畦种：人工开沟或模具开沟，开沟后播种、施种肥和覆土，全部播种完毕后用干稻草覆盖畦面和整理畦沟，确保畦面覆盖严密，畦沟无余土，保证出苗整齐。

垄作：人工开沟或者小型机械开沟，推荐使用大垄双行种植，开沟间距 90 cm～100 cm，沟内“品”字形摆种两列，施完种肥后覆土、整理垄沟。

8 田间管理

8.1 培土

齐苗后和封行前进行培土两次，防止薯块露出地面产生“青头”。培土可结合中耕、除草和追肥同时进行。田间齐苗后第一次浅培土，封行前进行第二次高培土。采用畦种模式，在第二次培土后应畦面平整，薯块不露头，畦沟无浮土；采用垄作模式，第二次培土后垄面平整，呈馒头形或梯形，垄沟无杂草和浮土。

8.2 灌溉

马铃薯出苗后，依据田间苗情及气候变化，及时做好排灌工作。

马铃薯出苗前应保持土壤含水量 50%～56%，薯块形成期、块茎膨大期，适当浇水，保持土壤含水量 80%～85%，其余期间保持畦沟和表土湿润，土壤湿度保持在 70%～80%为最佳。收获前 15 d 停止灌水。如采用沟灌，每次灌水量为畦高(垄高)的 1/3～1/2。下雨后应及时排除沟内积水。

8.3 中耕、除草

马铃薯生长期间内应结合中耕、除草作业 1 次～2 次。

齐苗时，人工拔除畦面杂草，锄去畦沟及畦边杂草；封行前第2次中耕除草。中耕除草宜浅不宜深。

8.4 追肥

依据马铃薯田间长势情况，追肥2次～3次。齐苗时追施提苗肥，推荐每亩施用尿素3 kg～5 kg、三元复合肥1 kg～3 kg；提苗肥施用间隔15 d～20 d，继续追肥1次～2次，推荐每次每亩施用平衡型复合肥（如N：P：K=15：15：15）或高钾复合肥（如N：P：K=16：5：24）3 kg～5 kg。施肥时可配置成0.4%～0.5%的肥水浇施，也可在灌水前直接根部撒施。在生长期内，依据苗情，可叶面喷施3‰的磷酸二氢钾溶液2次～3次，每次每亩使用50 kg溶液。

8.5 病虫害防治

8.5.1 防治原则

坚持预防为主，综合防治的植保方针，以农业防治为基础，优先采用物理和生物防治技术，辅之化学防治措施。突出生态控制，充分利用自然因素（如天敌等）控害，本着安全、经济、有效的原则，协调应用农业的、生物的、物理的和化学的综合防治技术。应使用高效、低毒、低残留农药品种，药剂选择和使用应符合NY/T 393的要求。生产过程中尽量少施、最好不施化学农药。

8.5.2 病虫害种类

马铃薯生产期间的主要病害有青枯病、早疫病、晚疫病、病毒病、根肿病、环腐病、疮痂病；

主要虫害有蚜虫、红蜘蛛、蓟马、粉虱、蛴螬、菜青虫、甜菜夜蛾、地老虎等。

8.5.3 病虫监测

在掌握害虫发生规律的基础上，综合病虫情报和影响其发生的相关因子，对害虫的发生期、发生量、危害程度等作出近、中长期预测预报，并指导病虫防治。

8.5.4 防治措施

8.5.4.1 农业防治

a) 选用抗病品种的优质脱毒种薯。

b) 合理轮作，宜选择水旱轮作，切忌同科作物连作，加强田间管理，合理施肥，增强植株的抗病虫能力。

c) 及时清除田间杂草，深翻晒土结合喷施药剂，进行土壤消毒，减少病虫害源。

8.5.4.2 物理防治

悬挂黏虫板诱杀蚜虫、蓟马、粉虱等。利用频振式杀虫灯和性诱剂诱杀夜蛾科害虫的成虫等。如每15亩设置1盏杀虫灯，每亩悬挂黄板20片左右，悬挂高度超过植株15 cm～20 cm处，用于蚜虫和粉虱的防治。

8.5.4.3 生物防治

保护利用自然天敌控害，如保护利用瓢虫、草蛉、食虫蝽类、食蚜蝇等防治蚜虫，食满小黑瓢虫、中华通草蛉等防治红蜘蛛，福腮钩土蜂防治大黑蛴螬等。选用生物农药应符合NY/T 393的要求。

8.5.4.4 化学防治

主要病害和虫害的防治具体防治参见附录A。

9 采收

当马铃薯达到生理成熟期，即大部分茎叶淡黄，基部叶片已枯黄脱落，匍匐茎干缩，开始收获，或者根据市场需求进行采收。采收前10 d～15 d进行人工割秧，防止地上病菌侵入块茎，并促进薯皮老化，减少烂薯和薯皮受损。采收时间选择晴天进行。薯块挖出后，除去表面大颗粒泥土，分级包装，及时储运，忌暴晒、淋雨。对临时储藏地进行清扫、消毒，待块茎散去田间热后方可入库，并定期进行检查，清除病烂薯。产品质量符合NY/T 1049的要求。

10 生产废弃物的处理

生产过程中的农药和肥料包装物、塑料软盘、农膜、杂草等生产废弃物，应及时收集到回收箱内，带离生产区集中进行无害化处理。

11 包装、运输

包装材料符合食品相关产品质量要求，包装符合 NY/T 658 的要求，包装材料方便回收；运输工具清洁、干燥、有防雨设施，运输符合 NY/T 1056 的要求，运输过程中禁止与其他有毒有害、易污染环境的物质运输，防止污染。

12 生产档案管理

a） 建立田间档案，为生产活动追溯提供有效的证据。记录主要包括种子、肥料、农药、地膜等投入品采购记录及肥料、农药使用记录；种植全过程农事活动如整地、播种、肥水管理、病虫草害防治记录；收获、运输、储藏、销售记录。

b） 加强档案管理，注意防虫、放鼠、防霉变等。

c） 档案记录应真实准确，保存期限不少于 3 年。

附　录　A
（资料性附录）
长江流域绿色食品秋作马铃薯生产主要病虫害化学防治方案

长江流域绿色食品秋作马铃薯生产主要病虫害化学防治方案见表A.1。

表A.1　长江流域绿色食品秋作马铃薯生产主要病虫害化学防治方案

防治对象	防治时期	农药名称	使用剂量	使用方法	安全间隔期，d
晚疫病	发病初期	52%氨基寡糖素·氟啶胺悬浮剂	20 mL/亩～30 mL/亩	喷雾	14
	发病前或发病初期	45%霜霉·精甲霜可溶液剂	60 mL/亩～80 mL/亩	喷雾	21
	发病初期	500 g/L氟啶胺悬浮剂	30 mL/亩～35 mL/亩	喷雾	7
	发病初期	25%嘧菌酯悬浮剂	15 mL/亩～20 mL/亩	喷雾	7
病毒病	发病前或发病初期	0.5%几丁聚糖水剂	100 mL/亩～150 mL/亩	喷雾	—
蓟马	虫出现初期	3%噻虫嗪颗粒剂	800 g/亩～1 200 g/亩	沟施	—
蛴螬	播种时	0.5%噻虫嗪颗粒剂	12 kg/亩～15 kg/亩	撒施	—
粉虱	虫害发生初期	25%噻虫嗪水分散粒剂	8 g/亩～15 g/亩	喷雾	7
蚜虫	马铃薯定植前	3%噻虫嗪颗粒剂	800 g/亩～1 200 g/亩	沟施	—
	发生始盛期	50%吡蚜酮水分散粒剂	20 g/亩～30 g/亩	喷雾	14
	始盛期	22%氟啶虫胺腈悬浮剂	10 mL/亩～12 mL/亩	喷雾	7
注：农药使用以最新版本NY/T 393的规定为准。					

绿 色 食 品 生 产 操 作 规 程

LB/T 175—2021

西 南 地 区
绿色食品秋作马铃薯生产操作规程

2021-09-26 发布 2021-10-01 实施

中国绿色食品发展中心 发布

前　　言

本规程由中国绿色食品发展中心提出并归口。

本规程起草单位:四川省绿色食品管理办公室、四川省农业科学院农业质量标准与检测技术研究所、四川省农业科学院作物研究所、重庆市农产品质量安全中心、贵州省绿色食品发展中心、凉山州现代农业产业发展中心、云南省绿色食品发展中心、中国绿色食品发展中心。

本规程主要起草人:邓小松、侯雪、韩梅、郭灵安、雷绍荣、何卫、胡建军、苏曼琳、彭春莲、周熙、张建新、郑业龙、曾海山、代天飞、钱琳刚、乔春楠。

西南地区绿色食品秋作马铃薯生产操作规程

1 范围

本规程规定了西南地区绿色食品秋作马铃薯的产地环境，品种选择，整地、播种，田间管理，病虫草鼠害防治，采收，生产废弃物处理，储藏运输和生产档案管理。

本规程适用于西南地区四川、重庆、贵州、云南的绿色食品秋作马铃薯的生产。

2 规范性引用文件

下列文件对于本文件的应用是必不可少的。凡是注日期的引用文件，仅注日期的版本适用于本文件。凡是不注日期的引用文件，其最新版本(包括所有的修改单)适用于本文件。

GB 18133　马铃薯种薯

GB 19338　蔬菜中硝酸盐限量

NY/T 391　绿色食品　产地环境质量

NY/T 393　绿色食品　农药使用准则

NY/T 394　绿色食品　肥料使用准则

NY/T 658　绿色食品　包装通用准则

NY/T 745　绿色食品　根菜类蔬菜

NY/T 1056　绿色食品　储藏运输准则

3 产地环境

应符合 NY/T 391 的要求。宜选择耕层深厚、排灌方便、疏松肥沃的壤土或沙壤土田块。

3.1 基地选择

应选择远离工矿区和公路铁路干线，避开工业区和城市污染源，且海拔 1 000 m 以下的平丘区域和部分低山、河谷地带的山地。

3.2 土壤条件

选择耕作层深厚、结构疏松排透水性强的轻质壤土或沙壤土，土壤呈微酸性且富含有机质、污染少、病虫草害轻，集中连片、便于规模化生产的地块。前茬为禾谷类或豆类作物为佳，避免与其他茄科作物如番茄、辣椒、烟草等连作或邻作。

4 品种选择

4.1 选择原则

根据当地的生态环境和市场供需情况，因地制宜地选用外形美观、抗病、抗虫、抗逆性强、耐热、高产优质品种，且应是通过国家或西南地区审定的马铃薯品种。

4.2 品种选用

选择生育期中早熟、休眠期较短、品质优、产量高、抗性强、适应当地栽培的脱毒马铃薯品种。薯块要求外观好，表皮光滑、芽眼浅或较浅、品质食味好。种薯质量应符合 GB 18133 马铃薯种薯的要求。

西南地区马铃薯推荐品种有米拉、费乌瑞它、新芋 4 号、列芋 56、鄂 783 - 1、鄂马铃薯 1 号、南中552、鄂马铃薯 3 号、安薯 56、中薯 2 号、中薯 3 号、川芋早等。

4.3 种子处理

4.3.1 种薯的收获和储藏

前作种薯一定要在6月上旬前收获，然后有条件的进入储藏库冷藏，播种前20 d左右恢复常温储藏，并对发芽的种薯进行散射光壮芽处理。避免高温高湿烂薯发生。

4.3.2 切块

提倡以20 g～40 g脱毒小整薯播种为宜。50 g～100 g薯块，纵向一切两瓣。100 g～150 g薯块，一切三开纵斜切法，即把薯块纵切三瓣。150 g以上的薯块，从尾部根据芽眼多少依芽眼螺旋排列纵斜方向向顶斜切成立体三角形的若干小块，每个切块重量应在20 g以上，并要有2个以上健全的芽眼。切刀应用75%的酒精或0.5%的高锰酸钾水溶液等消毒。切块后拌种，用适量的草木灰，精甲霜进行拌种，切块应在播种前2 d～3 d进行，切块后薄摊，勿堆积过厚，以防烂种。

4.3.3 催芽

种薯在播种前15 d左右，15 ℃～20 ℃进行催芽。催芽方法主要采用一层种加一层湿润稻草、湿沙等覆盖，放2层～3层为宜。

5 整地、播种

5.1 施肥作畦

前茬作物收获后，及时深耕30 cm。结合整地，每亩可施入经无害化处理的有机肥2 000 kg。肥料使用应符合NY/T 394的要求。

肥土混匀，耙细整平。做成宽90 cm～100 cm的高畦，畦高15 cm～20 cm，畦沟宽20 cm～30 cm。

5.2 播种期

根据气象条件、品种特性和市场需求选择适宜的播期。地温为7 ℃～22 ℃时适宜播种。云贵较低海拔地区7月中下旬至8月上旬播种，川渝秋作马铃薯8月中旬至9月上旬播种。

5.3 深度

地温低而含水量高的土壤宜浅播，播种深度约8 cm；地温高而干燥的土壤宜深播，播种深度约10 cm。

5.4 密度

每亩种植4 000株～5 500株。株距一般20 cm左右，间套作和土壤肥力较差的田块密度适当加大。

6 田间管理

6.1 灌溉

在整个生长期土壤相对含水量保持在60%～80%。出苗前不宜灌溉，块茎形成期及时适量浇水，块茎膨大期不能缺水。浇水时忌大水漫灌。在雨水较多的地区或季节，及时排水，田间不能有积水。收获前视气象情况7 d～10 d停止灌水。

6.2 施肥

5片～6片真叶时，每亩追施高塔型硫酸钾复合肥5 kg～8 kg；块茎膨大初期，每亩追施高塔型硫酸钾复合肥10 kg～15 kg。结合浇水进行追肥，稀释150倍～200倍。

6.3 温度条件

发芽期，20 ℃～25 ℃；茎叶生长期，23 ℃～25 ℃；肉质根膨大初期，15 ℃～20 ℃。

7 病虫草鼠害防治

7.1 防治原则

按照预防为主，综合防治的植保方针，优先选用农业防治、物理防治、生物防治，配合科学合理地使用化学防治。

7.2 常见病虫草鼠害

主要病害为晚疫病、早疫病、黑痣病、枯萎病、病毒病、青枯病、黑胫病、环腐病等。重点是防治晚疫病。主要虫害为蚜虫、块茎蛾、二十八星瓢虫、蓟马、金针虫、地老虎、潜叶蝇等。具参见附录A。

7.3 防治措施

7.3.1 农业防治

选用抗(耐)病优良品种,使用不带病毒、病菌、虫卵的种薯;小整薯播种;实行轮作倒茬,合理品种布局;进行测土配方平衡施肥,增施钾肥;施足腐熟的有机肥,适量施用化肥。合理密植,采取起垄栽培;清洁田园等田间管理,降低病虫源数量。在保护地栽培中,通过设施对肥、水等栽培条件进行调控,促进马铃薯植株健康成长,抑制病虫害的发生。

7.3.2 物理防治

采用高频振式杀虫灯等物理装置诱杀鳞翅目成虫及虫卵;采用黄板诱杀蚜虫等。杀虫灯的使用应集中连片,以单灯控制面积为1.3 hm^2～2 hm^2为宜。黄板的使用应在预防期每亩悬挂15片～20片,害虫发生期每亩悬挂45片以上。

7.3.3 生物防治

利用天敌防治病虫害,如用瓢虫防治蚜虫,用丽蚜小蜂防治白粉虱等。使用苦参碱等植物源农药、Bt等生物源农药,防治病虫害。

7.3.4 化学防治

严禁使用剧毒、高毒、高残留或具有三致毒性(致癌、致畸、致突变)的农药。有限度地施用微毒、低毒和中等毒性的化学合成农药,农药的品种和使用应符合NY/T 393的规定且为在马铃薯作物上已登记的农药。严禁使用禁用农药,严格控制施药量及安全间隔期。防治方法参见附录A。

8 采收

当马铃薯植株停止生长,茎叶逐渐枯黄时,是最适宜收获期。收获后,块茎避免暴晒、雨淋、霜冻和长时间暴露在阳光下而变绿。在收获过程中要做到轻放、轻挖、轻运。若采用机械收获,收获前10 d左右,先杀秧,使薯皮老化,以便在收获时减少破损。要配备捡薯人员,确保收获干净。按薯块质量和大小,分级上市销售。

避免过量施用化肥,薯块硝酸盐含量符合GB 19338的限量要求,产品质量应符合NY/T 745的要求,包装应符合NY/T 658要求。

9 生产废弃物的处理

及时清理废旧农、地膜、农药及肥料包装等,不应残留在田间,统一回收并交由专业公司处理。

植株残体应采用高温发酵堆沤或移动式臭氧农业垃圾处理车处理。

10 储藏运输

符合储藏地址要求(温湿度、通风条件等),储藏过程有防虫防鼠防潮措施等;运输过程中有防污防混保质等措施。

收获后去掉烂、破、病薯和冻坏、表皮变绿的薯块与杂物,在阴凉处放置10 d～15 d后,待日平均气温降至8 ℃以下时,入窖(库)。在储藏窖中,食用马铃薯储藏要求温度控制在3 ℃～10 ℃。

产品储藏运输应符合NY/T 1056的要求。

11 生产档案管理

应建立质量追溯体系,建立绿色食品秋作马铃薯生产的档案,应详细记录产地环境条件、生产管理、病虫草害防治、采收及采后处理、废弃物处理记录等情况,并保存记录3年以上。

附 录 A
(资料性附录)
西南地区绿色食品秋作马铃薯主要病虫害化学防治方案

西南地区绿色食品秋作马铃薯主要病虫害化学防治方案见表A.1。

表A.1 西南地区绿色食品秋作马铃薯主要病虫害化学防治方案

防治对象	防治时期	农药名称	使用剂量	使用方法	安全间隔期，d
病害	播种前	精甲霜灵	114 mL/100 kg 种薯～143 mL/100 kg 种薯	种薯包衣	—
晚疫病	发病前或初期	37.5%烯酰·吡唑酯悬浮剂	40 g/亩～60 g/亩	喷雾	10
		25%嘧菌酯悬浮剂	17 mL/亩～20 mL/亩	喷雾	7
		0.5%苦参碱水剂	75 g/亩～90 g/亩	喷雾	7
早疫病	发病前或发病初期	50%啶酰菌胺水分散粒剂	20 g/亩～30 g/亩	喷雾	5
	发病初期	19%烯酰·吡唑酯水分散粒剂	75 g/亩～125 g/亩	喷雾	14
病毒病	发病前或发病初期	0.5%几丁聚糖水剂	100 mL/亩～150 mL/亩	喷雾	—
黑痣病	播种时	250 g/L 嘧菌酯悬浮剂	48 mL/亩～60 mL/亩	播种沟内喷雾	—
块茎蛾	发生期	50 g/L 虱螨脲乳油	40 mL/亩～60 mL/亩	喷雾	14
蚜虫	始盛期	50%吡蚜酮水分散粒剂	20 g/亩～30 g/亩	喷雾	14
	定植前	3%噻虫嗪颗粒	800 g/亩～1 200 g/亩	沟施	—
	发生期	30%吡虫啉微乳剂	10 mL/亩～20 mL/亩	喷雾	7
甲虫	低龄幼虫盛发期	32 000 IU/mg 苏云金杆菌 GO33A 可湿性粉剂	75 g/亩～100 g/亩	喷雾	—
注：农药使用以最新版本 NY/T 393 的规定为准。					

绿 色 食 品 生 产 操 作 规 程

LB/T 176—2021

北 方 地 区
绿色食品春播蚕豆生产操作规程

2021-09-26 发布　　2021-10-01 实施

中国绿色食品发展中心　发布

前　言

本规程由中国绿色食品发展中心提出并归口。

本规程起草单位:青海省农林科学院、青海省绿色食品办公室、中国绿色食品发展中心、甘肃省绿色食品办公室、内蒙古自治区农畜产品质量安全监督管理中心、河北省农产品质量安全中心、新疆维吾尔自治区农产品质量安全中心、宁夏回族自治区农产品质量安全中心、西藏自治区农畜产品质量安全检验检测中心、山西省绿色食品办公室。

本规程主要起草人:翁华、蔡全军、史炳玲、刘珍珍、张煜、崔小青、张亚东、张宪、满润、李岩、吕晶、陈言玲、苏志宏、尤帅、顾志锦、杨玲、刘海金、郝志勇。

北方地区绿色食品春播蚕豆生产操作规程

1 范围

本规程规定了北方地区绿色食品春播蚕豆的产地环境，品种选择，种子处理，整地、播种，田间管理，采收，脱粒包装，产品质量，生产废弃物处理，运输储藏及生产档案管理。

本规程适用于河北、山西、内蒙古、西藏、甘肃、青海、宁夏、新疆等省份的绿色食品春播蚕豆的生产。

2 规范性引用文件

下列文件对于本文件的应用是必不可少的。凡是注日期的引用文件，仅注日期的版本适用于本文件。凡是不注日期的引用文件，其最新版本(包括所有的修改单)适用于本文件。

GB 4404.2 粮油作物种子 第2部分:豆类

NY/T 285 绿色食品 豆类

NY/T 391 绿色食品 产地环境质量

NY/T 394 绿色食品 肥料使用准则

NY/T 658 绿色食品 包装通用准则

NY/T 1056 绿色食品 储藏运输准则

3 产地环境

3.1 产地环境条件

选择无污染和生态环境良好地区，土层深厚、肥力中等、排灌方便的地块，产地环境符合NY/T 391的要求。

3.2 气候条件

选择年平均气温2 ℃以上，≥0 ℃的年有效积温2 000 ℃以上区域。

4 品种选择

选择抗病性强、生育期适中、品质优良、丰产性好、商品性好的蚕豆品种。推荐青海12、青海13、青蚕14、临夏5号、临夏6号、临夏大蚕豆、冀蚕张2号、拉萨1号等。

5 种子处理

5.1 种子精选

种子质量符合GB 4404.2的要求。

5.2 晒种

播种前选晴天摊晒3 d～5 d。

6 整地、播种

6.1 整地

前茬作物收获后深翻25 cm～30 cm。土壤封冻前镇压、耙耱1次。

6.2 播种时间

春季气温稳定(通过)在0 ℃以上，土壤解冻深度达到10 cm时播种。

6.3 播种方法

采用条播或点播，随种随耱。选用等行距播种，行距 20 cm，株距 20 cm～25 cm；宽窄行播种，宽行 40 cm，窄行 20 cm，株距 15 cm，或窄行 20 cm，宽行 60 cm，株距 12 cm。播种深度 7 cm～10 cm。

6.4 播种量

根据土壤肥力和品种特性，确定播种密度。一般播种量 15 kg/亩～20 kg/亩，保苗 1.3 万株/亩～1.6 万株/亩。

7 田间管理

7.1 灌溉

春灌地苗期（主茎第 5 片叶～第 6 片叶）、冬灌地现蕾期第一水，盛花期灌第二水，结荚期和鼓粒期根据实际降水情况灌第三、第四水。大（小）水漫灌或喷、滴灌。

7.2 施肥

肥料使用应符合 NY/T 394 中的要求，春播前施入腐熟优质农家肥 1 000 kg/亩～2 000 kg/亩或商品有机肥 200 kg/亩～300 kg/亩结合整地，翻混均匀；盛花期和结荚期，每次用磷酸二氢钾 0.2 kg/亩兑水 30 kg 叶面喷施 2 次～3 次。

7.3 中耕除草

全生育期共进行 3 次，现蕾期前进行第 1 次，开花前进行第 2 次，幼荚期封行前进行第 3 次。

7.4 摘心打尖

蚕豆主枝达到 8 层～10 层花荚时，晴天摘除茎秆顶端 1 cm～2 cm 幼嫩枝梢或顶端未展开的花叶和生长点。

7.5 病虫草害防治

7.5.1 防治原则

应遵循预防为主，综合防控的原则，综合应用农业、物理、生物和化学防治相结合的防控措施，创造各类天敌繁衍的环境条件或者人工引入天敌，通过天敌控制害虫数量，不断增进生物多样性，保持蚕豆田生态平衡，降低各类病虫害草所造成的损失。

7.5.2 常见病虫草害

7.5.2.1 病害

赤斑病、轮纹病、褐斑病、枯萎病、根腐病、锈病。

7.5.2.2 虫害

蚜虫、蚕豆象、地下害虫、斑潜蝇、蓟马。

7.5.2.3 杂草

一年生杂草野燕麦、狗尾草、藜、密花香薷、猪殃殃、苦苣菜、马齿苋；多年生杂草苣荬菜、刺儿菜、田旋花等。

7.5.3 防治措施

7.5.3.1 农业防治

合理轮作倒茬，控制连作病害；加强土地耕地，消灭杂草；选择抗病虫、抗逆性强的品种；播前晒种 2 d～3 d，杀灭种子病菌；合理调控肥水，增强抗性；作物收获后清除田间残株、枯枝烂叶及杂草。

7.5.3.2 物理防治

采用间隔 100 m，悬挂高度 1.5 m 诱光灯诱杀；色板密度 25 个/亩～30 个/亩，间隔 5 m～7 m，高度随植株高度调整，诱杀蚜虫和斑潜蝇等。

7.5.3.3 生物防治

利用蚕豆田中的瓢虫、寄生蜂、蜘蛛、鸟类等天敌，进行生物防治。

8 采收

田间80%植株下部3层～4层豆荚变黑，上部豆荚呈褐色时采用人工或机械收获。

9 脱粒包装

豆荚自然风干变黑时人工或机械脱粒。待籽粒晾晒至含水率达13%以下时，按照NY/T 658的规定包装。

10 产品质量

应符合NY/T 285的要求。

11 生产废弃物处理

农药包装袋等废弃物集中回收送往有资质的单位进行处理，避免二次污染。秸秆移出田块，作为饲料二次利用。

12 运输储藏

蚕豆水分≤13%后，密闭低温(5 ℃以下)储藏，应符合NY/T 1056的要求。

13 生产档案管理

建立绿色食品蚕豆生产档案。记录产地环境条件、生产技术、肥水管理、病虫草害的发生和防治、采收及采后处理等情况，生产档案保存3年以上，做到农产品质量安全可追溯。

绿 色 食 品 生 产 操 作 规 程

LB/T 177—2021

长江以南地区
绿色食品秋播露地菜用蚕豆生产操作规程

2021-09-26 发布　　　　2021-10-01 实施

中国绿色食品发展中心　发布

前　言

本规程由中国绿色食品发展中心提出并归口。

本规程起草单位:湖南省绿色食品办公室、湖南农业大学、中国绿色食品发展中心、湖北省绿色食品管理办公室、江西省绿色食品发展中心、安徽省绿色食品管理办公室、上海市农产品质量安全中心、江苏省绿色食品办公室、浙江省农产品质量安全中心、福建省绿色食品发展中心、广东省绿色食品发展中心、广西壮族自治区绿色食品发展站。

本规程主要起草人:谭小平、易图永、肖深根、洪艳云、朱春晓、刘新桃、钱磊、陈阳峰、邱小燕、杜甜甜、王逸才、陈红彬、胡军安、姚霖、谢陈国、董永华、杭祥荣、李政、王京京、汤琼、陆燕。

长江以南地区绿色食品秋播露地菜用蚕豆生产操作规程

1 范围

本规程规定了长江以南地区绿色食品秋播露地采用蚕豆生产的产地环境、品种选择、整地施肥、播种、田间管理、采收和储藏、生产废弃物处理、生产档案管理。

本标准适用于上海、江苏、浙江、安徽、福建、江西、湖北、湖南、广东、广西等长江以南地区的绿色食品秋播露地菜用蚕豆的生产。

2 规范性引用文件

下列文件对于本文件的应用是必不可少的。凡是注日期的引用文件，仅注日期的版本适用于本文件。凡是不注日期的引用文件，其最新版本(包括所有的修改单)适用于本文件。

NY/T 391 绿色食品 产地环境质量

NY/T 393 绿色食品 农药使用准则

NY/T 394 绿色食品 肥料使用准则

NY/T 658 绿色食品 包装通用准则

NY/T 1056 绿色食品 储藏运输准则

3 产地环境

产地环境质量应符合 NY/T 391 的要求。选择土层深厚、土壤肥沃、保水保肥力强、排灌良好、弱酸性至中性的壤土或沙壤土。选择前作未种植过豆科植物的地块。

4 品种选择

选择实用性强、优质高产、抗逆性强、适宜当地种植的菜用蚕豆品种，如大青皮、小青皮、南通大蚕豆、慈溪大白蚕等。

5 整地施肥

5.1 整地

清除地块前茬残体和杂物，选晴天土壤不含浆时翻耕土地。翻耕深度 30 cm～40 cm，有条件的翻耕后晒土 3 d～7 d。

5.2 施基肥

结合整地，施用商品有机肥 200 kg/亩～300 kg/亩或充分腐熟的农家有机肥 1 000 kg/亩～2 000 kg/亩、15∶15∶15 氮磷钾复合肥 30 kg/亩～50 kg/亩，所施肥料应符合 NY/T 394 的要求。

5.3 作畦

整成畦面宽 1.1 m～1.2 m、沟宽 30 cm～40 cm、沟深 20 cm～30 cm 的高畦，山地或坡地可以采用平畦。

6 播种

6.1 播种时期

根据当地气候条件，选择 10 月～11 月温度 15 ℃～25 ℃时进行播种。

6.2 播种密度

条播，行距 40 cm～50 cm，株距 20 cm～30 cm；穴播，行距 55 cm～65 cm，穴距 30 cm～35 cm，播种

深度 7 cm～10 cm，每穴留 2 株，6 000 株/亩～8 000 株/亩，低肥力地块适当密植。

6.3 种子处理

6.3.1 选种与晒种

选择粒大、胚部饱满、色泽一致、皮色光亮、无病虫害、无霉变的当年新种，于晴天晾晒种子 1 d。

6.3.2 拌种

选择符合 NY/T 393 要求的农药进行拌种，优先选择生物农药。

6.4 播种方法

条播或穴播，条播根据播种量分次播种，穴播每穴播种 3 株～5 株，有条件的可机械播种。播种后覆盖土壤 3 cm～5 cm。

7 田间管理

7.1 间苗、定苗与补苗

播种后及时检查出苗率，根据蚕豆种植密度，条播，按株行距间苗、定苗，穴播，保持每穴留 2 株。发现缺株的，及时进行补苗。

7.2 中耕除草

视土壤板结情况，中耕 1 次～2 次，结合中耕及时清除杂草。

7.3 水分管理

据生长期降雨情况，及时排出积水。如遇干旱情况，应加强灌溉。

7.4 追肥

视蚕豆田间生长情况，在蚕豆幼苗期、花期，追肥 1 次～2 次，以速效性冲施有机肥或磷钾肥为主，由条件的可叶面追肥。

7.5 摘心打尖

蚕豆开花 10 层～12 层时打顶，晴天进行，摘除所有有效枝顶尖的心叶和花蕾。

7.6 病虫草害防治

7.6.1 防治原则

坚持预防为主，综合防治的植保方针，以农业防治为基础，优先采用生物和物理防治技术，必要时可采用安全经济高效的化学药剂进行防治。药剂选择和使用应符合 NY/T 393 的要求。

7.6.2 常见病虫草害

蚕豆主要病害有锈病、赤斑病、褐斑病等；主要虫害有蚜虫、斑潜蝇、蚕豆象等；主要杂草有猪殃殃、婆婆纳、卷耳等。

7.6.3 防治措施

7.6.3.1 农业防治

选择抗性较好的菜用蚕豆品种，加强田间管理，防止田间积水。

7.6.3.2 生物防治

利用七星瓢虫等捕食性天敌防治蚕豆害虫。长江以南地区绿色食品秋播露地菜用蚕豆主要病虫草害具体生物防治方案参见附录 A。

7.6.3.3 物理防治

主要方法有人工抹卵、捏杀幼虫、深翻防治蛴螬、或放鸡鸭群等措施。

每 30 亩安装 1 盏杀虫灯诱杀小菜蛾、甜菜夜蛾、黏虫、烟青虫、斜纹夜蛾、豆荚螟、金龟子等有翅成虫。

每亩挂放 20 张黄色信息素黏虫板诱杀蚜虫、叶蝉、粉虱、斑潜蝇等害虫的成虫。

7.6.3.4 化学防治

化学农药使用符合 NY/T 393 的要求。

8 采收和储藏

8.1 采收

翌年 5 月～6 月，当豆荚饱满、豆粒充实时可以分批采收。采收蚕豆嫩荚，可分次采收，采收自下而上，每 7 d～8 d 1 次；采收老熟的种子，可在蚕豆叶片凋落，中下部豆荚充分成熟时采收。

8.2 储藏

嫩荚低温储藏于温度为 0 ℃～10 ℃、相对湿度为 90%～95%的环境。储藏应符合 NY/T 1056 要求。

8.3 包装

使用可重复利用、可回收或可生物降解的绿色食品级包装材料，不应使用接触过禁用物质的包装材料。包装应符合 NY/T 658 的要求。

8.4 运输

采用冷链运输和配送，运输设施设备完备正常，货舱清洁无杂物、无残留异味、无腐烂农产品的残留物及废弃物。运输应符合 NY/T 1056 的要求。

9 生产废弃物处理

9.1 农药、农资废弃物处理

除草剂、杀菌剂、杀虫剂、种衣剂以及包衣种子的包装物等危险废弃物，收集并交由具有相应资质的地方回收点，进行集中处置；清理薄膜、种子袋等不易降解和不能回收利用的废弃物，集中运送至固定场所，进行无害化处理。

9.2 豆秆处理

由加工厂统一回收做牛羊的饲料，或投入发酵池，进行发酵处理，形成沼气肥。清理地块蚕豆残株及杂草，集中运出，并堆放于堆肥坑，进行堆沤腐熟处理，形成堆肥。

10 生产档案管理

绿色食品秋播露地菜用蚕豆应保持档案管理记录。记录清晰准确，包括产地环境条件、生产技术、肥水管理、病虫草害的发生和防治、采收以及采后处理等情况，明确记录保存 3 年以上，做到农产品生产可追溯。

附　录　A
（资料性附录）
长江以南地区绿色食品秋播露地菜用蚕豆生产主要病虫害防治方案

长江以南地区绿色食品秋播露地菜用蚕豆生产主要病虫害防治方案见表A.1。

表A.1　长江以南地区绿色食品秋播露地菜用蚕豆生产主要病虫害防治方案

防治对象	防治时期	天敌名称	使用方法	安全间隔期，d
蚜虫	成虫期、幼虫期	七星瓢虫、蚜茧蜂	释放	—
蚕豆象	幼虫期、蛹期	虱螨、豆象金小蜂、豆象金小蜂	释放	—
斑潜蝇	成虫期	异角姬小蜂、甘蓝潜蝇茧蜂	释放	—
夜蛾类	卵期	夜蛾黑卵蜂	释放	—
注：农药使用以最新版本NY/T 393的规定为准。				

绿 色 食 品 生 产 操 作 规 程

LB/T 178—2021

西 南 地 区
绿色食品秋播蚕豆生产操作规程

2021-09-26 发布

2021-10-01 实施

中国绿色食品发展中心 发布

前　言

本规程由中国绿色食品发展中心提出并归口。

本规程起草单位:四川省绿色食品发展中心、四川省农业科学院质量标准与检测技术研究所、四川省农业科学院作物研究所、中国绿色食品发展中心、昆明市农业科学研究院、陕西省农产品质量安全中心、云南省绿色食品发展中心、贵州省绿色食品发展中心。

本规程主要起草人:代天飞、尹全、杨晓凤、周熙、赵丽芬、项超、邓小松、曾海山、刘斌斌、郑业龙、王璋、王祥尊、晏宏、张建新、梁潇。

西南地区绿色食品秋播蚕豆生产操作规程

1 范围

本规程规定了西南地区绿色食品秋播蚕豆的产地环境、品种选择、整地和播种、田间管理、采收、生产废弃物处理、储藏运输及生产档案管理。

本规程适用于四川、贵州、云南、陕西的汉中地区绿色食品秋播蚕豆的生产。

2 规范性引用文件

下列文件对于本文件的应用是必不可少的。凡是注日期的引用文件，仅注日期的版本适用于本文件。凡是不注日期的引用文件，其最新版本(包括所有的修改单)适用于本文件。

GB 4404.2 粮食作物种子 第2部分:豆类

NY/T 285 绿色食品 豆类

NY/T 391 绿色食品 产地环境质量

NY/T 393 绿色食品 农药使用准则

NY/T 394 绿色食品 肥料使用准则

NY/T 1056 绿色食品 储藏运输准则

3 产地环境

3.1 基地选择

选择集中连片、地势平坦、排灌方便、耕层深厚、土壤疏松肥沃、理化性状良好的地块；蚕豆忌连茬，选择前两年为非豆科作物的地块。

3.2 生态环境

选择生态环境良好、无污染的地区、远离工矿区和公路、铁路主干线，避开污染源；与常规生产之间设置有效的缓冲带或物理屏障。

3.3 空气及灌溉水质量要求

空气及灌溉水质量应符合 NY/T 391 的要求。

3.4 土壤质量要求

土壤 pH 以 6.5～8.5 为宜，土壤环境质量和肥力应符合 NY/T 391 的要求。

4 品种选择

4.1 选择原则

蚕豆分为菜用蚕豆和粮用蚕豆生产，根据不同的生产类型选择适合当地生长的优质品种，选择抗病虫害、抗寒性较强、抗倒伏、适应性广、结实率高、结荚相对集中等的品种。种子质量符合 GB 4404.2 的要求。

4.2 品种选用

选用经过省级以上种子管理部门认定或登记的适合秋播的品种。推荐选用成胡系列为主，凤豆、云豆为辅的当地主栽品种。推荐粮菜兼用品种：成胡 10 号、云豆 459、凤豆 18、启豆 2 号等。

4.3 种子处理

播前晒种 2 d～3 d，用 0.1%钼酸铵溶液浸种 24 h～36 h，沥干待播。

5 整地和播种

5.1 整地

前作收获后及时深耕 25 cm～30 cm,按照无作物秸秆、杂草的要求,将地块耙平,播种前做到地面平整。免耕直播方式无需翻耕,仅需清除作物秸秆和杂草即可。

5.2 播种

5.2.1 播种期

稻茬免耕田块需抢墒播种,但不宜早播,以避免蚕豆花期遭受低温霜冻危害,一般在 10 月初至 11 月初播种完毕为宜。稻后免耕直播蚕豆,最适播期为水稻收获后 15 d～20 d,根据田块含水情况选择具体播期;稻田起垄种植蚕豆,在起垄后即可播种;旱地蚕豆,播种时间通常在 10 月初,按照品种生育期、开花期、早霜出现时间确定最佳播期。

5.2.2 播种方法

根据当地气候条件和品种特性,在适宜的时间,合适的密度播种,主要人工或机械点播。

5.2.3 播种量及播种深度

蚕豆种植以中粒种(干籽粒百粒重 70 g～120 g)为主,根据土壤肥力,株高、单株分枝数确定播种密度,每亩按 1.0 万株～2.5 万株计算播量。播种深度 6 cm～8 cm 为宜,株距 12 cm～18 cm,行距 35 cm～40 cm。

6 田间管理

6.1 灌溉

蚕豆喜湿润但忌涝害,灌水应掌握速灌速排,切忌细水长流、漫灌久淹。苗期需水量较少,播种后土壤干旱时要浇水促出苗。花荚期对水分需求量大,选择初花期、始荚期、鼓粒期各浇灌 1 次。具体灌溉时间、灌溉量根据实际降水和土壤湿度情况浇灌。

6.2 施肥

肥料选取应以农家肥料、有机肥料、微生物肥料为主,化学肥料为辅的原则,肥料施用应符合 NY/T 394 的规定。整地前施足底肥,每亩施农家肥料 1 500 kg/亩～2 000 kg/亩或有机肥料 1 000 kg/亩～1 500 kg/亩、过磷酸钙 30 kg/亩、硫酸钾 10 kg/亩。肥力不足时,结合中耕除草,据实追肥。鲜食蚕豆田块,豆荚每采收 1 次～2 次,根据长势和苗架情况,可用 0.3%磷酸二氢钾+0.3%尿素+0.2%硼肥溶液进行叶面喷肥。

6.3 中耕除草

一般中耕除草 2 次,第 1 次中耕在 5 片真叶时结合灌溉施肥进行;第 2 次中耕在始花封垄期进行。

6.4 病虫害防治

6.4.1 防治原则

遵循以防为主、以控为辅的植保方针,以农业防治、物理防治为基础,优先采用生物防治,辅之化学防治。

6.4.2 防治措施

6.4.2.1 农业防治

合理轮作倒茬,宜与非豆科作物实行 2 年以上轮作。及时深翻土壤,加强田间管理、及时清除田间杂草及枯枝败叶,降低病虫源数量。根据害虫生活习性,进行人工捕杀。

6.4.2.2 物理防治

虫害以物理防治为主,利用杀虫灯、黄板、性诱剂和糖醋液等措施诱杀害虫。

6.4.2.3 生物防治

积极保护和利用天敌,如蜘蛛、草蛉等捕食性昆虫防治虫害及病害传播。

6.4.2.4 化学防治

加强病虫害的测报，及时掌握病虫害的发生动态，选用低毒、低残留的农药，优先选用生物农药，针对病虫害应掌握防治时期施药、安全间隔期和施药次数，降低农药用量。农药使用应严格按照 NY/T 393 的规定执行。

7 采收

7.1 采收时间

菜用蚕豆采收时间以鲜荚外观浓绿、豆荚饱满、种脐颜色刚由无色转黑、荚略微朝下倾斜时为最佳采摘期，可自下而上分 3 次～4 次采收；粮用蚕豆采收时间在 5 月中旬左右，采收应在蚕豆植株叶片发黄干枯、茎秆颜色黄绿失水和豆荚发黑时，选择晴朗天气用割晒机或人工将其割倒晾晒于田间。

7.2 脱粒和储藏

菜用蚕豆可采用清洁、通风性良好的竹编或篓筐盛装，采收后的蚕豆应及时出售；粮用蚕豆待所有豆荚完全晒干或风干变黑时进行脱粒，籽粒晾晒至含水率≤14%，同时清除杂质，去除小、秕、破籽粒后，储存于干燥、密闭、相对低温处，蚕豆质量应符合 NY/T 285 的要求。

8 生产废弃物处理

农药包装袋不应重复使用、乱扔，农药包装袋在处置前应安全存放，处置时应符合农药包装废弃物回收处理管理办法等相关法律法规。地膜选择易降解、无污染的生物农膜、不易降解地膜通过回收进行无害化处理。秸秆、落叶应粉碎还田，禁止焚烧。

9 储藏运输

储藏地设置在地势相对较高、通风条件良好的地方，储藏过程中应防虫、防鼠、防潮；运输过程中菜用蚕豆包装用泡膜箱或保鲜袋（箱），粮用蚕豆用麻袋或篓筐等包装，避免下雨、防晒，以免变质。菜用蚕豆储藏运输要做到及时、迅速、轻装卸、薄堆放；需长途运输的，宜在下午豆荚含水量相对较低时采摘。运输储藏应符合 NY/T 1056 的要求。

10 生产档案管理

建立西南地区绿色食品秋播蚕豆生产档案。

10.1 农业投入品档案

建立农药、肥料等投入品采购、出入库、施用档案，包括投入品成分、来源、使用方法、使用量、使用时间、使用人、使用作用等信息。

10.2 农事操作档案

建立农事操作管理档案，包括植保措施、土肥管理、采收、储运等信息。

10.3 档案记录管理

生产档案记录保存 3 年以上。

附　录　A
（资料性附录）
西南地区绿色食品秋播蚕豆生产推荐农药使用方案

西南地区绿色食品秋播蚕豆生产推荐农药使用方案见表 A.1。

表 A.1　西南地区绿色食品秋播蚕豆生产推荐农药使用方案

防治对象	防治时期	农药名称	使用剂量	使用方法	安全间隔期，d
籽粒增重	盛花期	80%萘乙酸原药	8 000 倍～80 000 倍液	喷洒	—
注：农药使用以最新版本 NY/T 393 的规定为准。					

绿 色 食 品 生 产 操 作 规 程

LB/T 179—2021

北 方 地 区
绿色食品甘薯生产操作规程

2021-09-26 发布　　2021-10-01 实施

中国绿色食品发展中心　发布

前　言

本规程由中国绿色食品发展中心提出并归口。

本规程起草单位：山东省农业科学院农业质量标准与检测技术研究所、山东省农业技术推广总站、山东省土壤肥料总站、山东省绿色食品办公室、山东省汶上县地瓜研究所、中国绿色食品发展中心、江苏徐州甘薯研究中心、河北省农业技术推广总站、安徽省农业科学院作物研究所、河南省农业科学院植物保护研究所。

本规程主要起草人：张丙春、赵庆鑫、于蕾、张红、刘学锋、刘化学、王文正、张志华、杜红霞、谢逸萍、王亚楠、蒋晓璐、张振臣、范丽霞、董燕捷、赵玉华。

北方地区绿色食品甘薯生产操作规程

1 范围

本规程规定了北方地区绿色食品甘薯生产的一般要求、育苗、育苗期管理、高剪苗、定植、田间管理、病虫草害防治、收获、包装与标识、储藏与运输、生产废弃物处理及生产档案管理。

本规程适用于河北、江苏、安徽、山东和河南等北方地区绿色食品甘薯的生产。

2 规范性引用文件

下列文件中的内容通过文中的规范性引用而构成本文件必不可少的条款。其中,注日期的引用文件,仅该日期对应的版本适用于本文件;不注日期的引用文件,其最新版本(包括所有的修改单)适用于本文件。

GB/T 191 包装储运图示标志

GB 4406 种薯

GB 7413 甘薯种苗产地检疫规程

NY/T 391 绿色食品 产地环境质量

NY/T 393 绿色食品 农药使用准则

NY/T 658 绿色食品 包装通用准则

NY/T 1056 绿色食品 储藏运输准则

NY/T 1200 甘薯脱毒种薯

NY/T 3537 甘薯脱毒种薯(苗)生产技术规范

3 一般要求

3.1 产地环境

应无污染、生态条件良好。选择地势平整、土层较厚、排灌良好的壤土或沙壤土做生产基地,宜选择生茬地或前茬作物为禾谷类作物的地块。大气、灌溉水和土壤质量应符合 NY/T 391 的规定。每年甘薯生长期对灌溉水质进行不定期抽检。

3.2 品种选择

选择适合当地种植,符合用途要求,且通过国家登记的抗病、优质丰产、商品性好的甘薯品种,盐碱地应选择耐盐碱品种。异地调种时应经当地植物检疫机构检疫。病虫害检疫按 GB 7413 的规定执行。

3.3 种薯质量

具本品种特征,薯型端正,无冻涝伤和病害,薯皮光滑无侧根,单薯重 150 g~250 g。种薯质量应符合 GB 4406 的要求,脱毒种薯应符合 NY/T 1200 的要求。

4 育苗

4.1 日光温室内搭建小拱棚育苗、阳畦或露地大小拱棚育苗

4.1.1 选用背风向阳、排灌良好、土层深厚而肥沃的生茬地或近 3 年未种过甘薯的壤土或沙壤土做育苗床。阳畦苗床应东西走向,宽 1.5 m~2.0 m、深 30 cm(地面下);大小拱棚苗床深 20 cm,排种后苗床低于地面 5 cm~10 cm。

4.1.2 苗床内施足基肥,深施腐熟有机肥 5 kg/m^2、尿素 25 g/m^2、过磷酸钙 60 g/m^2、硫酸钾 40 g/m^2,

混合均匀翻入土层。

4.2 改良火炕或温室电热温床育苗

4.2.1 床土应干净、无病原菌，可采用蒸汽消毒法将床土温度升至70 ℃～80 ℃处理床土30 min。对育苗设施进行紫外辐射或高温消毒。

4.2.2 改良火炕长6 m～10 m、宽1.5 m～2 m、深0.5 m。顺炕设3条火沟，沟宽20 cm、近火端沟深50 cm、远火端深30 cm。苗床壁墙以板打墙或用草泥垛成，高50 cm、厚25 cm。炕面填充8 cm～15 cm底土，然后覆5 cm营养土。

4.2.3 电热温床布线平直，松紧一致，宽1.0 m～1.5 m、深约15 cm。通电检查合格后覆7 cm～10 cm床土压住电线。

4.3 种薯处理

可用50%或70%甲基硫菌灵可湿性粉剂1 100～1 400倍液浸种10 min，浸种后立即排种。宜使用脱毒种薯。

4.4 排种方法

平排法排种，排种时种薯阳面朝上，种薯左右留1 cm～2 cm空隙；排种密度20 kg/m^2～25 kg/m^2。排种后，在种薯上覆2 cm～5 cm细沙土，喷水湿透床土。

4.5 排种时间

根据采用的育苗方式和当地气温回升情况确定排种时间。日光温室内搭建小拱棚育苗一般在2月上中旬当地日均气温稳定在0 ℃以上时排种，阳畦或大小拱棚育苗一般在3月中下旬当地日均气温稳定在7 ℃～8 ℃时排种，改良火炕或温室电热温床育苗可根据用苗时间确定排种时间。

4.6 脱毒种薯育苗

按NY/T 3537的规定执行。

5 育苗期管理

5.1 日光温室内搭建小拱棚育苗、阳畦或大小拱棚育苗时，排种后浇足底水，出苗前通常不再浇水，若苗床过干可清水喷雾，苗生长中期适时小水轻浇，前期宜上午浇水，后期宜午后浇水。排种后及时覆地膜，膜与床面留一定空隙，夜间加盖保温被或草帘，日间揭被(帘)晒床增温，出芽后及时去除地膜。

5.2 日光温室内搭建小拱棚育苗、阳畦或大小拱棚育苗时，出苗前床温保持30 ℃～32 ℃，出苗后随薯苗生长逐渐降至25 ℃左右，拱棚内温度超过35 ℃时及时通风换气。拱棚育苗浇水后晾1 h～2 h后覆棚膜，采苗前3 d内不再覆膜；采苗前5 d～6 d浇大水后不再浇水，棚内温度降至气温，促根炼苗；采苗后1 d～2 d浇大水增温保湿，以利萌发新芽促小苗生长。

5.3 改良火炕或电热温床育苗时，排种后浇足水封严膜，幼芽拱土前不浇水，夜间盖草帘保温，日间揭帘晒床增温，上床后床温保持32 ℃左右；3 d～4 d时，床温升至35 ℃～37 ℃，保持3 d～4 d，然后揭膜通风保持在29 ℃～32 ℃；出苗后温度保持25 ℃左右至苗长8 cm，苗长10 cm～15 cm时通风。其间见干见湿间断性浇水，床土相对湿度70%～75%；采苗前7 d浇大水，采苗前2 d～3 d揭膜降温，床温逐渐降至大田温度。

5.4 若苗长适宜但不能大田栽植，可利用小拱棚、阳畦或露地进行第二段育苗：选择沙壤地做苗床，苗床规格因地制宜，苗床内按行距14 cm～16 cm开沟；大田定植前30 d～35 d，在上段苗床中剪取15 cm～20 cm的薯苗，按株距5 cm～7 cm、栽深约10 cm栽植，露出秧头5 cm～10 cm；及时浇缓苗水，生长期适时浇水。

6 高剪苗

6.1 苗长20 cm～25 cm时，炼苗3 d以上适时采苗。离苗床土面5 cm处保留薯苗基部1节～2节高剪苗。严禁拔苗。

6.2 薯苗应具本品种特征，苗龄 30 d～35 d，百株重 500 g 以上，苗长 15 cm～25 cm，顶三叶齐平，叶片肥厚、大小适中，颜色深绿；茎粗壮，节间短(3 cm～5 cm)，茎粗约 0.5 cm，剪口多白浆；茎基部根，根原基粗大数目多，无气生根，秧苗不老化不过嫩，全株不带病。

6.3 采苗次日伤口自然愈合后，每 10 m^2 苗床浇入用水稀释的有机肥 1 kg，施肥后立即清水喷洒秧苗。盖膜增温进行下茬催苗。

6.4 每 100 株或 200 株左右薯苗捆扎成把，直立成行置于通风阴凉处，防雨淋不洒水，2 d 内尽快栽植。

7 定植

7.1 整地起垄前，依土壤肥力一次性施足基肥，每亩均匀撒施腐熟有机肥 3 000 kg～4 000 kg、氮肥 2 kg～4 kg、磷钾肥 10 kg～20 kg。

7.2 定植前清理田间、深耕整地、细耙起垄。垄面平细沉实，垄沟深窄，垄型高胖。小垄单行栽植，垄距 70 cm～80 cm，垄高 25 cm～30 cm、垄宽 20 cm～25 cm；大垄双行栽植，垄距 90 cm～100 cm，垄高 25 cm～30 cm、垄宽 60 cm～80 cm。

7.3 气温 15 ℃～16 ℃、10 cm 地温 17 ℃～18 ℃时，适时春薯露地栽植。夏薯应抢时早栽，6 月中下旬完成，露地或覆地膜方式栽植，覆地膜比露地栽植早 7 d～10 d。

7.4 栽植前，薯苗基部浸入 60 mg/kg～80 mg/kg 的萘乙酸溶液中 10 min 或 70%甲基硫菌灵可湿性粉剂 1 600 倍～2 000 倍药液中 8 min～10 min。浸苗后立即栽植。

7.5 采用斜栽或平栽方式露 3 叶适墒栽植。定植株距 20 cm～25 cm，栽植深度 7 cm～10 cm、秧苗露地高度 8 cm～15 cm。

7.6 春薯每亩定植 3 000 株～4 000 株，夏薯 3 500 株～4 500 株。依地力和品种特性合理密植，丘陵旱薄地宜密，平原水浇地宜稀；短蔓品种宜密，长蔓品种宜稀。

7.7 先栽插后覆膜：覆透明地膜前施化学除草剂，栽苗后每亩用 50%异丙草胺乳油 200 g～250 g 兑水 40 kg～60 kg 均匀喷于垄面；覆黑地膜或复合地膜(主体黑膜，中间约 15 cm 透明膜)不用化学除草剂。栽苗后及时紧贴表土覆膜，用土压实无空隙，不要压断薯苗，湿土封口，封实不透气。午间膜内温度约 40 ℃时及时放苗出膜，破膜口宜小，并用土封严。垄沟底部膜间留间隙，茎叶封垄后在膜面随机扎孔。应使用可降解地膜。

7.8 先覆膜后栽插：起垄后每亩用 25%灭草松水剂 100 mL～200 mL 兑水 30 kg～45 kg 均匀喷于垄面后覆地膜，覆膜时拉紧铺平紧贴垄面，用土压实，覆地膜后停置几天栽苗。用小锹按株距在膜上切口，逐穴浇水，水下渗后水平栽插，栽插时上部留 3 叶，湿土封严切口，埋土时避免苗尖沾上泥土。

8 田间管理

8.1 栽植 3 d～5 d 后查看苗情，若缺苗及时补栽。缓苗慢、长势弱及补栽苗适当补肥补水。

8.2 甘薯生长期一般不浇水。若久旱无雨适当顺沟轻浇，水面至垄高 2/5 左右；若雨涝积水及时排水；茎叶封垄后土壤持水量保持 70%～80%。

8.3 定植后 30 d 内，若甘薯长势较弱尽早追施氮肥，亩施不超过 7.5 kg。生长中期高温多雨不宜追肥。甘薯块根快速膨大期，茎叶早衰地块用 0.5%尿素溶液，生长正常或过旺地块用 0.2%磷酸二氢钾溶液，每亩叶面喷施 30 kg～40 kg。宜傍晚喷施，每隔 7 d 喷 1 次，连续 2 次～3 次。

8.4 露地栽植栽秧后 7 d 内，每亩用 25%灭草松水剂 200 mL～400 mL 兑水 40 kg～60 kg 喷雾，喷雾时尽量避开薯苗。茎叶封垄前适时松土保墒、中耕除草 2 次～3 次。垄底深锄垄背浅锄，同时培土扶垄。封垄后若有大草，及时人工拔除。

8.5 栽后 30 d～40 d 第 1 次控旺，茎蔓封垄前第 2 次控旺。雨水过多茎生长过旺时，适当增加控旺次数。掐尖、提蔓，适时通风降低田间湿度。薯蔓长至 30 cm～40 cm 时，掐掉 1 cm～2 cm 嫩尖；分枝再长至约 30 cm 时，再掐掉分枝嫩尖；分枝较多时可剪掉 2 个～3 个。禁止翻蔓。

9 病虫草害防治

9.1 主要病虫害

主要病害有黑斑病、根腐病、茎线虫病和病毒病等，主要虫害有斜纹夜蛾、甘薯天蛾、麦蛾、小地老虎、蝼蛄、蛴螬、金线虫、红蜘蛛、粉虱等。

9.2 防治原则

预防为主，综合防治。以农业防治、物理防治和生物防治为主，化学防治为辅，农药使用符合 NY/T 393 的要求。

9.3 农业防治

选用高抗多抗品种和脱毒种苗，严格实行轮作制度，与未使用专用除草剂的花生、玉米等非旋花科作物轮作，间隔 3 年以上；用高剪壮苗，增施腐熟有机肥，清洁田园，使用无病种薯田。

9.4 物理防治

9.4.1 结合冬春耕地，人工捡拾捕杀地下害虫。

9.4.2 人工摘除虫害包叶或捕杀卷叶中甘薯天蛾幼虫、摘除斜纹夜蛾卵块等。

9.4.3 用糖、醋、酒、水、氯虫苯甲酰胺按 3∶3∶1∶10∶0.5 配成溶液，盛装于直径 20 cm～30 cm 的盆中置于田间诱杀甘薯天蛾等，每亩放 3 盆，随时添加溶液保持不干。

9.4.4 每 15 亩～30 亩，离地高 1.2 m～1.5 m 处悬挂 1 盏电子杀虫灯诱杀斜纹夜蛾、蝼蛄等；或安装专用诱捕器等斜纹夜蛾。

9.5 生物防治

9.5.1 保护和利用天敌昆虫。

9.5.2 在幼虫 1 龄期～2 龄期，每亩用 16 000 IU/mg 苏云金杆菌可湿性粉剂 100 g～150 g 或天然除虫菊或斜纹夜蛾核型多角体病毒，喷雾防治甘薯天蛾、斜纹夜蛾等地上害虫。

9.5.3 每亩用 0.36%苦参碱水剂 2 kg～4 kg 穴施防治地老虎、蛴螬等地下害虫，喷施防治蚜虫。

9.5.4 每亩用 2%白僵菌粉 2 kg 起垄前撒施或栽植时穴施防治蛴螬等，严防日晒。

9.6 化学防治

适期并交替用药，病虫害混发时混合用药；甘薯生长期内每种化学农药仅用 1 次，严格控制施药适期、安全间隔期及施药次数，收获前 30 d 停止用药。施药时尽量避免伤害有益生物。推荐农药使用方案见附录 A。

10 收获

10.1 根据用途适时收获。地温 18 ℃时开始，地温 12 ℃、气温 10 ℃时结束。

10.2 大面积地块宜机械收获人工捡拾，小面积地块人工轻刨轻拔抖落泥土。收获时避免断伤甘薯块茎，无腐烂变质、无机械伤。

10.3 收获后就地晾晒 2 h～3 h，严防暴晒、雨淋、冻害及有毒物质污染。

11 包装与标识

11.1 按品种和规格分别包装，可袋装、箱装或筐装。包装器具洁净、干燥、无污染。包装应符合 NY/T 658 的要求，包装图示标志应符合 GB/T 191 的要求，并印有包装回收标志。

11.2 每批次产品包装规格和质量一致。定量包装标识应包括产品名称、生产者名称、产品标准、等级、净含量、产地、包装日期等。

12 储藏与运输

12.1 阴凉通风、清洁卫生条件下,按品种规格分别储藏。严防日晒、雨淋、霜冻、病虫害,机械伤和有毒物质污染。不得与有毒有害、有异味物品混合储藏。

12.2 窖藏或恒温库储藏,窖(库)藏量约占窖(库)体积的2/3,薯堆中间放置通气笼或预留通道换气。入窖(库)2 d～3 d,保持窖(库)内温度35 ℃～38 ℃、相对湿度80%～90%。然后,24 h内将窖(库)温降至14 ℃左右。适宜储藏温度10 ℃～12 ℃,空气相对湿度80%～90%。冬季防寒保温,春季通气降温。应符合NY/T 1056的要求。

12.3 运输时轻装轻卸严防机械伤,防冻、防晒、防雨淋并通风换气。运输散装甘薯时,运输器具加铺垫物。运输车辆、器具、铺垫物等清洁、干燥、无污染,严禁与非绿色食品甘薯及其他有毒有害物品混装混运。

13 生产废弃物的处理

13.1 收获后,及时将植株残体带出田间集中处理。可沤制腐熟为有机肥或用作牛羊饲料。

13.2 定植和收获时,将病苗、病蔓和病薯带出田间集中处理。严禁乱丢或沤肥。

13.3 农药空包装不得重复使用,应清洗3次以上,清洗后压坏或刺破,必要时贴标签回收。施药时剩余药液和残留洗液,应按规定处理。废弃地膜、农药和肥料包装统一回收交由专业公司处理。

14 生产档案管理

14.1 建立档案管理和记录制度,对地块、品种、育苗、整地施肥、定植、田间管理、病虫草害防治、收获、储藏、废弃物处理等环节详细记录。记录内容真实,确保各环节有效追溯。

14.2 保存生产档案。对各项文件有效管理,确保各项文件均为有效版本。各项记录均由记录和审核人员复核签名,保存3年以上。

附 录 A
(资料性附录)
北方地区绿色食品甘薯生产主要病虫草害防治方案

北方地区绿色食品甘薯生产主要病虫草害防治方案见表 A.1。

表 A.1 北方地区绿色食品甘薯生产主要病虫草害防治方案

防治对象	防治时期	农药名称	使用剂量	施药方法	安全间隔期,d
黑斑病	预防	50%或 70%甲基硫菌灵可湿性粉剂	1 111 倍～1 389 倍液	浸种薯	—
		80%乙蒜素乳油	2 000 倍液	浸种薯	—
		25%多菌灵可湿性粉剂	800 倍～1 000 倍液	浸种薯	—
病毒病	发病初期	2%氨基寡糖素水剂	160 g/亩～270 g/亩兑水 30 kg	喷雾	7
斜纹夜蛾	发病期	200 g/L 氯虫苯甲酰胺悬浮剂	7 mL/亩～13 mL/亩兑水 30 kg	喷雾	14
甘薯天蛾	发病期	200 g/L 氯虫苯甲酰胺悬浮剂	100 g/亩～150 g/亩兑水 30 kg	喷雾	7
		16 000 IU/mg 苏云金杆菌可湿性粉剂	100 g/亩～150 g/亩	喷雾	7
地下害虫(蛴螬、蝼蛄、地老虎)	起垄施肥时	1.3%苦参碱可溶性粉剂	100 g/亩～150 g/亩	撒施	7
阔叶杂草、禾本科杂草	发病期	25%灭草松水剂	200 mL/亩～400 mL/亩	喷雾	—
注:农药使用以最新版本 NY/T 393 的规定为准。					

LB/T 180—2021

南 方 地 区
绿色食品甘薯生产操作规程

2021-09-26 发布

2021-10-01 实施

中国绿色食品发展中心 发布

前　言

本规程由中国绿色食品发展中心提出并归口。

本规程起草单位:福建省农业科学院农业质量标准与检测技术研究所、福建省绿色食品发展中心、福建省农业科学院作物研究所、福建省植保植检总站、中国绿色食品发展中心、广东绿色食品发展中心、广西壮族自治区绿色食品发展中心、海南省绿色食品发展中心、贵州省绿色食品发展中心。

本规程主要起草人:傅建炜、陈丽华、邱思鑫、杨芳、林锌、熊文愷、张宪、汤宇青、胡冠华、陆燕、代振江。

南方地区绿色食品甘薯生产操作规程

1 范围

本规程规定了南方地区绿色食品甘薯的产地环境、品种(种薯)选择、整地和种植、田间管理、病虫草害防治、采收、生产废弃物的处理、运输储藏及生产档案管理。

本规程适用于福建、广东、广西、海南、贵州的绿色食品甘薯生产。

2 规范性引用文件

下列文件对于本文件的应用是必不可少的。凡是注日期的引用文件,仅注日期的版本适用于本文件。凡是不注日期的引用文件,其最新版本(包括所有的修改单)适用于本文件。

GB 4406 种薯

NY/T 391 绿色食品 产地环境质量

NY/T 393 绿色食品 农药使用准则

NY/T 394 绿色食品 肥料使用准则

NY/T 1056 绿色食品 储藏运输准则

3 产地环境

甘薯产地应选择远离污染源、土层深厚、排水良好、光照充足的壤土或沙壤土地块,避免前茬种植旋花科植物。产地环境质量应符合 NY/T 391 的要求。

4 品种(种薯)选择

4.1 选择原则

根据当地生态环境及市场供求情况,因地制宜选用优质高产、抗病性好、适应性广、商品性好的甘薯品种。种薯质量应符合 GB 4406 标准中二级良种的标准。

4.2 品种选用

应选用登记的、适宜南方地区种植的甘薯品种。鲜食型甘薯可选择薯皮光滑、色泽好、结薯早的品种;淀粉型甘薯可选择高淀粉、高产的品种。可以选择普薯 32、龙薯 9 号、福薯 604、福薯 24、福薯 404、广薯 87、桂薯 131、广紫薯 1 号、广紫薯 2 号等。

4.3 种薯选择

种薯应选择外观薯皮光滑无破损、无病虫鼠害、无冻害、大小均匀的成熟薯块。种薯大小以单薯重 100 g～300 g、薯块中部直径 2 cm～3 cm 为宜。

5 整地和种植

5.1 整地

种植前清除田间植株残体,深翻土壤 20 cm～30 cm,晾晒。

5.2 育苗

5.2.1 苗床准备

苗床宜选择地势较高、土层深厚,肥力水平较高,排水良好、管理方便、无病虫危害的非连作地块。

苗床以东西向为好,经深翻晒透,施 1 000 kg/亩商品有机肥为基肥。苗床畦宽(带沟)宽 120 cm～130 cm,高 20 cm～30 cm。

5.2.2 种薯育苗

5.2.2.1 种薯处理

排种前将种薯在阳光下晒种 1 d～2 d,用 25%多菌灵可湿性粉剂 800 倍～1 000 倍液或 70%甲基硫菌灵可湿性粉剂 300 倍～700 倍液,浸种 10 min,晾干;或用温汤浸种,将种薯装框浸入 58 ℃～60 ℃温水中均匀受热 2 min～3 min 后,水温降至 50 ℃～54 ℃,保持 10 min 后降温,晾干。

5.2.2.2 排种

育苗床上开挖下种沟,沟深 5 cm～6 cm,沟宽约 0.2 m 的,沟距约 0.25 m,将薯块整齐排入,再盖上 2 cm～3 cm 的细沙土。随后将竹片弯成拱形插在育苗床上,间隔 1 m,然后盖好塑料薄膜。种薯用量 1 000 kg/亩～1 500 kg/亩。

5.2.2.3 苗床管理

薯芽萌发露出土面,控制温度 20 ℃～28 ℃,相对湿度 80%～90%;幼苗生长期,相对湿度要保持在 70%～80%,并预防高温烧苗;薯苗长 7 cm～10 cm 时,薄施 1%～2%的尿素水肥促苗。薯苗长至 25 cm左右时转为炼苗,适当控水,保持通风,降温降湿,使薯苗充分见光,苗长 30 cm～35 cm 时可剪苗移栽。薯苗生长旺盛时,要注意薯苗及时采移,去除病苗、弱苗、劣苗。

5.2.3 假植育苗

选用优质无病虫危害种苗,采用直插方式,插植深度 5 cm～8 cm,入土 2 节～5 节,插植密度为 10 000株/亩～20 000 株/亩。随后用竹片弯成拱形插在育苗床上,然后盖好塑料薄膜。当种苗长至 25 cm～30 cm 时,即可剪苗供大田生产。

5.3 大田移栽

5.3.1 深耕起垄

深耕整地后,起垄种植前,有条件的地区可施入烟沫 40 kg/亩～50 kg/亩,预防地下害虫。一般春、夏植薯采用小垄单行,秋植薯采用大垄双行种植。大垄双行:垄距 130 cm～150 cm,垄高 30 cm～40 cm;小垄单行:垄距 80 cm～100 cm,垄高 30 cm～40 cm。起垄后挖 2 cm 浅沟,覆土,盖环保地膜。

5.3.2 移栽时间

根据当地气候条件、所选品种特性及市场需求选择适宜栽插期。一般来说,春植薯 2 月下旬至 5 月上旬栽插;夏植薯 5 月下旬至 6 月栽插;秋植薯 7 月至 9 月栽插;冬植薯在立冬前后栽插,栽插宜选择在晴天。

5.3.3 采苗

苗龄 30 d～35 d,苗高达 30 cm 时,即可采苗。选取生长健壮的茎蔓,在离床土 5 cm 处剪苗,剪口要平,所采薯苗长 20 cm～25 cm、具有 5 个节～6 个节。

5.3.4 种苗栽插

栽插密度应根据所选品种形态、土壤肥力、栽插期确定。掌握肥地宜稀,旱薄地宜密,早栽宜稀,晚栽宜密,长蔓品种宜稀,短蔓品种宜密的原则。密度控制在每亩 2 500 株～4 500 株。栽插株距 18 cm～20 cm,栽插时苗与地面呈 40°角斜插入土中 3 个节～4 个节,外露约 3 个节。

6 田间管理

6.1 灌溉

栽插后 2 d～3 d,浇水保证全苗。栽培过程中遇到干旱应及时灌水,灌水深度以畦高 1/2 为宜,即灌即排;中后期要注意及时排水,防止受淹。薯块膨大期需水量多,可根据天气适当增加灌溉。收获前 25 d～30 d 应停止灌溉。

6.2 施肥

6.2.1 施肥原则

肥料的选择和使用应符合 NY/T 394 的要求。以有机肥为主,化肥为辅;严格遵循化肥减控的原则，宁少毋多，兼顾元素之间的比例平衡。

6.2.2 施肥方法

6.2.2.1 基肥

移栽前 15 d～20 d，每亩条施草木灰 100 kg～150 kg 或施用硫酸钾 10 kg，结合商品有机肥 1 000 kg～1 500 kg 或腐熟农家肥料 2 500 kg～3 000 kg，过磷酸钙 16 kg～20 kg。

6.2.2.2 追肥

追肥以速效肥为主。全生育期施肥的 N：P：K 比例约为 1：0.5：1.5。每亩施 N 14 kg～16 kg，P_2O_5 6 kg～7 kg，K_2O 18 kg～20 kg。

6.3 其他管理措施

6.3.1 查苗补苗

栽插后 5 d～7 d 注意查苗补苗，随查随补，补苗时应选用壮苗，补栽后及时浇水。

6.3.2 中耕、除草、培土

在甘薯封垄前结合施肥进行 2 次～3 次中耕、除草、培土。甘薯膨大期要适时培土，防止薯块因膨大而外露晒伤。

6.3.3 控蔓

主蔓长至 50 cm～60 cm 时，打去主藤蔓顶端未展开叶的嫩芽梢；封垄后，长蔓品种和旺长地块要打群顶。中期和后期不翻蔓，但须提蔓控旺。

7 病虫草害防治

7.1 防治原则

按照预防为主，综合防治的植保方针，坚持以农业防治、物理防治、生物防治为主、化学防治为辅的控制原则。

7.2 常见病虫草害

南方地区甘薯常见的病害为病毒病、薯瘟病、蔓割病、疮痂病、细菌性黑腐病、茎基腐病、丛枝病、黑斑病等；常见的虫害为蛴螬、金针虫、地老虎、蝼蛄等地下害虫以及小象甲、斜纹夜蛾、烦夜蛾、天蛾、白粉虱、蚜虫、叶甲等；常见的杂草为禾本科杂草、莎草和阔叶杂草等。

7.3 防治措施

7.3.1 植物检疫

加强检疫，防止检疫性病虫害传入发生；严禁调运病薯、病苗；若发现带有薯瘟病、根腐病、茎线虫病、黑斑病及蚁象等检疫对象的种薯、种苗，应立即就地销毁。

7.3.2 农业防治

因地制宜选用抗病优良品种，采用健康种薯育苗，选用壮苗移栽，结合冬耕晒垡拣拾幼虫；避免在病虫害比较严重的老薯区引进种薯种苗。避免与前茬为旋花科的作物连作；对因甘薯连作而病虫害比较严重的地块，实行休耕或轮作，可以与水稻、玉米轮作 2 年以上。实行垄作栽培，严格管理和控制田间排灌设施，实行测土配方平衡施肥。选择适宜密度，加强中耕除草，定期清洁田园，降低病虫源数量；在储藏期、育苗期、大田生长期勤查严防，发现病薯、病株应集中处理。

7.3.3 物理防治

根据害虫的趋化性、趋光性原理，采用黄板、杀虫灯等诱杀害虫。放置 20 cm×30 cm 黄板 30 张/亩～45 张/亩可防治蚜虫、天蛾、白粉虱等，从而防治病毒病、丛枝病等；性诱剂可诱杀小象甲成虫。

7.3.4 生物防治

利用天敌控制病虫害，如用丽蚜小蜂、中华草蛉和轮枝菌等天敌来防治白粉虱。

7.3.5 化学防治

在准确测报的基础上，有限度地施用高效、低毒、低残留的农药，农药的选用应符合 NY/T 393 的要求。选用在甘薯上登记且可一药多治兼治的农药，农药应交替使用，尽量避免重复使用。农药使用时要根据甘薯病虫草害的发生特点、农药特性及气象因素，选择合适的时期采用适当的施药方式，并严格按规定控制施药量和安全间隔期。

主要病虫草害及推荐农药使用方案见附录 A。

8 采收

根据生长情况和市场需求及时采收，采收时选择晴天进行。一般春、夏植薯全生育期为 110 d～130 d，秋、冬植薯全生育期为 120 d～140 d。秋冬季地温降至 12 ℃～15 ℃时，应抓紧时间采收。

9 生产废弃物的处理

及时清理生产过程中使用过的农药瓶、农资包装袋和农用地膜等生产废弃物；收获后要及时清理田间的甘薯叶蔓，减少虫卵和幼虫的摄食。

10 运输和储藏

储藏前用生石灰水喷洒储藏室墙壁进行消毒；储存的适宜温度为 10 ℃～15 ℃，适宜湿度为 60%～80%；储藏室内堆放应保证气流均匀通畅，避免挤压。装卸和运输过程中注意轻运、轻放，应避免机械损伤。储藏运输应符合 NY/T 1056 要求。

11 生产档案管理

建立绿色食品甘薯生产档案。应详细记录产地环境条件、生产技术、病虫草害防治及采收等各环节采取的具体措施，包括农业投入品的信息，并保存记录 3 年以上。

附 录 A
(资料性附录)
南方地区绿色食品甘薯主要病虫草害防治方案

南方地区绿色食品甘薯主要病虫草害防治方案见表 A.1。

表 A.1 南方地区绿色食品甘薯主要病虫草害防治方案

<table>
<tr><th>防治对象</th><th>防治时期</th><th>农药名称</th><th>使用剂量</th><th>使用方法</th><th>安全间隔期,d</th></tr>
<tr><td rowspan="3">黑斑病</td><td rowspan="3">发病前或发病初期</td><td>70%甲基硫菌灵可湿性粉剂</td><td>300 倍~700 倍液</td><td>浸种薯</td><td>14</td></tr>
<tr><td>80%乙蒜素乳油</td><td>2 000 倍液</td><td>浸种</td><td>—</td></tr>
<tr><td>25%多菌灵可湿性粉剂</td><td>800 倍~1 000 倍液</td><td>浸薯块</td><td>—</td></tr>
<tr><td>斜纹夜蛾</td><td>卵孵高峰期</td><td>200 g/L 氯虫苯甲酰胺悬浮剂</td><td>7 mL/亩~13 mL/亩</td><td>喷雾</td><td>14</td></tr>
<tr><td>天蛾</td><td>卵孵盛期至幼虫低龄期</td><td>16 000 IU/mg 苏云金杆菌可湿性粉剂</td><td>100 g/亩~150 g/亩</td><td>喷雾</td><td>—</td></tr>
<tr><td>阔叶杂草</td><td>甘薯移栽后 15 d~30 d,杂草 3 叶~4 叶期</td><td>25%灭草松水剂</td><td>200 mL/亩~400 mL/亩</td><td>喷雾</td><td>—</td></tr>
<tr><td colspan="6">注:农药使用以最新版本 NY/T 393 的规定为准。</td></tr>
</table>

绿 色 食 品 生 产 操 作 规 程

LB/T 181—2021

西 南 地 区
绿色食品甘薯生产操作规程

2021-09-26 发布　　2021-10-01 实施

中国绿色食品发展中心　发布

前　言

本规程由中国绿色食品发展中心提出并归口。

本规程起草单位:四川省绿色食品发展中心、四川省农业科学院分析测试中心、成都市农林科学院、湖南省微生物研究院、湖南省作物研究所、湖北省绿色食品管理办公室、湖南省绿色食品办公室、重庆市农产品质量安全中心、巴中市巴州区农产品质量安全管理与检测中心、中国绿色食品发展中心。

本规程主要起草人:王艳蓉、韩梅、邱世婷、江珍凤、左健雄、张道微、杨绍猛、杨远通、陈涛、马雪。

西南地区绿色食品甘薯生产操作规程

1 范围

本规程规定了西南地区绿色食品甘薯的产地环境、品种选择、育苗与移栽、田间管理、采收、生产废弃物处理、储藏和生产档案管理。

本规程适用于湖北、湖南、四川、重庆的绿色食品甘薯生产。

2 规范性引用文件

下列文件对于本文件的应用是必不可少的。凡是注日期的引用文件,仅注日期的版本适用于本文件。凡是不注日期的引用文件,其最新版本(包括所有的修改单)适用于本文件。

GB 4406 种薯

GB 7413 甘薯种苗产地检疫规程

NY/T 391 绿色食品 产地环境质量

NY/T 393 绿色食品 农药使用准则

NY/T 394 绿色食品 肥料使用准则

NY/T 658 绿色食品 包装通用准则

NY/T 1056 绿色食品 储藏运输准则

NY/T 1118 测土配方施肥技术规范

3 产地环境

产地环境应符合 NY/T 391 的要求。宜选择排灌方便、耕层深厚、土质疏松、通气性好的中性或微酸性沙壤土或壤土。

4 品种选择

4.1 选择原则

根据当地的生态条件,因地制宜选用审定推广的优质、抗逆性强、高产的优良甘薯品种。种薯质量符合 GB 4406 的要求,外地引进种薯检疫规程应符合 GB 7413 的要求。

4.2 品种选用

湖北推荐选用商薯 19、鄂薯 6 号冠等;湖南推荐湘薯 20、湘薯 98、湘薯 19 等;四川推荐选用商薯 19、心香等;重庆推荐选用渝薯 2 号、渝薯 198 等。若最新公布的淘汰品种名单中有以上品种,则对应品种淘汰。

4.3 种薯处理

4.3.1 精选种薯

选择无虫蛀、无霉变、无破损,大小适中(200 g～300 g),薯块形状端正,薯形长、匀、直、无棱沟、皮光滑、未受冻害的中型薯块做种薯。

4.3.2 浸种

用温水(水温 50 ℃～55 ℃)浸种 8 min～15 min 或用符合 NY/T 393 的规定的药液(70%甲基硫菌灵可湿性粉剂 1 600 倍～2 000 倍液或 80%乙蒜素乳油 2 000 倍液或 25%多菌灵可湿性粉剂 800 倍～1 000倍液等)浸薯块 10 min 左右。浸种后自然晾干,及时排种育苗。

5 育苗与移栽

5.1 苗床准备

苗床应选在背风向阳，地势高，排水良好，靠近水源的地块。露地育苗或采苗圃选土质肥沃，没有盐碱，至少2年内未种过甘薯和做过苗床的地方。用苗床前要严格消毒灭菌，避免病害传播，消毒剂应符合NY/T 393的要求。

5.2 排种育苗

5.2.1 适时育苗

根据气候条件、品种特性和市场需求选择适宜栽期。一般在土壤10 cm、地温16 ℃以上时播种。地膜育苗播种期一般在栽苗适期前30 d～40 d。

5.2.2 种薯用量

一般春薯每亩用种量为75 kg～100 kg，夏薯用种量为25 kg左右。

5.2.3 排种方式

排放种薯有斜排、平放等。薯块头尾，不能倒排，采用上齐下不齐的排种方法。排种后撒层土、浇透水、盖床土，床土厚度以盖没大部分薯芽为准，搭架覆盖塑料薄膜，用土把薄膜四周封严。根据具体物候环境及生产条件选择露地式、加温式、酿热式、薄膜覆盖等苗床保温方式。在确保湿度的前提下，排种后温度维持在28 ℃～35 ℃为宜。

5.2.3.1 斜排

用火炕或温床育苗，一般采用斜排，以头压尾，后排薯顶部压前排种薯的1/3。

5.2.3.2 平放

平放种薯多用在露地育苗，排种时头尾先后相接。

5.2.4 苗期管理

5.2.4.1 温度

从薯苗出齐到采苗前3 d～4 d，温度适当降低到25 ℃左右。接近大田栽苗前3 d～4 d，把床温降低到接近大气温度，温床停止加温。

5.2.4.2 湿度

保持苗床相对湿度70％～80％。

5.2.4.3 通风晾晒

通风、晾晒培育壮苗。在幼苗全部出齐，新叶开始展开后，选晴暖天气的10:00—15:00适当打开通气洞或支起苗床两头的薄膜通风。待薯苗高度达15 cm左右时，可白天完全敞开炼苗，夜晚盖好。剪苗前3 d～4 d，采取白天晾晒，晚上盖的办法。中午强光照晒下，不要揭得太急过猛，以免伤苗。

5.2.4.4 施肥

排种密度大，出苗多，应每剪(采)1次苗结合浇水追1次肥。露地育苗和采苗圃，因生长期较长，需肥量也多，应分次追肥。肥料种类以氮肥为主，采用直接撒施或兑水稀释后浇施的方法，选苗叶上无露水时施肥。追肥应在剪苗后1 d～2 d伤口愈合后进行。

5.2.5 育苗移栽

5.2.5.1 采苗

薯苗20 cm～30 cm时，应及时采苗。采苗的方法有剪苗和拔苗两种。剪苗时要根据薯苗的长度，确定剪苗高度，在离开床土3 cm以上的地方剪苗较为适宜。火炕育苗，多采用拔苗的方法。

5.2.5.2 栽插方式

提倡地膜育苗适时早栽。当苗龄30 d～40 d，选薯藤粗、节间短、节上根原基发达，顶叶齐平、叶片肥厚浓绿、剪口浆浓且多的薯苗栽插。栽插后要四周按紧压实，灌透水。提倡垄作栽培，常见有大垄单行、小垄单行和大垄双行等方式。

5.2.5.2.1 **大垄单行**

垄距 1 m(包沟)左右，垄高 0.3 m～0.4 m，每垄栽插 1 行薯苗。

5.2.5.2.2 **小垄单行**

垄距 0.7 m～0.9 m，垄高 0.2 m～0.3 m，每垄栽插 1 行。

5.2.5.2.3 **大垄双行**

垄距 0.9 m～1.2 m(包沟)，垄高 0.3 m～0.4 m，每垄交叉栽插 2 行，多在水肥条件好、土质疏松的平地上使用。

5.2.6 **密度**

5.2.6.1 **地力水平**

一般丘陵旱薄地每亩栽插 3 500 株～4 200 株；平原旱地每亩栽插 3 500 株～4 000 株；水肥地每亩栽插2 800 株～3 200 株较为适宜。

5.2.6.2 **栽插时间**

根据当地气候条件、品种特性及市场需求选择适宜栽插期。一般在土壤 10 cm、地温为 16 ℃以上时适宜栽植。

5.2.6.3 **品种特点**

短蔓品种宜密，每亩栽插 4 000 株～4 500 株；长蔓品种宜稀，每亩栽插 3 000 株～3 500 株为宜。

5.2.7 **查苗补种**

选用一级壮苗，在傍晚时进行。补苗宜早，补栽后立即浇透水，成活后追肥。条件允许时也可于甘薯栽秧时在田边地头栽一些备用苗，补苗时连根带土一起挖，使之栽后不需缓苗，避免大小苗现象。

6 田间管理

6.1 灌溉

6.1.1 **灌溉方式**

甘薯生长期间一般不灌溉。若久旱不雨，可适当轻浇，灌水深度以畦高 1/2 为宜，即灌即排；若遇涝积水，应及时排涝，保证田间无积水。

6.2 施肥

6.2.1 **施肥原则**

推行测土配方施肥，施肥技术规范应符合 NY/T 1118 的要求。生产过程中肥料种类的选取应以农家肥料、有机肥料、微生物肥料为主，化学肥料为辅。无机氮素用量不得高于当季作物需求量的一半。使用的肥料应符合 NY/T 394 的要求。

6.2.2 **施肥时期和施肥量**

高产田、地力基础好、基肥数量多的宜采用轻追苗肥、重追结薯期肥、催薯期肥；中产田、地力基础较好、基肥数量较多的宜采用施足苗肥、重追结薯期肥的二次追肥法。全年参考施肥量为：一般每亩施腐熟农家肥 2 000 kg～3 000 kg，复合肥(N∶P∶K＝15∶15∶15)10 kg～15 kg，钾肥 25 kg～30 kg，磷酸二铵 10 kg～15 kg(过磷酸钙 20 kg～30 kg)。其中，腐熟农家肥、磷酸二铵、过磷酸钙作底肥施用，复合肥的 50％作底肥，结合整地一次性施入，另外 50％的复合肥在结薯期期或催薯期施入。

6.2.3 **施肥方法**

6.2.3.1 **撒施**

有机肥和钙、磷、钾肥等的施用量较大，通常结合耕翻整地撒施，以达到土肥相融。对钙、钾肥等还可借助于土壤酸性提高肥效。

6.2.3.2 穴施

追肥和种肥可采用穴施，使有限的肥料更靠近根系，但要种肥错位，以防烧苗。对过磷酸钙和磷酸二铵等速效性磷肥亦可穴施，以减少土壤对磷的固定。

6.2.3.3 深层与分层结合施肥

腐熟农家肥、迟效肥深施，速效肥浅施。

6.3 病虫草害防治

6.3.1 防治原则

坚持预防为主，综合防治的植保方针，优先采用农业防治、物理防治和生物防治技术，配合使用化学防治技术。

6.3.2 主要病虫草害

甘薯主要病害有黑斑病、软腐病、病毒病等。

主要虫害有斜纹夜蛾、茎线虫、甘薯天蛾、甘薯麦蛾、地老虎、蛴螬、金针虫等。

主要草害有阔叶杂草、马唐、狗尾草、牛筋草、旱稗、苘麻、苍耳、藜、马齿苋等。

6.3.3 防治方法

6.3.3.1 农业防治

禁止从疫区引入种薯；因地制宜选用抗病虫品种，轮作倒茬，培育壮苗，加强田间管理，采用间作、套种等农业措施。

6.3.3.2 物理防治

应用糖醋液诱杀、黄板诱集、安装杀虫灯、人工捕捉害虫等物理措施。用糖、醋、酒、水按 1∶4∶1∶16 比例配成诱杀液，每 150 m^2～200 m^2 放置 1 盆，随时添加药液，以占容器体积 1/2 为宜，诱杀甘薯天蛾、斜纹夜蛾等害虫；田间按每亩安插黄板 25 张～30 张诱杀蚜虫等害虫；同时，安置太阳能杀虫灯，诱杀斜纹夜蛾、甘薯天蛾等害虫。

6.3.3.3 生物防治

保护利用天敌，以虫治虫，如人工释放赤眼蜂防治斜纹夜蛾；利用自然界微生物来防治害虫，如苏云金杆菌防治天蛾；利用性诱剂诱杀害虫，如甘薯麦蛾性诱剂等；推广使用生物农药防治病虫害，如乙蒜素防治黑斑病等。

6.3.3.4 化学防治

加强病虫预测预报，选择防治适期，提倡使用高效、低毒、低残留，与环境相容性好的农药，提倡兼治和不同作用机理农药交替使用，严格执行农药安全间隔期，推广使用新型高效施药器械，农药品种的选择和使用应符合 NY/T 393 的要求。西南地区绿色食品甘薯生产主要病虫草害化学防治方案参见附录 A。

6.4 中耕

6.4.1 中耕除草

进行 2 次～3 次，要掌握先深后浅，垄底深锄，垄背浅锄，土壤含水量多的深锄，土壤含水量少的浅锄。深锄可达 4 cm～5 cm，浅锄 2 cm～3 cm。最后一次中耕，结合中耕做好修沟培垄，保持垄形。除草要除早、除小、除净，选择晴天锄草，锄干不锄湿。靠近薯苗及封垄后中耕锄不到的杂草，用手拔除。

6.4.2 中耕培土

培土时只培垄侧，不培垄顶。培土前要先中耕疏松垄土，然后培垄，以改善土壤通气性。

7 采收

7.1 收获时间

甘薯薯块的成熟无明显期限，通常根据当地气温而定。对不同用途、不同情况如需腾茬、甘薯加工、鲜食、留种用等原因其收获期应分别对待。正常收获期应是当地日平均气温降至 15 ℃开始收获，12 ℃

时结束。

7.2 收获方式

7.2.1 机械收获

集中连片的平原地区，可采用机械收获，分为半机械化收获法和联合收割机收获法。

7.2.1.1 半机械化收获法

在甘薯生长状态下，用甘薯收获机，将薯土分离，人工采集。

7.2.1.2 联合收割机收获法

用甘薯联合收割机可直接一次性完成挖薯、传送、清理、装车等工作。

7.2.2 人工收获

面积较小、地势崎岖的地区，可采用人工采收。

8 生产废弃物处理

8.1 地膜

地膜覆盖栽培甘薯，揭膜时和甘薯收获后，将残膜清除干净。生产中建议采用完全生物降解膜。

8.2 农药包装废弃物

农药包装废弃物不可随意丢弃，应集中收集进行无害化处理。

8.3 秸秆

因地制宜推广秸秆肥料化、饲料化、基料化、能源化和原料化应用。加强秸秆综合利用，推进秸秆机械粉碎还田、快速腐熟还田。

9 储藏

9.1 薯窖质量

绿色食品甘薯应单收、单运、单储藏，并储存在背风向阳、土质坚硬、地势高、地下水位低的地方。薯块在储藏期间的适宜温度为 10 ℃～14 ℃。窖储前期以通风、降温、散湿为主。窖储中期（薯块入窖后 30 d 至来年立春前后）以保温防寒为主。窖储后期（立春至出窖前）应加强通风换气。储藏量不得超过储藏窖容积的 2/3。可采取半地下式高温小屋窖、改良井窖、固定发券大窖、井窖、棚窖等多种窖型。窖储应符合 NY/T 1056 的要求，包装应符合 NY/T 658 的要求。

9.2 防虫措施

经常、全面、彻底地做好清洁卫生工作。有虫甘薯与无虫甘薯严格分开储藏，防止交叉污染。储粮仓要求做到不漏不潮，既能通风，又能密闭。保持储粮仓低温、干燥、清洁，不利于害虫生长与繁殖，并消灭一切洞、孔、缝隙，让害虫无藏身栖息之地。

9.3 防鼠措施

应选具有防鼠性能的粮仓，地基、墙壁、墙面、门窗、房顶和管道等都做防鼠处理，所有缝隙不超过 1 cm。在粮仓门口设立挡鼠板，出入仓库养成随手带门的习惯。另设防鼠网、安置鼠夹、粘鼠板、捕鼠笼等防除鼠害。死角处经常检查，及时清理死鼠。

9.4 防潮措施

在春冬交替季节，气温回升，应采取有效的通风措施，降低甘薯水分，防止甘薯发霉。同时，应加强储藏甘薯的检查工作，如此时甘薯水分高则应适当摊开晾晒，防止霉变。

10 生产档案管理

建立绿色食品甘薯生产档案。应详细记录产地环境条件、生产技术、肥水管理、病虫草害的发生和防治措施、采收及采后处理等情况并保存记录 3 年以上。

附 录 A
(资料性附录)
西南地区绿色食品甘薯病虫草害防治方案

西南地区绿色食品甘薯病虫草害防治方案见表A.1。

表A.1 西南地区绿色食品甘薯病虫草害防治方案

防治对象	防治时期	农药名称	使用剂量	施药方法	安全间隔期,d
黑斑病	播种前	70%甲基硫菌灵可湿性粉剂	1 600倍～2 000倍液	浸薯块	—
		80%乙蒜素乳油	2 000倍液	浸种	—
		25%多菌灵可湿性粉剂	800倍～1 000倍液	浸薯块	—
斜纹夜蛾	卵孵高峰期	200 g/L氯虫苯甲酰胺悬浮剂	7 mL/亩～13 mL/亩	喷雾	14
天蛾	1龄～2龄幼虫期	16 000 IU/mg苏云金杆菌可湿性粉剂	100 g/亩～150 g/亩	喷雾	—
阔叶杂草	杂草出齐时	25%灭草松水剂	200 mL/亩～400 mL/亩	喷雾	—

注:农药使用以最新版本NY/T 393的规定为准。

LB/T 182—2021

东北和西北地区
旱薄地绿色食品花生生产操作规程

2021-09-26 发布　　2021-10-01 实施

中国绿色食品发展中心　发布

前　言

本规程由中国绿色食品发展中心提出并归口。

本规程起草单位：山西省农产品质量安全中心、中国绿色食品发展中心、山西农业大学经济作物研究所、怀仁市龙首山粮油贸易有限责任公司、襄汾县农业推广技术中心站、山东省农业科学院生物技术研究中心、吉林省绿色食品办公室、陕西省农产品质量安全中心。

本规程主要起草人：王立坚、张宪、白冬梅、王小娟、郭宇飞、梁志刚、王鹏冬、田跃霞、薛云云、刘雅亭、史瑞瑶、张惠琪、张鑫、赵术珍、张杼润、杨冬、王珏。

东北和西北地区旱薄地绿色食品花生生产操作规程

1 范围

本规程规定了东北和西北浅山丘陵、滩涂及积温欠缺地区绿色食品花生的产地环境、品种选择、整地、播种、田间管理、收获和晾晒、储藏运输、生产废弃物处理和生产档案管理。

本规程适用于东北和西北地区旱薄地绿色食品花生的生产。

2 规范性引用文件

下列文件对于本文件的应用是必不可少的。凡是注日期的引用文件,仅注日期的版本适用于本文件。凡是不注日期的引用文件,其最新版本(包括所有的修改单)适用于本文件。

GB 4407.2　经济作物种子　第2部分:油料类

GB 13735　聚乙烯吹塑农用地面覆盖薄膜

GB/T 15671　农作物薄膜包衣种子技术条件

NY/T 391　绿色食品　产地环境质量

NY/T 393　绿色食品　农药使用准则

NY/T 394　绿色食品　肥料使用准则

NY/T 1056　绿色食品　储藏运输准则

NY/T 2086　残地膜回收机操作技术规程

3 产地环境

选择土壤条件较好、土层深厚、保水保肥能力较强的轻壤或沙壤土,积温在2 800 ℃～3 600 ℃区域内种植。产地环境应符合NY/T 391的要求。

4 品种选择

4.1 选择原则

选用抗旱性强、品质优良、增产潜力大、通过国家或省农作物品种审(认)定或备案登记的中早熟品种。

4.2 主要品种

选用生育期在125 d以内的品种。东北区域可选双英1号、双英2号、阜花17、阜花30、农花5号、吉花20、吉花23、豫花23、小白沙等小粒品种。西北区域可选汾花8号、晋花10号、晋花7号、豫花25、远杂9102、维花8号等中小粒品种。种子质量应符合GB 4407.2的要求。

4.3 种子处理

播种前7 d～15 d采用人工或机械剥壳,剥壳前晒种2 d～3 d,剔除虫、芽、烂果。可用25 g/L咯菌腈种悬浮种衣剂600 g/100 g～800 g/100 kg种子拌种以防治苗期病害。拌种技术应符合GB/T 15671的要求。农药使用应符合NY/T 393的要求。

5 整地

秋季机耕,深度在20 cm～25 cm,清除残余根茬、石块等杂物。春播前可浅耕耱平,做到土壤平整、细碎、上虚下实。每2年深耕1次,打破犁底层,提高土壤蓄水保肥能力。

6 播种

6.1 时间

要求当地 5 日内 5 cm 耕层平均地温稳定在 15 ℃以上，东北产区约在 5 月中旬抢墒播种，西北产区约在 4 月下旬至 5 月上旬抢墒播种。覆膜播种可提前 1 周左右。选用种仁大而整齐、籽粒饱满且没有机械损伤的一级、二级种。每亩用种量(籽仁)12 kg～15 kg。

6.2 规格

6.2.1 单垄单行种植

垄高 10 cm～12 cm，垄距 45 cm～60 cm，穴距 13 cm～14 cm，每亩播 10 000 穴～11 000 穴，每穴播 2 粒种子。覆膜厚度 0.01 mm，宽度 130 cm，覆盖 2 垄(行)，地膜质量应符合 GB 13735 要求。

6.2.2 大垄双行种植

垄高 10 cm～12 cm，垄距 85 cm～100 cm，垄面宽 55 cm～60 cm，每垄 2 行，垄上行距 27 cm～33 cm，穴距 12 cm～15 cm，每亩播 9 000 穴～10 000 穴，每穴播 2 粒种子。覆膜厚度 0.01 mm，宽度 110 cm～120 cm，覆盖 1 大垄，大垄上种双行，地膜质量应符合 GB 13735 的要求。

6.2.3 播种深度

3 cm～5 cm 为宜。

7 田间管理

7.1 引苗

覆膜花生在播后 10 d～15 d 陆续出土。检查出苗及生长情况，发现幼苗顶膜时要及时开膜孔引苗，引苗最好在下午，防止阳光灼伤高温烧苗。

7.2 施肥

每亩施优质农家肥 2 000 kg～3 000 kg；尿素 10 kg、生物磷钾肥 15 kg、土壤磷素活化剂 5 kg、生物活性钾肥 10 kg，或生物复合肥($N+P_2O_5+K_2O$ 为 15+15+15)50 kg，或三元复合肥($N+P_2O_5+K_2O$ 为 15+15+15)20 kg、生物复合肥 30 kg。适当增施硫、硼、锌、铁、钼等微量元素肥料。肥料使用应符合 NY/T 394 的要求。

7.3 中耕除草

机械中耕，或结合人工除草。

7.4 病虫害防治

7.4.1 防治原则

坚持预防为主，综合防治的植保方针，优先采用农业防治、物理防治和生物防治措施，合理使用低风险农药。

7.4.2 主要病虫害

7.4.2.1 主要病害

根腐病、叶斑病、白绢病。

7.4.2.2 主要虫害

蛴螬、金针虫、地老虎、蚜虫、甜菜夜蛾。

7.4.3 防治措施

7.4.3.1 农业防治

7.4.3.1.1 深翻土地

在深秋或初冬翻耕土地，杀灭害虫。

7.4.3.1.2 选择抗病虫品种

针对区域性选择适合当地种植的抗病虫品种。

7.4.3.1.3 轮作倒茬

与甘薯、玉米、小麦等非豆科作物实行1年～2年轮作倒茬。

7.4.3.2 物理防治

7.4.3.2.1 频振灯或黑光灯诱杀

出苗后，安装频振灯或黑光灯，每40亩～50亩装1盏灯，高度控制在1.5 m～2.0 m。

7.4.3.2.2 性诱剂诱杀

利用性激素诱捕金龟子和夜蛾科害虫。利用人工合成性激素或性腺粗提物诱杀雄成虫。

7.4.3.2.3 色板诱杀

每亩悬挂40块规格为24 cm×20 cm的色板，高度距花生上部20 cm～40 cm，采用"N"形放置。

7.4.3.2.4 趋化性诱杀

利用糖醋液(红糖：酒：醋=2：1：4)、食诱剂等集中诱杀成虫。

7.4.3.3 生物防治

采取以菌治虫，以虫治虫的策略，利用捕食类的蟾蜍、步行甲、瓢甲、小花蝽、食蚜蝇、捕食螨等以及寄生类的土蜂、茧蜂等天敌，控制害虫。田边可种植红麻、薄荷、鸡冠花、甘薯等可分泌花蜜、蜜露的植物，招引土蜂等天敌控制蛴螬等害虫。

7.4.3.4 化学防治

科学合理和轮换交替施用农药，选用生物农药及高效、低毒、低(无)残留的化学农药。所使用的农药应获得国家在花生上的使用登记，农药的使用应符合NY/T 393的要求。具体防治方案参见附录A。

8 收获和晾晒

当70%的荚果果壳硬化、网纹清晰、果壳内壁发生青褐色斑片，应及时收获。刚收获的花生鲜果应迅速摊开、晒干，尽快将荚果含水量降至8%～10%。阴雨天气，应采用干燥设备。干燥后迅速包装，防止回潮。

9 储藏运输

将荚果水分含量降至8%～10%，在干燥通风避雨处储藏。运输过程中应注意防雨、防潮、防污染，不得与其他有毒物质混运。储藏运输应符合NY/T 1056的要求。

10 生产废弃物处理

覆膜花生收获后，应及时清除田间残膜，相关操作应符合NY/T 2086的要求。

11 生产档案管理

建立并保存相关记录，健全生产记录档案，为生产活动追溯提供有效证据。记录内容主要包括产地环境、种子、栽培技术、田间管理、收获、储藏、运输、销售、生产废弃物的处理等，记录应真实准确，生产记录档案保存3年以上，做到生产可追溯。

附 录 A
（资料性附录）
东北和西北地区旱薄地绿色食品花生生产主要病虫害防治方案

东北和西北地区旱薄地绿色食品花生生产主要病虫害防治方案见表 A.1。

表 A.1 东北和西北地区旱薄地绿色食品花生生产主要病虫害防治方案

防治对象	防治时期	农药名称	使用剂量	施药方法	安全间隔期，d
蛴螬 金针虫 地老虎	播种前	辛硫磷颗粒剂	5 000 g/亩～80 000 g/亩	沟施	—
根腐病	播种前	25 g/L 咯菌腈种悬浮种衣剂	600 g/100 kg～ 800 g/100 kg 种子	种子包衣	—
叶斑病	结果期至 饱果成熟期	80%代森锰锌可湿性粉剂	60 g/亩～75 g/亩	叶面喷雾	7～10
		36%甲基硫菌灵悬浮剂	33.33 mL/亩～40 mL/亩	叶面喷雾	7～10
白绢病	饱果成熟期	20%氟酰胺可湿性粉剂	75 g/亩～125 g/亩	叶面喷雾	7～10
注：农药使用以最新版本 NY/T 393 的规定为准。					

绿 色 食 品 生 产 操 作 规 程

LB/T 183—2021

南 方 地 区
绿色食品花生生产操作规程

2021-09-26 发布　　2021-10-01 实施

中国绿色食品发展中心　发布

前　言

本规程由中国绿色食品发展中心提出并归口。

本规程起草单位:湖南省绿色食品办公室、湖南农业大学农学院、湖南省花生工程技术研究中心、安化县绿色食品发展中心、安化县乐安镇农业综合服务中心、安化县蚩尤故里生态农业有限责任公司、中国绿色食品发展中心、湖北省绿色食品管理办公室、江西省绿色食品发展中心、安徽省绿色食品管理办公室。

本规程主要起草人:刘新桃、朱建湘、李林、唐常青、田中华、夏勇彬、刘登望、蒋玉兰、张成川、张志华、周先竹、杜志明、谢陈国。

南方地区绿色食品花生生产操作规程

1 范围

本规程规定了南方地区绿色食品花生生产的产地环境、品种选择、施肥、播种、生长期管理、采收与摘果、生产废弃物处理、储藏、包装与运输及生产档案管理。

本规程适用于淮河、长江以南地区绿色食品花生生产。

2 规范性引用文件

下列文件对于本文件的应用是必不可少的。凡是注日期的引用文件，仅注日期的版本适用于本文件。凡是不注日期的引用文件，其最新版本（包括所有的修改单）适用于本文件。

GB 4407.2 经济作物种子 第2部分：油料类标准

NY/T 391 绿色食品 产地环境质量

NY/T 393 绿色食品 农药使用准则

NY/T 394 绿色食品 肥料使用准则

NY/T 420 绿色食品 花生及制品

NY/T 658 绿色食品 包装通用准则

NY/T 1056 绿色食品 储藏运输准则

3 产地环境

产地环境条件应符合NY/T 391的要求，选择在无污染和生态环境良好的地区。基地应远离工矿区和公路铁路干线，避开工业和城市污染源的影响。

基地相对集中连片，选择土层较厚，地力中等以上，土质为沙性、沙壤性或轻壤、富含钙质的非重茬旱地，或稀疏经济林地（油茶地、果园等），或地下水位低的稻田种植，最好是生茬地，旱能浇、涝能排，不内涝、不高燥。

4 品种选择

4.1 选择原则

选用通过国家农作物品种登记、且适宜当地生态环境条件的抗病抗逆性强、优质、丰产的湘花2008、湘黑小果、湘花55、湘花522、中花23、中花413、赣花9号、桂花73等品种，注意合理布局和轮换种植。

4.2 种子质量

大田用种的种子质量应符合GB 4407.2的规定，纯度不低于96.0%，净度不低于99.0%，发芽率不低于80%，水分不高于10.0%。

4.3 种子处理

花生种子在播前7 d～10 d剥壳，剥前晒果1 d～2 d（机械剥壳的不得晒种），以提高种子活力和消灭部分病菌。为了确保苗全苗壮，播种前精选种子，每公顷种量用生根粉6号（吲哚乙酸和萘乙酸钠）15 g（450 mg/kg）浸种3 h～4 h，稍晾干种皮后播种。

4.4 整地与消毒

前作收获后或者冬前土壤管理时，清理残茬、杂草、枯枝，施入全部有机肥，深耕25 cm～30 cm，冻土晒垡，有利于杀灭越冬害虫、降低病虫草基数、疏松土壤。播种前施足其他基肥，每亩撒施50 kg～

100 kg熟石灰，还可撒施木霉菌等生物土壤消毒粉剂每亩0.5 kg～1 kg，或喷施水剂，马上耕翻，防止高温干旱晒死。旋耕1次～2次，要求达到深、松、细、平。不宜采取平作栽培，以免排水、透气不畅，降低花生抗逆性，诱发病害。采取人工分厢栽培时，厢宽2 m，厢沟宽、深各25 cm～30 cm；机械化起垄栽培时，垄宽70 cm～80 cm，其中垄面宽45 cm～50 cm，沟宽25 cm～30 cm，垄高15 cm～20 cm。消毒剂符合NY/T 393的要求。

5 施肥

5.1 施肥原则

根据气候条件、地力水平、花生生物固氮特性、品种株型及需肥特性（尤其对土壤缺钙敏感度）、生产目标来施肥，一般采取有机肥为主、化肥为辅、生物肥替代，减氮、增磷钙、适钾、补充微肥（硼钼锌硫），生土、旱地多施，熟土、稻田少施的施肥原则。肥料选择应符合NY/T 394的要求。

5.2 有机肥为主

有机肥（包括厩肥、堆肥、绿肥等）应充分腐熟，最好进行高温堆肥，即在50 ℃～70 ℃条件下持续半个月以上，可降解有机污染物，杀灭病原菌、虫卵。沼液可减少农药用量，提高花生产量和质量。

5.3 推广生物肥料、根瘤菌肥料和细菌肥料等新技术

推广根瘤菌剂等生物肥料用生物肥料拌种能促进花生根系发达，根瘤多而大，生育后期不早衰，大幅度提高单株果数、果重，增产幅度达10%以上。一般每亩使用花生根瘤菌剂1包（10 mL水剂）拌种，拌种后避光，尽量早播种。

5.4 施肥的定量和方法

5.4.1 施肥量

冬前翻耕时中等地力的丘块一般每亩施用腐熟农家肥1 000 kg～2 000 kg；播种旋耕前施足其他基肥：每亩撒施氮、磷、钾同比例的45%～48%硫酸钾型复合肥30 kg～60 kg，施足钙肥（熟石灰粉50 kg～75 kg、钙镁磷肥50 kg），硫酸锌0.5 kg～1 kg，硼肥750 g。辅施土壤磷素活化剂等。

为了获得高产，花生进入结荚期，可叶面喷施0.3%磷酸二氢钾。

5.4.2 施肥方法

有机肥和化肥以全层铺施为主，一般有机肥冬耕前全部施完，化肥春耕前施完。生物肥集中撒施在播种沟内。除了追施叶面肥以外，花生生育期间一般不需要施其他肥料，尤其是不得追施氮肥，以免徒长。

6 播种

6.1 播期

春播：播种前5 d，5 cm土温稳定在15 ℃以上为适宜播期。应抢冷尾暖头、雨过天晴的日子播种。春播覆膜栽培可提早7 d～10 d播种。覆膜栽培一般采用厚度0.006 mm～0.008 mm的微膜，宽度根据需要确定。

夏播、秋播：因气温迅速升高，应根据墒情尽早播种。

6.2 播种量

小、中、大籽品种一般每亩荚果用种量分别为10 kg、15 kg、20 kg左右，保苗1.5万株～2万株，具体视地力和生产条件、品种特性和播期而定。

6.3 播种方式与密度

采取开沟浅播、适行距、宽株距的单粒精播方式。人工分厢点播时，浸种后播种，行距30 cm，株距12 cm，每亩播种1.85万粒。机械起垄播种时，一般垄上小行距20 cm，垄间大行距50 cm～60 cm，平均行距35 cm～40 cm，株距10 cm～12 cm，每亩播种1.58万粒～1.66万粒。严格控制播种深度，以免影响出苗率和幼苗素质，土壤湿、细的盖土宜浅（3 cm～4 cm），土壤干、粗的盖土宜深（4 cm～5 cm）。夏、

秋播种后如遇干旱应及时灌“跑马水”。

7 生长期管理

7.1 杂草防除

播种后至出苗前，趁土壤潮湿时选用芽前除草剂防除多种一年生杂草。出苗后若长出小杂草，应尽早喷施精喹禾灵、精吡氟禾草灵等苗后除草剂，香附子等恶性杂草采用灭草松（排草丹）杀灭。大、老草人工拔除。开花后至果针入土前，中耕松土1次，利于结果。化学除草剂使用参见附录A。

7.2 病虫害防治

7.2.1 防治原则

坚持预防为主，综合防治的植保方针，以农业防治为基础，优先采用物理和生物防治技术，辅之化学防治措施。突出生态控制，充分利用自然因素（如天敌等）控害，本着安全、经济、有效的原则，协调应用农业的、生物的、物理的和化学的综合防治技术。应使用高效、低毒、低残留农药品种，药剂选择和使用应符合NY/T 393的要求。生产过程中尽量少施、最好不施化学农药。

7.2.2 病虫害种类

主要病害：出苗期的枯萎病（冠腐病、茎腐病、根腐病）；生育中、后期的叶部病害（褐斑病、黑斑病、网斑病）、土传病害（白绢病、青枯病、果腐病等），以及病毒病。

主要虫害：出苗期的地老虎、蛴螬、蝼蛄、金针虫等；生育中、后期的蚜虫、蓟马、叶蝉、叶螨、斜纹夜蛾、棉铃虫、造桥虫等。

7.2.3 病虫监测

即在掌握害虫发生规律的基础上，综合病虫情报和影响其发生的相关因子，对害虫的发生期、发生量、危害程度等做出近、中长期预测预报，并指导病虫防治。

7.2.4 防治措施

7.2.4.1 农业防治

选用多抗品种、合理轮作和耕种、合理密植和施肥、精细管理、培育壮苗、中耕灭茬等措施，能有效破坏害虫生存环境，抑制或破坏害虫正常生长发育，达到控制害虫发生危害的目的。花生不耐连作重茬，也一般不宜与茄科、葫芦科作物接茬。

7.2.4.2 物理防治

采用杀虫灯、黄板、防虫网等诱杀害虫。如每15亩设置1盏杀虫灯，每亩悬挂黄板20片左右，悬挂高度超过植株15 cm～20 cm处，用于花生蚜虫的防治。

7.2.4.3 生物防治

保护利用自然天敌控害，如保护利用瓢虫、草蛉、食虫蝽类、食蚜蝇等防治花生蚜虫，食满小黑瓢虫、中华通草蛉等防治红蜘蛛，福腮钩土蜂防治大黑蛴螬等。选用生物农药应符合NY/T 393的要求，具体防治方法参见附录A。

7.2.4.4 化学防治

化学农药的使用应符合NY/T 393的要求，具体防治方法参见附录A。

7.3 化学调控

在土壤瘠薄、生长正常的地块不宜化控。在肥沃地块，当大部分果针已经入土且主茎高度达到30 cm时，若植株徒长，须采用烯效唑等化控剂，防止徒长减产，具体方法参见附录A。

8 采收与摘果

8.1.1 采收

当花生植株表现衰老，叶片转黄，70%荚果的果壳硬化、网纹清晰、内壁组织由白色海绵状态变成褐色光滑硬化结构特征时即可人工或机械收获。收获期要避开雨季,久旱临近成熟期不可等雨收获,以免大量发芽和感染黄曲霉。

8.1.2 摘果

收获完成后,带果的茎蔓不得堆放,应尽快摘果。采用机械摘果作业时,荚果破损及内伤率应低于3%,清洁率达95%以上。

8.1.3 晾晒

阳光充足的天气一般晒4 d～5 d即可。留种的花生不得在高温水泥坪上暴晒,应适当厚晒,最好利用竹垫摊晒。第1 d～2 d晒过的荚果水分还是偏高,夜间也须摊开,不得在大容器中过夜,以免种子自动发热而捂坏。遇到阴雨天,若含水量太高可在室内摊晾或采用烘干设备等。禁止在公路上及粉尘污染的地方晾晒。产品质量符合NY/T 420的要求。

9 生产废弃物处理

生产资料包装物使用后当场收集或集中处理,不能引起环境污染。收获后的花生秸秆应粉碎还田,也可将其收集整理后用于其他用途,不得在田间焚烧。

10 储藏

荚果中的水分降低到10%以下即为安全入库储藏标准。储藏设施、周围环境、卫生要求、出入库、堆放等应符合NY/T 1056的要求。储藏设施应具有防虫、防鼠、防鸟、防潮的功能,储藏条件应符合阴凉、干燥、通风处等要求。

11 包装与运输

包装材料符合食品相关产品质量要求,包装符合NY/T 658的要求,包装材料方便回收;运输工具清洁、干燥、有防雨设施,运输符合NY/T 1056的要求,运输过程中禁止与其他有毒有害、易污染环境的物质运输,防止污染。

12 生产档案管理

建立真实准确生产记录档案并保存3年以上,为生产活动追溯提供有效的证据。记录主要包括种子、肥料、农药、地膜等投入品采购记录及肥料、农药使用记录;种植全过程农事活动如整地、播种、肥水管理、病虫草害防治记录;收获、运输、储藏、销售记录。记录应做到农产品生产可追溯。

附　录　A
(资料性附录)
绿色食品花生生产施药方案

绿色食品花生生产施药方案见表 A.1。

表 A.1　绿色食品花生生产施药方案

防治对象	防治时期	农药名称	使用剂量	施药方法	安全间隔期,d	备注
叶斑病	病害发生前或者初见零星病斑时	20%嘧菌酯水分散粒剂	60 g/亩～80 g/亩	喷雾	21	—
锈病、褐斑病	病害发生前	19%啶氧·丙环唑悬浮剂	70 mL/亩～88 mL/亩	喷雾	21	—
一年生杂草	播种后至出苗前	960 g/L 精异丙甲草胺	45 mL/亩～60 mL/亩	喷雾	—	—
禾本科杂草	出苗后	5%精喹禾灵	60 mL/亩～80 mL/亩	喷雾	—	—
禾本科杂草	出苗后	15%精吡氟禾草灵	50 mL/亩～67 mL/亩	喷雾	—	—
香附子	出苗后	480 g/L 灭草松	150 mL/亩～200 mL/亩	喷雾	—	—
植株旺长	结荚期(大部分果针入土)	5%烯效唑可湿性粉剂	400 倍～800 倍液	喷雾	—	每季最多用药 1 次
注:农药使用以最新版本 NY/T 393 的规定为准。						

绿 色 食 品 生 产 操 作 规 程

LB/T 184—2021

东 北 地 区
绿色食品向日葵生产操作规程

2021-09-26 发布 2021-10-01 实施

中国绿色食品发展中心 发布

前　　言

本规程由中国绿色食品发展中心提出并归口。

本规程起草单位：内蒙古自治区农畜产品质量安全监督管理中心、通辽市农畜产品质量安全中心、包头市农畜产品质量安全监督管理中心、中国绿色食品发展中心、吉林省绿色食品办公室、辽宁省农产品加工流通促进中心、巴彦淖尔市绿色产业发展中心、杭锦旗检验检测中心、黑龙江省绿色食品发展中心。

本规程主要起草人：郝贵宾、云岩春、孙丽荣、包立高、郝璐、李刚、康晓军、于永俊、高亚莉、王立岩、海明、崔永强、刘鑫、赵伟、马雪、张金凤、吴秋艳、孙秀梅、崔爱文、张义秀、刘培源。

东北地区绿色食品向日葵生产操作规程

1 范围

本规程规定了东北地区绿色食品向日葵的产地环境、品种选择、播种、田间管理、病虫害防治、收获、生产废弃物处理及生产档案管理。

本规程适用于内蒙古、辽宁、吉林、黑龙江等地区的绿色食品向日葵生产。

2 规范性引用文件

下列文件对于本文件的应用是必不可少的。凡是注日期的引用文件，仅注日期的版本适用于本文件。凡是不注日期的引用文件，其最新版本(包括所有的修改单)适用于本文件。

GB 4407.2 经济作物种子 第2部分：油料类

NY/T 1581 食用向日葵籽

NY/T 391 绿色食品 产地环境质量

NY/T 393 绿色食品 农药使用准则

NY/T 394 绿色食品 肥料使用准则

3 产地环境

3.1 环境条件

应符合 NY/T 391 的要求。选择远离工矿区和公路、铁路干线，生态环境良好、无污染的地区，绿色食品向日葵生产应与常规生产区域之间设置有效的缓冲带或物理屏障。

3.2 气候条件

年≥10 ℃活动积温宜在 2 100 ℃以上，年降水量在 350 mm 以上。

3.3 土壤条件

宜选用集中连片、地势平坦、排灌方便、耕层深厚肥沃、理化性状和耕性良好的土壤，pH 宜在 6.5～7.5。

4 品种选择

4.1 选择原则

选择品质优良、抗逆性强、适应性广、丰产性突出的杂交品种。

4.2 品种选用

根据地区气候和栽培条件，按照 GB 4407.2 的有关规定，选择生育期 100 d～110 d，经国家或省(自治区、直辖市)品种认定的向日葵新品种。油葵含油率应在 45%以上；食用向日葵籽粒长度 1.6 cm 以上，宽度 0.6 cm 以上。种子质量应符合 NY/T 1581 的有关规定。食用向日葵品种推荐选用 SH7101、SH7105、SH6009、T9938、SH363、HT9365 等；油葵品种推荐选用 S47、G101、KWS303、KWS203 等。

4.3 种子处理

4.3.1 晒种

在播种前实施种子包衣，晒种 2 d～3 d，增强种子活力，以打破种子休眠期。

4.3.2 拌种(包衣)

向日葵霜霉病：每 100 kg 种子用 350 g/L 的精甲霜灵种子处理乳剂 200 mL～300 mL 拌种。

向日葵菌核病：每 100 kg 种子用 25 g/L 咯菌腈悬浮液种衣剂 900 mL～1 200 mL 包衣。

4.4 选地

选择肥力中等以上、无盐碱或轻盐碱(含盐量在 0.4%以下、有机质含量在 1%以上)，前茬为谷类作物、薯类作物的地块，实行 3 年以上轮作。

4.5 整地

耕翻 20 cm～25 cm，耕翻后通过耙耱、平整、镇压、残茬处理等，使土壤表层细碎疏松、平整紧实。为播种创造良好的土壤条件。

4.6 施基肥

选施腐熟的农家肥 2 000 kg/亩，结合耕翻施入土壤；化肥播种时一次性施入。施肥应按照 NY/T 394 的相关规定。

5 播种

5.1 播期

当 10 cm 土层温度连续 5 d 达到 8 ℃～10 ℃即可播种，适当晚播可避开向日葵花期高温高湿的不利影响，易于授粉，提高结实率，同时减少向日葵螟等发生率。生育期在 100 d 以内的品种一般在 5 月下旬至 6 月上旬播种。

5.2 播种方法

采用机械开沟播种，或向日葵气吸式精量点播机播种，播后及时镇压，以防跑墒。

5.3 播种深度

一般盐碱地、潮湿土壤播深 3 cm 左右，旱地、沙质土壤播深 4 cm 左右。

5.4 合理密植

合理密植应坚持“肥地宜密，薄地宜稀；水浇地宜密，旱地宜稀；矮秆品种宜密，高秆品种稀”的原则。

采用大小垄种植模式：油葵大垄 80 cm，小垄 40 cm，株距 40 cm～50 cm，亩留苗 2 200 株～2 800 株。食用向日葵大垄 80 cm，小垄 50 cm，株距 55 cm～60 cm，亩留苗 1 700 株～1 900 株。

匀垄种植模式：油葵行距 60 cm，株距 40 cm～50 cm，亩留苗 2 200 株～2 800 株。食用向日葵行距 65 cm，株距 55 cm～60 cm，亩留苗 1 700 株～1 900 株。

5.5 种肥

肥料使用应符合 NY/T 394 的要求。一般亩施磷酸二铵 8 kg～10 kg、硫酸钾 5 kg～7 kg、尿素 2 kg或向日葵专用肥(8－20－12)20 kg～30 kg。

6 田间管理

6.1 苗期管理

查苗补苗：向日葵出苗后要及时查田补苗，根据苗情采取补救措施，缺苗多时要催芽补种，缺苗少时要移栽补苗。

间苗定苗：向日葵 1 对～2 对真叶时间苗，2 对～3 对真叶时定苗。选择位正、苗壮、子叶大的苗，每穴留 1 株。

中耕除草：结合间苗定苗进行根际松土、浅中耕、除草。

6.2 现蕾期管理

6.2.1 及时铲趟，中耕除草。于向日葵 6 片～8 片叶时用大锄铲地、中耕 1 次～2 次，封垄前中耕培土 1 次。

6.2.2 适时追肥、灌水。现蕾期结合中耕进行灌水、追肥。高肥力地块每亩施尿素 15 kg，中、低肥力地块每亩施尿素 20 kg，硫酸钾 4 kg～5 kg。追肥距根部 10 cm，深施 10 cm～12 cm。

6.3 开花—灌浆期管理

6.3.1 辅助授粉

向日葵是虫媒异花授粉作物，一般每5亩人工放蜂1箱。在蜂源不足的情况下，应采用人工辅助授粉，第1次在向日葵盛花期进行，3 d～5 d后进行第2次授粉。人工授粉应在每天9:00—11:00露水干时进行。具体方法是用绒布棉花及硬纸材料做成一个同花盘大小相仿的粉扑子，授粉时，将粉扑子轻轻摩擦花盘，使花粉粘在粉扑子上，然后连续擦其他花盘。

6.3.2 灌水

向日葵开花灌浆期忌大水漫灌，遇干旱时浅浇开花、灌浆水，防止倒伏。

6.3.3 根外追肥

在开花盛期，叶面喷施0.3%～0.5%磷酸二氢钾溶液1次～2次，促进子粒饱满。

7 病虫害防治

7.1 常见病虫害

菌核病、黄萎病、霜霉病、向日葵螟。

7.2 农业防治

7.2.1 建立合理轮作制度。与玉米、小麦等禾本科作物实行3年以上轮作。不能进行区域轮作地区，实行向日葵与圆葱、小麦等套种，进行条带轮作，减少菌核病、黄萎病等病害发生。

7.2.2 深耕翻、耙磨。深耕翻25 cm以上，破坏病虫越冬场所。

7.2.3 清洁田园。向日葵收获后将病株、残枝败叶、病花盘、籽粒彻底清除出田间外，进行深埋处理，尽最大可能清除越冬病菌和虫源，减少病虫基数。

7.2.4 拔除田间病株，清除病残体。在向日葵生长期，发现茎基腐病株立即将病株带土挖出深埋，发现盘腐病株将花盘割掉带出田间深埋，或焚烧，减少病株之间再传染的机会。

7.2.5 调整播种时间，躲避病虫危害。在向日葵成熟不受初霜冻影响的前提下，应适当晚播，使向日葵最易发病的阶段和花期躲过高温高湿的高峰期，利于授粉，并能躲避或减轻病虫危害。生育期较短品种，在5月下旬至6月初播种，避开向日葵螟成虫产卵高峰期，减少向日葵螟危害。

7.3 物理防治

采用频振式杀虫灯诱杀向日葵螟。可按每50亩的向日葵田安装1盏频振式杀虫灯。

7.4 生物防治

采用赤眼蜂防治向日葵螟。放蜂时间和放蜂量：用赤眼蜂将葵花开花期3次覆盖的方法放蜂，当向日葵开花量达20%时，放第1次蜂，2.4万头/亩；开花量达50%时，放第2次蜂，3.2万头/亩；开花量80%时，放第3次蜂，2.4万头/亩。

7.5 化学防治

农药的使用应符合NY/T 393的要求，严格按照农药标签使用，注意轮换用药，严格执行安全间隔期。具体化学防治方案参见附录A。

8 收获

8.1 插盘晾晒

当向日葵花盘背面呈黄色，籽粒饱满时进行插盘晾晒。

8.2 收获脱粒

当花盘籽粒易于脱粒时及时收盘、脱粒。

8.3 晾晒储藏

脱粒后及时晾晒、清选、储藏存放。

8.4 注意事项

严禁将收割的葵盘集中堆放，防止霉烂。严禁品种混杂，将不同品种单独脱粒、单独保存。严禁将烂盘和烂籽粒混入。

9 生产废弃物处理

对于发生病害或虫害的植株要尽早处理，应集中收集并进行无害化处理；农药、化肥包装等废弃物不能随意丢弃，应集中起来运到指定回收点统一处理。

10 生产档案管理

建立生产档案，主要包括生产投入品采购、入库、出库、使用记录，农事操作记录，收获记录及储运记录等，生产档案保存3年以上。

附 录 A
(资料性附录)
东北地区绿色食品向日葵生产主要病虫草害防治方案

东北地区绿色食品向日葵生产主要病虫草害防治方案见表 A.1。

表 A.1 东北地区绿色食品向日葵生产主要病虫草害防治方案

防治对象	防治时期	农药名称	使用剂量	施药方法	安全间隔期,d
霜霉病	播前	350 g/L 精甲霜灵乳剂	200 mL/100 kg～300 mL/100 kg 种子	拌种	—
菌核病	播前	25 g/L 咯菌腈悬浮种衣剂	900 mL/100 kg～1 200 mL/100 kg 种子	包衣	—
虫害	种子处理	30%噻虫嗪种子处理悬浮剂	400 mL/100 kg～700 mL/100 kg 种子	拌种	
杂草	播后苗前土	960 g/L 精异丙甲草胺乳油	100 mL/亩～130 mL/亩	喷雾	—
注:农药使用以最新版本 NY/T 393 的规定为准。					

绿 色 食 品 生 产 操 作 规 程

LB/T 185—2021

西 北 地 区
绿色食品向日葵生产操作规程

2021-09-26 发布 2021-10-01 实施

中国绿色食品发展中心 发布

前　言

本规程由中国绿色食品发展中心提出并归口。

本规程起草单位:新疆生产建设兵团农产品质量安全中心、新疆农垦科学院作物研究所、新疆生产建设兵团第九师农业技术推广站、新疆生产建设兵团第十师农业技术推广站、新疆生产建设兵团第八师农业技术推广站、陕西省农产品质量安全中心、宁夏回族自治区农产品质量安全中心、甘肃省绿色食品办公室、中国绿色食品发展中心。

本规程主要起草人:李静、柳延涛、邓庭和、易光辉、段维、杨小平、刘胜利、王鹏、董红业、王璋、唐亮、赵越、顾志锦、程红兵、刘艳辉。

西北地区绿色食品向日葵生产操作规程

1 范围

本规程规定了西北地区绿色食品向日葵产地环境、品种选择、整地与播种、田间管理、病虫害及防治、收获、生产废弃物处理、储藏、包装运输及生产档案管理。

本规程适用于陕西、甘肃、宁夏、新疆等西北地区绿色食品向日葵的生产。

2 规范性引用文件

下列文件对于本文件的应用是必不可少的。凡是注日期的引用文件，仅注日期的版本适用于本文件。凡是不注日期的引用文件，其最新版本(包括所有的修改单)适用于本文件。

GB 4407.2 经济作物种子 第2部分:油料类

NY/T 391 绿色食品 产地环境质量

NY/T 393 绿色食品 农药使用准则

NY/T 658 绿色食品 包装通用准则

NY/T 902 绿色食品 瓜籽

NY/T 1056 绿色食品 储藏运输准则

3 产地环境

产地环境条件应符合 NY/T 391 的要求，选择生态环境良好、无污染的地区，基地应远离工矿区和公路铁路干线，避开工业和城市污染源的影响，基地相对集中连片，选择土层深厚、地形平整的土地，pH 7.0～8.5，质地为壤质、轻壤质土壤。

4 品种选择

4.1 选择原则

根据西北地区的生态条件，选用通过省级或全国农作物品种审定委员会审定或者登记，霜前正常成熟、质量好、籽粒饱满、产量高、品质好的向日葵品种。

4.2 选用品种

所选用的向日葵种子质量应符合 GB 4407.22 的要求，纯度不低于 96.0%，净度不低于 98.0%，发芽率不低于 90.0%，水分不高于 9.0%；同一块地应选购同一级别的种子。

5 整地与播种

5.1 土地选择及准备

选择土层深厚，地形平整，pH 在 7.0～8.5，质地为壤质、轻壤质土壤，前作以玉米、小麦、打瓜及苜蓿为佳。

提倡秋翻，增施有机肥。秋翻前应施充分腐熟的优质有机肥 2 000 kg/亩以上。秋翻地在翌年开春后或春翻地春翻后立即进行耙耱保墒(整地)，耙耱后进行土壤封闭，精异丙甲草胺 70 mL/亩～80 mL/亩，兑水 30 kg～40 kg，均匀喷雾，喷雾后进行浅耙混土 3 cm～5 cm，呈待播状态。

5.2 播种

5.2.1 种子处理

种子应进行包衣，没有包衣的种子应进行药剂拌种，采用35 g/L精甲·咯菌腈种子处理悬浮剂，药剂与种子的比例为500 mL/100 kg～665 mL/100 kg种子，防治向日葵菌核病和霜霉病。

5.2.2 播种时间

5 cm～10 cm地温稳定在10 ℃时即可开始播种。西北地区从4月中下旬到5月中下旬均可种植。膜下滴灌的，可实行干播湿出，在保证正常成熟的情况下适期晚播。

5.2.3 播种方式

播种采用70 cm地膜覆盖，1膜2行，采用宽窄行种植，宽行55 cm～70 cm，窄行40 cm～60 cm，采用气吸式精量铺膜播种机膜上点播，每穴1粒～2粒，播种深度2 cm～3 cm，食葵收获株数在1 600株/亩～1 900株/亩，油葵收获株数在4 500株/亩～5 500株/亩。株距根据品种说明书要求和当地实际情况而定。根据种植密度、种子百粒重确定播种量。播种量0.4 kg/亩～0.7 kg/亩。播量准确，播深一致，下籽均匀，不重不漏，播行端直，接行准确，覆土严密，镇压确实。

6 田间管理

6.1 查苗补种

出苗后应及早查苗，因各种原因造成的缺苗都应及时补种，可采用温水浸种催芽后补种，补种时建议挖穴、补水、点种、覆土、轻镇压一次完成。

6.2 滴灌设备

采用滴灌的，播种后要尽早铺设水带，并连接滴灌带。

6.3 中耕除草

全生育期中耕3次，第1次在显行时进行，深度8 cm～10 cm，第2次在定苗前进行，深度12 cm～14 cm，第3次在封垄浇水前结合开沟、培土和追肥1次进行，深度16 cm～18 cm。滴灌种植的，宜在宽行进行中耕，中耕时应注意保护输水带。

6.4 滴水追肥

常规灌溉应在浇头水前，将尿素15 kg/亩条深施到离苗10 cm的地方。滴灌灌溉应根据实际情况滴水、滴肥，结合滴水滴施尿素25 kg/亩～35 kg/亩，专用滴灌肥20 kg/亩～25 kg/亩(总含量≥50%以上)，硼肥1 kg/亩，结合滴水分3次或5次施入，滴肥应在向日葵生长中期以前进行。每7 d～15 d滴水并结合施肥进行，后期每次水量控制在40 m^3/亩，视降雨、风力情况而定，要少量多次防止后期倒伏，收获前10 d～15 d前停止滴水。全生育期灌水或滴水7次～9次。

6.5 喷施叶面肥

开花初期，喷磷酸二氢钾200 g/亩，或再加入200 g/亩尿素，兑水30 kg进行叶面喷施，间隔7 d再喷1次，或用0.2%硼砂溶液40 g/亩进行叶面喷施，可增加结实率及千粒重。喷施时间在11:00之前和17:00之后。

6.6 辅助授粉

6.6.1 放蜂辅助授粉

开花初期按0.2箱/亩放强群蜂箱，利用蜜蜂传粉以提高向日葵结实率。

6.6.2 人工辅助授粉

应选晴天进行人工辅助授粉。在盛花期，将两个花盘对在一起轻轻磕下即可，每隔3 d～4 d授粉1次，授粉2次或3次，以每天11:00—14:00、16:00—19:00时授粉为宜。

7 病虫害及防治

7.1 病虫害防治

霜霉病、菌核病、列当、蚜虫、向日葵螟等。

7.2 防治原则

坚持预防为主,综合防治的防治原则,以农业防治、物理防治为主,化学防治为辅。循环交替用药,防止产生抗性;搞好预测预报,及时发现病虫害。

7.3 防治方法

7.3.1 农业防治

选用抗病、耐病向日葵新品种,应精选包衣种子;实行轮作倒茬、合理布局品种、调整播种期、深翻耕地、冬灌、适时中耕松土除草、合理施肥、清洁地块,降低病虫源数量。

7.3.2 生物防治

使用赤眼蜂寄生向日葵螟卵。将赤眼蜂卵卡均匀挂在向日葵盘下第1片～2片叶子背面,按照2.4万头/亩～3.2万头/亩的标准投放。

7.3.3 物理防治

采用频振式杀虫灯、性诱剂诱杀向日葵螟。使用频振式杀虫灯诱杀向日葵螟。杀虫灯摆放高度超过向日葵株高0.5 m～1 m,每盏灯间距120 m左右,每40 000 m^2 使用1盏频振式杀虫灯,从6月中下旬至8月底开灯,开灯时间是每天的傍晚至天亮。使用性诱剂诱杀向日葵螟。性诱剂在田间按照20 m×20 m等距离摆放,性诱笼(盆)高于向日葵株高0.5 m～1 m,性诱盆要及时加水。

采用黄板诱杀蚜虫。黄板摆放高度应根据向日葵生长高度而调整,每亩30块左右。

7.3.4 化学防治

农药的使用应符合NY/T 393的要求,具体化学防治方法参见附录A。

8 收获

8.1 适期收获

当植株下部叶片干枯,中上部叶片变黄,花盘变为黄褐色,舌状花脱落,籽粒果皮变硬,此时已达到生理成熟期。油葵可直接采用向日葵收获机进行收获。食葵达到生理成熟时,此时花盘柄未完全脱水,易于切削,应及时进行人工割盘,并将花盘朝上插到茎秆上,待花盘脱水、籽粒松动后收到场上,人工敲打或机械脱粒。

8.2 清除病残体

收获时,将向日葵菌核病、霜霉病、黄萎病等病株带出田外,严禁病株留在田内。覆膜田要及时清除残膜,净化农田。

8.3 清选

将收获的籽粒平摊,晴天晾晒几天,用大型清选机械清选,当杂质在2%以下,水分在12%以下时及时进行装袋入库。商品达到NY/T 902的要求。

9 生产废弃物处理

生产资料包装物使用后当场收集或集中处理,不能引起环境污染。收获后,使用秸粉碎机将向日葵秸秆粉碎还田,也可将其收集整理后用于其他用途,但不得在田间焚烧。

10 储藏

籽粒含水量控制在12.0%以下,保存温度最好控制在18 ℃～26 ℃,温度不要超过30 ℃,并且不能放在阳光直射处。储藏设施、周围环境、卫生要求、出入库、堆放等应符合 NY/T 1056 的要求。储藏设施应具备防虫、防鼠、防鸟的功能。

11 包装运输

包装材料应符合 NY/T 658 的要求,采用纸塑复合袋,方便回收利用;运输工具干净,运输符合 NY/T 1056 的要求,运输过程中应单独运输,禁止与其他能污染食葵、油葵的物质一起运输。

12 生产档案管理

建立并保存相关记录,为生产活动追溯提供有效的证据。记录内容主要包括种子、肥料、农药采购记录及肥料、农药使用记录;种植全过程农事活动记录;收获、运输、储藏、销售记录。记录应真实准确,生产记录档案保存 3 年以上,做到农产品生产可追溯。

附　录　A
（资料性附录）
西北地区绿色食品向日葵生产主要病虫害防治方案

西北地区绿色食品向日葵生产主要病虫害防治方案见表 A.1。

表 A.1　西北地区绿色食品向日葵生产主要病虫害防治方案

防治对象	农药名称	使用剂量	施药方法	安全间隔期，d
土壤封闭	960 g/L 精异丙甲草胺乳油	70 mL/亩～80 mL/亩兑水 30 kg	喷雾	—
霜霉病	350 g/L 精甲霜灵种子处理乳剂	1：(333～1 000)(药种比)	拌种	—
蚜虫	30%噻虫嗪种子处理悬浮剂	400 mL/100 kg～700 mL/100 kg 种子	拌种	—
菌核病	25 g/L 精甲・咯菌腈种子处理悬浮剂	500 mL/100 kg～665 mL/100 kg 种子	拌种	—
	小盾壳霉 CGMCC8325 可湿性粉剂	100 g/亩～150 g/亩	撒施或沟施	—
注：农药使用以最新版本 NY/T 393 的规定为准。				

绿 色 食 品 生 产 操 作 规 程

LB/T 186—2021

新 疆 地 区
绿色食品哈密瓜生产操作规程

2021-09-26 发布　　　　2021-10-01 实施

中国绿色食品发展中心　发布

前　言

本规程由中国绿色食品发展中心提出并归口。

本规程起草单位:新疆生产建设兵团农产品质量安全中心、新疆石河子蔬菜研究所、新疆生产建设兵团第八师农业技术推广站、新疆生产建设兵团第十三师淖毛湖农场农业发展服务中心、新疆生产建设兵团第九师农业科学研究所、新疆生产建设兵团第九师农业技术推广站。

本规程主要起草人:李静、陆新德、杨小平、何昌法、李建华、崔瑜、邓庭和、王月娥。

新疆地区绿色食品哈密瓜生产操作规程

1 范围

本规程规定了新疆地区绿色食品哈密瓜生产的产地环境、品种选择、种植、田间管理、采收、生产废弃物的处理、分级和包装、运输和储藏及生产档案管理。

本规程适用于新疆地区的绿色食品哈密瓜生产。

2 规范性引用文件

下列文件对于本文件的应用是必不可少的。凡是注日期的引用文件，仅注日期的版本适用于本文件。凡是不注日期的引用文件，其最新版本（包括所有的修改单）适用于本文件。

GB/T 8321（所有部分） 农药合理使用准则

GB 16715.1 瓜菜作物种子 第1部分：瓜类

NY/T 391 绿色食品 产地环境质量

NY/T 393 绿色食品 农药使用准则

NY/T 394 绿色食品 肥料使用准则

NY/T 658 绿色食品 包装通用准则

NY/T 1056 绿色食品 储藏运输准则

3 产地环境

哈密瓜种植应选择光热资源丰富的区域，年日照时数3 000 h以上，年有效积温>1 200 ℃。选择远离蔬菜产区、地下水位较低、地势平坦、降雨量少的地块。选择土层深厚、土壤理化性质较好（pH=6.8～7.5），无盐碱或轻盐碱（总盐含量低于0.3%、矿化度低于0.5 g/L）、有机质含量高（>20 g/kg）、保水保肥力性强、通气透水性好的沙壤土、壤土为宜。前茬以豆类、小麦等作物为佳，其次为苜蓿、油葵、玉米、甜菜等，不与瓜类作物重茬。其生态环境、空气质量、灌溉水质量、土壤质量等应符合NY/T 391的要求。

4 品种（苗木）选择

4.1 选择原则

根据哈密瓜种植区域和生长特点选择适合当地生长的优质品种，比如选择优质、高产稳产、抗病性强的品种等。

4.2 品种选用

应选择适应于种植区域生态、气候、土壤、优质、高产稳产、抗根腐病、抗细菌性角斑病、抗细菌性果腐病、抗白粉病的品种。根据市场与订单选用早熟、中熟或晚熟品种，选用相应的果形、皮色花纹、网纹、果肉色、脆肉或软肉等性状的品种。选用对列当进行严格检疫的种子。种子质量符合GB 16715.1的要求。哈密瓜杂交种品种纯度≥95%，净度≥99%，发芽率≥90%，水分≤7.0%。

4.3 种子处理

播前对种子采用55 ℃温水浸种15 min，再用高锰酸钾1 000倍液浸种10 min，捞出洗干净，水温降到30 ℃左右浸种6 h。随后将种子用纱布包裹放入催芽装置保温保湿，昼温28 ℃～30 ℃，夜温13 ℃～18 ℃，待1/3种子露（芽）白开始播种。

5 种植

5.1 整地

一般种植哈密瓜的耕地多在冬前进行深翻，翻耕深度 38 cm，耕后及时灌水和耙耱保墒。来不及秋翻的地块，可带茬灌水蓄墒，灌水应在土壤封冻前结束，灌水量 120 m^3/亩左右。春季化冻后要及时进行平整、施肥、开沟、修整瓜沟、耙耱保墒，以待适期播种。整地质量要求达到"墒、平、松、碎、净、齐"六字标准。

开施肥沟。用小型开沟器开施肥沟，沟口宽 30 cm～40 cm、深 30 cm，沟内主要施用生物杀菌剂和生石灰粉等物质。地势平坦瓜沟的沟向应取地块的长度方向；如地势坡降偏大，瓜沟沟向应与坡向垂直。最好采用南北行向，利于采光、灌排、透气、避风等。

施基肥。根据土壤质地情况，犁地前撒施腐熟有机肥 2 000 kg～3 000 kg，或在施肥沟内施腐熟有机肥 1 000 kg、生物有机肥 100 kg、油渣 100 kg、三料过磷酸钙或硫酸钾 5 kg～10 kg。

机械铺膜和滴灌带。机械开沟铺膜，沟心距 2.5 m、膜宽 1.2 m（0.012 mm 厚膜），每亩用地膜 3.8 kg左右（白色或黑色地膜）；采用直径 16 mm、滴孔间距 30 cm（流量 2.4 L/孔～2.8 L/孔）边缝式（单翼式）滴灌带（长城形或锯齿形），每亩用滴灌带约 270 m。

5.2 直播播种

5.2.1 播种时期

在 5 cm 地温稳定达 10 ℃以上时播种。对应不同区域的播种期：一般北疆在 4 月底至 5 月上旬，南疆在 4 月初至 4 月中旬，东疆在 4 月中旬至 5 月初。

5.2.2 播种方式

在滴灌带左右两侧 25 cm～30 cm 处，开孔点种，每穴 2 粒，播深 2 cm～3 cm，播后覆土，要求土壤松碎，封土严密。

5.2.3 播种密度

滴灌种植的瓜沟距 2.5 m，株距 0.5 m，行距 0.3 m。一般亩用种量 200 g～250 g，亩保苗株数 1 100 株为宜。

5.2.4 播后苗期管理

春季多风，播种铺膜时因在膜面上加压膜块，间距为 30 cm～50 cm。对未压好的膜头、膜边及膜孔洞应加土压实。出苗后，要封好"护脖土"，穴口要封严，但"护脖土"也不能太厚。在幼苗迎风面放置土块或设置风障。

及时补种。对漏播和条田四边无法机播的地段，及时进行人工补种。出苗后 1 d～3 d 及时查苗，对连续缺苗 2 穴以上的要及时补种。补种前先用温水浸种、催芽，然后在原穴的旁边挖穴补种。

适时间苗、定苗与倒蔓。当瓜苗 4 片～5 片真叶时定苗，每穴 1 株，要去弱留强，去病留健，去杂留纯，淘汰苗用手将幼茎掐断。定苗同时及时倒蔓，在地膜上铺一层细土，在根茎基部培 10 cm～20 cm 厚的疏松土壤。

5.3 育苗与移栽

5.3.1 育苗袋（钵）育苗

袋（钵）内播种，每袋 1 粒，然后覆盖潮湿的营养土，厚 1 cm～1.5 cm。再用薄膜覆盖保墒。

嫁接育苗一般采取插接法。先播种砧木（白籽南瓜），待 7 d 后砧木出齐苗时播种接穗甜瓜种子。待 5 d～7 d 甜瓜苗子叶平展、砧木苗第一真叶露出后开始嫁接。在去掉生长点的砧木上斜向扎眼后，以斜切的接穗插进去。把嫁接完成的苗摆放整齐、覆盖薄膜，保持温度 25 ℃、湿度 90%，并适当遮阳，促进接口愈合。

5.3.2 穴盘育苗

采用 72 孔或 50 孔穴盘、草炭和蛭石按 2∶1 体积均匀混合装盘。播种前要使穴盘内的基质保持充足的水分，待明水下渗后将催芽后的种子播种于基质内，播于每穴的正中位置，上覆0.5 cm～1 cm厚的基质。然后摆盘。在摆盘前先铺阻根膜，然后在其上摆盘，做到摆平、摆齐、摆正，再覆盖一层薄膜，保温保湿，以利出苗。沙地在铺阻根膜前，先喷水固沙，再整平、铺阻根膜。对重复使用的穴盘要在使用前清洗、消毒。

5.3.3 育苗苗期管理

育苗播种后提高室温，气温保持在28 ℃～30 ℃，地温25 ℃以上，出苗后立即降温，白天气温23 ℃～25 ℃，地温15 ℃～18 ℃，昼高夜低，主要是大温差炼苗。白天温室温度要控制在25 ℃左右，夜间控制在13 ℃左右，利用这一温差，来增强甜瓜秧苗的抗逆性。但应注意夜间温度不得低于10 ℃，低了要及时覆盖小拱棚增温。

播种后的营养袋（钵）或穴盘要每日检查2次～3次，见有顶土的营养袋（钵）或穴盘要立即提出或倒盘，放至室温较低的区域，预防下胚轴徒长。

5.3.4 定植

滴灌瓜沟距2.5 m，株距0.5 m，行距0.3 m。亩保苗株数1 100株为宜。当瓜苗达到3片～4片真叶时定植。定植期白天保持28 ℃～30 ℃，夜间不低于15 ℃。定植后及时滴水，定植3 d后滴缓苗水。定植水或缓苗水可同时滴施枯草芽孢杆菌等微生物复合肥，提高成活率，预防土传病害。

适时倒蔓，在地膜上铺一层细土，在根茎基部培10 cm～20 cm厚的疏松土壤。

6 田间管理

6.1 花果期管理

6.1.1 畦背除草

在压蔓前对畦前的杂草采取人工除草或机械旋耕除草。

6.1.2 压蔓

当瓜蔓生长至20 cm左右时（5片～6片真叶）开始进行压蔓，压蔓时间选择在晴天下午瓜蔓较柔软时进行，选用大土块或带钩的树杈将瓜蔓均匀固定在瓜床上，每隔4节～5节压1次，一共压3次～4次，坐果的节位处不能压住。一般压蔓工作持续至封行为止。

6.1.3 整枝

采用改良式一条龙整枝法，主蔓7片叶以下的子蔓全部抹除，8片叶以上的子蔓有雌花留2片叶摘心，无雌花留1片叶摘心，同时摘除膨大的畸形幼瓜，当瓜秧封住瓜床时停止整枝。以坐果率达到90%以上为标准，如果出现旺长、坐果率下降，可将子蔓或孙蔓的顶端全部打掉，待瓜坐稳后停止。

6.1.4 留瓜

摘除根瓜，留第8片叶以后子蔓结的瓜；当幼瓜长到鸡蛋大小时，选留果形正常、果形中等、色泽符合本品种特征的幼瓜，摘除其余不正常的幼瓜。

6.1.5 翻瓜盖瓜

适时翻瓜，翻瓜时在瓜下垫些干细沙，对直接暴露在日晒下的瓜要用叶蔓和草遮盖，防止日光灼伤。

6.2 灌溉

严格按照苗期少滴，膨大期多滴，后期少滴、勤滴的滴水原则。滴灌瓜全生育期用水280 m^3/亩～300 m^3/亩，滴10次～13次。播前水要滴足，每亩30 m^3～40 m^3，出苗后蹲苗20 d～30 d。果实发育期4 d～7 d滴水1次，每次滴水约20 m^3/亩，基本规律是一促一控。果实成熟期3 d～5 d滴水1次，每次滴水量约15 m^3，采收前7 d～10 d停止滴水。

6.3 施肥

6.3.1 沟灌施肥

应使用符合NY/T 394要求的肥料，从出苗到果实成熟可追肥1次～3次，苗期（瓜苗2片～3片真叶)亩施尿素 3 kg～5 kg;开花至果实膨大期亩施氮磷钾复合肥 20 kg(注意花后严格禁止施尿素,以保证其品质)、果实成熟期亩施钾肥 10 kg。追肥方法一般采用在瓜沟壁瓜穴下方 20 cm 处挖穴施入,随后覆土浇水。

6.3.2 叶面施肥

生育期间可用生物菌肥 1 000 倍液进行叶面喷施 1 次～2 次。结合叶面喷肥,可将磷、钾肥及微量元素与生物菌肥混合后喷施。

6.3.3 滴灌施肥

按目标产量 3 000 kg/亩测算在移栽后的整个生长期需要施大量元素纯氮(N)8.6 kg、五氧化二磷(P_2O_5)4.77 kg、氧化钾(K_2O)9.56 kg,使用"20 - 10 - 20"大量元素滴灌肥[减去土壤和基肥当季可供植株吸收的大量元素纯氮(N)6 kg、五氧化磷(P_2O_5)1 kg、氧化钾(K_2O)7 kg]15.3 kg。苗期滴施大量元素滴灌肥 3.3 kg,开花至果实膨大期滴施大量元素滴灌肥 7 kg,结果盛期滴施大量元素滴灌肥 5 kg。通过生长发育及缺素症情况增减大量元素滴施量,并滴施适量微量元素(锰锌硼钼)。

6.4 病虫害防治

哈密瓜主要病虫害有蚜虫、白粉病、细菌性角斑病、根腐病、细菌性果腐病、病毒病等。

6.4.1 防治原则

坚持预防为主、综合防治的理念,以农业防治为基础,物理防治、生物防治为主,科学使用化学防治,实现病虫害的有效控制,并对环境和产品无不良影响。

6.4.2 防治措施

6.4.2.1 农业防治

严格选地和轮作倒茬;选用抗(耐)病品种,合理灌溉,合理施肥;瓜田远离蔬菜地,以消灭蚜虫传染源;深耕冬灌,清除杂草,消灭越冬成虫和幼虫;瓜采收完后,将病残体集中清除,清洁田园。

6.4.2.2 物理防治

采用黄板诱蚜。主要摆放在地块四周或临近高秆作物一侧或靠近小麦地一侧,摆放高度离地 1 m～1.5 m,摆放数量 20 块/亩～30 块/亩。

应用频振灯诱杀地老虎和金针虫。频振灯主要摆放在临近空地杂草或树林一侧,摆放高度离地 1 m～1.5 m,摆放数量 1 盏/亩～2 盏/亩。

6.4.2.3 生物防治

积极利用和保护天敌,"以虫治虫"。释放七星瓢虫防治蚜虫,捕食螨防治红蜘蛛,东亚小花蝽防控蓟马。

6.4.2.4 化学防治

农药的使用符合 NY/T 393 的要求。加强病虫发生动态测报,适期喷药。采用科学施药方式,保证施药质量。具体病虫害化学用药情况参照附录 A。

7 采收

7.1 采收成熟度

哈密瓜成熟度可以从测定网纹、果皮泛黄程度、可溶性固形物含量确定。一般早熟品种可溶性固形物含量要达到 12%以上,中熟品种可溶性固形物含量要达到 15%左右,晚熟哈密瓜可溶性固形物含量要达到 15%～17%。

7.2 采收要求

采收前 30 d 应停止打药,10 d 停水;采收前,每隔 1 d～3 d 抽取有代表性的样品测定中心糖含量,同时观察果实的成熟度;分期、分批采收,做好果品质量分级;采收做到雨天不采收,早上避开露水,下午避开太阳暴晒;采收时严禁采摘畸形果、烂果、病果、机械损伤等不符合质量标准的甜瓜。

7.3 采收时间及方法

鲜食甜瓜宜于清晨采摘，作为远运和外销的甜瓜，采摘时间可自清晨至10:00。采摘时用剪子在果柄三岔处剪断，长度为3 cm～5 cm，做到轻放、轻运、轻装。

8 生产废弃物的处理

清理田间各类废旧的地膜、农药肥料包装袋和营养钵(穴)，统一回收并交由专业公司处理；植株残体可以采用太阳能高温简易堆沤或移动式臭氧农业垃圾处理车处理。

9 分级和包装

9.1 分级

在储藏或外运前必须对哈密瓜进行挑选，剔除受伤、压伤、刺伤、病虫果、瓜型不正、有疤痕的果实。通常对哈密瓜的挑选与分级可同时进行。一般分为3级，瓜面纹网纹均匀，瓜型完整，瓜型匀称称之为特级瓜；次之一级；再次之二级，单瓜的重量2.5 kg～3 kg。

9.2 包装

9.2.1 包装材料

包装应符合NY/T 658的要求。包装材料可选用瓦楞纸箱、塑料箱、S纸板(隔板)、拷白纸，提倡使用可重复、可回收和可生物降解的包装材料。

9.2.2 包装方法

用网套或拷白纸将瓜包住，在包装的过程中不可将瓜蒂碰断或碰伤。装箱时采用相互错开，用S板隔开。装箱完毕后，用打包机将箱捆扎好。

10 运输和储藏

10.1 运输

运输工具和运输管理等应符合NY/T 1056的要求。运输工具清洁、干燥、有防雨设施。不得与有毒、有害、有腐蚀性、有异味的物品混运。

10.2 储藏

储藏过程的防虫防鼠防潮措施、卫生要求、出入库、堆放等应符合NY/T 1056的要求，防鼠采用机械诱捕器。

11 生产档案管理

应建立质量追溯体系，健全哈密瓜生产记录档案，包括产地环境条件、生产技术、肥水管理、病虫草害的发生和防治、采收及采后处理等情况并保存记录3年以上。

附 录 A
(资料性附录)
新疆地区绿色食品哈密瓜生产主要病害化学防治方案

新疆地区绿色食品哈密瓜生产主要病害化学防治方案见表A.1。

表A.1 新疆地区绿色食品哈密瓜生产主要病害化学防治方案

防治对象	农药名称	使用剂量	施药方法	安全间隔期,d
白粉病	枯草芽孢杆菌1 000亿芽孢/g可湿性粉剂	120 g/亩~160 g/亩	喷雾	15
	30%醚菌·啶酰菌悬浮剂	45 mL/亩~50 mL/亩	喷雾	20
霜霉病	18.7%烯酰·吡唑酯水分散粒剂	75 g/亩~125 g/亩	喷雾	20
注:农药使用以最新版本NY/T 393的规定为准。				

绿 色 食 品 生 产 操 作 规 程

LB/T 187—2021

西 北 地 区
绿色食品大棚胡萝卜生产操作规程

2021-09-26 发布

2021-10-01 实施

中国绿色食品发展中心 发布

前　言

本规程由中国绿色食品发展中心提出并归口。

本规程起草单位:陕西省农产品质量安全中心、大荔县农产品质量安全检验检测中心、陕西省园艺技术工作站、中国绿色食品发展中心、山西省农产品质量安全中心、甘肃省绿色食品办公室、青海省绿色食品办公室、宁夏回族自治区农产品质量安全中心、新疆维吾尔自治区农产品质量安全中心。

本规程主要起草人:王转丽、王珏、李云、崔馨予、陈妮、梁军青、张爱玲、苟明强、林静雅、王璋、王兆文、唐伟、何婧娜、郝志勇、程红兵、赵兰、郭鹏、岳一兵。

西北地区绿色食品大棚胡萝卜生产操作规程

1 范围

本规程规定了西北地区绿色食品大棚胡萝卜的产地环境、品种选择、整地和播种、田间管理、收获包装、生产废弃物处理、储藏运输及生产档案管理。

本规程适用于山西、陕西、甘肃、青海、宁夏、新疆的绿色食品大棚胡萝卜生产。

2 规范性引用文件

下列文件对于本文件的应用是必不可少的。凡是注日期的引用文件，仅注日期的版本适用于本文件。凡是不注日期的引用文件，其最新版本(包括所有的修改单)适用于本文件。

NY/T 391　绿色食品　产地环境质量

NY/T 393　绿色食品　农药使用准则

NY/T 394　绿色食品　肥料使用准则

NY/T 658　绿色食品　包装通用准则

NY/T 745　绿色食品　根菜类蔬菜

NY/T 1056　绿色食品　储藏运输准则

NY 2620　瓜菜作物种子　萝卜和胡萝卜

3 产地环境

产地环境条件应符合 NY/T 391 的要求。基地选择远离城市、工矿区潜在污染源及主要交通干线，基地区域及周边无“三废”排放企业。宜选择地势平坦，排灌便利，土层深厚，土质疏松，通透性强，土壤 pH 5.0～8.0，以沙壤土为宜，选择前茬没有种植过萝卜、白菜等蔬菜，中等以上肥力耕地。

4 品种选择

4.1 选择原则

依当地气候条件、栽培季节和市场需求，选用优质、高产、抗病虫、耐抽薹、耐寒、商品性好的品种。

4.2 品种选用

选用适合当地生态环境、茬口、耕作条件，并符合质量标准要求的品种。目前常选用的品种有新黑田五寸人参、红芯四号、红芯五号、红芯六号、日本五寸参等。

4.3 种子处理

4.3.1 种子质量

应符合 NY 2620 要求，种子质量指标应符合纯度≥95%，净度≥98%，发芽率≥70%，水分≤8.0%。

4.3.2 种子处理

种子放入 35 ℃～45 ℃温水中浸泡 2 h～3 h，捞出沥干水分，置于 20 ℃～28 ℃条件下催芽，待 60%种子露白时，即可播种。

5 整地和播种

5.1 整地与施基肥

播种前 15 d 扣棚整地，清理前茬作物的残杂物后，及时深耕晒土，翻耕深度 30 cm，深翻后进行起垄，垄高 20 cm，垄面宽 45 cm，垄沟深 20 cm。结合整地深翻，每亩施入经无害化处理的农家肥 4 000 kg～5 000 kg、高钾复合肥（氮：磷：钾＝1：0.4：2.5）30 kg，土肥混匀，耙细整平。肥料施用应符合 NY/T 394 的要求。

5.2 播种方法

播种方式为田间直播，每亩播种量 100 g～120 g，每垄播两行，按行距 35 cm，播种深度 1 cm，株距 3 cm条播，播种后覆土 1 cm 左右，适度压实浇水，覆盖地膜。

6 田间管理

6.1 温湿度管理

棚内保持通风，尽量延长光照时间。苗期白天温度以 20 ℃为宜，夜间以 10 ℃为宜，不能低于 5 ℃。肉质根生长时期，棚内适温白天为 20 ℃～25 ℃，最高温度不超过 27 ℃，夜间温度不低于 10 ℃。

6.2 间苗和定苗

出苗后，及时揭去地膜，间苗定苗。第 1 次间苗在幼苗 2 片～3 片真叶时进行，疏去过密苗、弱苗、伤苗、畸形苗，保持株距 3 cm～5 cm；第 2 次间苗在 4 片～6 片真叶时定苗，定苗每亩 25 000 株～30 000 株，定苗株距 6 cm～10 cm。

6.3 中耕除草

胡萝卜幼苗阶段棚内温度较高，杂草生长快，胡萝卜生长慢，结合间苗和定苗，进行中耕除草 2 次，及时拔除杂草，中耕深浅适度，避免伤根。

6.4 灌溉

灌溉水质量应符合 NY/T 391 的要求。采用滴灌技术浇水，滴灌设施铺设与播种一次成型。播种后浇水 1 次，隔 15 d 左右，浇第二次水。幼苗期前促后控，幼苗 2 片～3 片真叶时小水轻浇，保持土壤湿润，幼苗至 4 片～6 片真叶以后停止浇水。胡萝卜肉质根直径约 1.5 cm 时，根据土壤干湿程度，进行浇水，然后每隔 15 d 浇水 1 次，采收前 10 d，停止浇水。

6.5 追肥

肥料施用应符合 NY/T 394 的要求。胡萝卜肉质根直径约 1.5 cm 时，结合浇水追肥 1 次，每亩冲施高磷高钾水溶肥 20 kg。

6.6 病虫草害防治

6.6.1 防治原则

坚持预防为主，综合防治的原则，以农业防治、物理防治和生物防治为主，严格控制化学农药的使用。

6.6.2 常见病虫草害

大棚胡萝卜种植常见有蚜虫、种蝇、蝼蛄、蛴螬、金针虫等地下害虫。

6.6.3 防治措施

6.6.3.1 农业防治

选用抗病优质的品种，合理轮作，播种前晒垡，中耕除草，及时摘除田间病株，清洁田园，病株带出田外，集中无害化处理。

6.6.3.2 物理防治

田间设置诱虫灯或色板，于晴天中午使用糖醋液（糖：醋：水＝1：1：2.5）诱杀种蝇；设置防虫网覆盖保护。

6.6.3.3 生物防治

积极利用生物天敌防治病虫害，如用瓢虫防治蚜虫。

6.6.3.4 化学防治

严格按照 NY/T 393 的规定执行。主要病虫草害化学防治方法参见附录 A。

7 收获包装

大棚胡萝卜6月中旬至7月初，分批人工挖掘采收，在挖掘采收时，剔除"青头"根、分叉根、开裂根、畸形根、病虫和机械伤根等，剪除萝卜叶和尾根，用清水清洗，去除胡萝卜表皮泥土，按照大小，进行分拣包装。产品应符合NY/T 745的要求。包装应符合NY/T 658的要求。

8 生产废弃物处理

生产过程中，农药、肥料等农业投入品的包装瓶、包装袋需无害化处理。应使用可降解地膜或无纺布地膜，减少对环境的危害。对清洗废水进行回收利用，对生产剩余物进行无害化处理。

9 储藏运输

储藏运输应符合NY/T 1056的规定。采收清洗之后的胡萝卜，必须在冷库进行预冷，储藏于－2℃左右冷库内，24 h后出库运输。运输期间不允许使用化学药品保鲜。储藏场所和运输工具要清洁卫生、无异味，禁止与有毒、有异味的物品及非绿色食品混放混运。产品应有专用区域储藏并有明显标识。

10 生产档案管理

建立绿色食品大棚胡萝卜生产档案，为生产活动可溯源提供有效的证据。记录主要包括以产地环境条件、生产技术、病虫草害的发生和防治、土肥水管理等为主的生产记录，包装、销售记录等。生产档案应有专人专柜保管，至少保存3年。

附　录　A
（资料性附录）
西北地区绿色食品大棚胡萝卜生产主要病虫草害防治方案

西北地区绿色食品大棚胡萝卜生产主要病虫草害防治方案见表 A.1。

表 A.1　西北地区绿色食品大棚胡萝卜生产主要病虫草害防治方案

防治对象	防治时期	农药名称	使用剂量	施药方法	安全间隔期，d
地下害虫	播种时	3%辛硫磷颗粒剂	4 000 g/亩～8 333 g/亩	沟施	—
注：农药使用以最新版本 NY/T 393 的规定为准。					

绿 色 食 品 生 产 操 作 规 程

LB/T 188—2021

西 北 地 区
绿色食品露地胡萝卜生产操作规程

2021-09-26 发布

2021-10-01 实施

中国绿色食品发展中心 发布

前　言

本规程由中国绿色食品发展中心提出并归口。

本规程起草单位：山西省农产品质量安全中心、山西农业大学园艺学院、朔州市现代农业发展中心、怀仁市龙首山粮油贸易有限责任公司、中国绿色食品发展中心、山西农业大学农学院、陕西省农产品质量安全中心、甘肃省绿色食品办公室、青海省绿色食品办公室。

本规程主要起草人：郝志勇、毛丽萍、郭丽君、曹雪芳、和亮、马雪、赵婧、任君、刘辰光、田峻屹、刘旭鹏、张杼润、王转丽、杜彦山、史柄玲。

西北地区绿色食品露地胡萝卜生产操作规程

1 范围

本规程规定了西北地区绿色食品露地胡萝卜的产地环境、品种选择、整地播种、田间管理、采收、生产废弃物处理、运输储藏及生产档案管理。

本规程适用于山西、陕西、甘肃、青海绿色食品露地胡萝卜的生产。

2 规范性引用文件

下列文件对于本文件的应用是必不可少的。凡是注日期的引用文件，仅注日期的版本适用于本文件。凡是不注日期的引用文件，其最新版本（包括所有的修改单）适用于本文件。

NY/T 391 绿色食品 产地环境质量

NY/T 393 绿色食品 农药使用准则

NY/T 394 绿色食品 肥料使用准则

NY/T 658 绿色食品 包装通用准则

NY/T 1056 绿色食品 储藏运输准则

NY/T 2620 瓜菜作物种子 萝卜和胡萝卜

3 产地环境

3.1 气候条件

无霜期在115 d以上，年活动积温在2 300 ℃以上，年降水量在400 mm以上的区域。

3.2 土壤条件

排灌方便，前茬为非伞形花科作物的土壤。产地土层厚度≥0.8 m，有机质含量≥2%，轻壤土或沙壤土，其他指标符合NY/T 391的要求。

3.3 地形地势条件

平原或坡度≤25°的山地。

3.4 基地选址

基地选在远离城市、工矿区及主要交通干线的地方，避开工业和城市污染源的影响，空气符合NY/T 391的要求，在绿色食品和常规生产区域之间设置有效的缓冲带或依托自然屏障。

4 品种选择

4.1 选择原则

春季播种选用早熟、耐抽薹、耐热的品种，夏秋季播种选用中晚熟、抗病性强、优质、高产的品种。种子质量应符合NY/T 2620的要求。

4.2 品种选用

春胡萝卜可选用红映2号、东方红、阪王等，秋胡萝卜可选用黑田七寸、至尊95等。

4.3 种子处理

精选胡萝卜种子，曝晒1 d～2 d。用种子带编织机把丸粒化后的种子按照3 cm～4 cm粒距单粒编织在纸带中。

5　整地播种

5.1　整地要求

施基肥后深翻 25 cm～30 cm，充分碎土，耙平。采用起垄机起垄，垄面宽 30 cm、垄底宽 50 cm～60 cm、垄高 25 cm～30 cm，垄底间距 10 cm～20 cm。

5.2　播种时间

春季播种，需 10 cm 地温稳定在 7 ℃～8 ℃。夏秋季播种，需在晚霜前 90 d～120 d。

5.3　播种量

采用种植带技术，每亩用种量 80 g～120 g，种植带长 1 800 m～2 000 m。

5.4　播种

采用播种机播种种子带、铺设滴灌带。每垄播种 2 行，行距 10 cm～15 cm，播种深度 1.5 cm～2.0 cm。每垄胡萝卜种植行之间铺设 1 条距离为 10 cm 的滴灌管。春季播种后根据需要覆地膜保温保湿。

6　田间管理

6.1　灌溉

6.1.1　发芽期

根据天气和土壤湿度情况，一般 2 d～3 d 灌溉 1 次。播种后即灌溉第 1 次，灌水深度 25 cm～30 cm，第 2 次灌水深度 15 cm～20 cm，第 3 次灌水深度 5 cm～10 cm。一般土壤相对含水量保持在 70%～80%。

6.1.2　幼苗期

做到土壤见干见湿，一般土壤相对含水量保持在 60%～80%。

6.1.3　叶片生长盛期

适当控水，以利发根，防止徒长，一般土壤相对含水量保持在 60%左右。

6.1.4　肉质根生长盛期

需保持土壤湿润，一般土壤相对含水量保持在 60%～80%，雨后及时排除田间积水。

6.1.5　收获前

收获前 15 d 停止灌溉。

6.2　施肥

6.2.1　基肥

每亩施入充分腐熟的有机肥 4 000 kg～5 000 kg，N：P：K 为 1：1：1 的复合肥 30 kg～50 kg。有机肥符合 NY/T 394 的要求。

6.2.2　追肥

采用水肥一体化技术追肥。定橛期每亩施速溶性高氮复合肥 4 kg～5 kg，"露肩"期每亩施速溶性平衡型复合肥 8 kg～10 kg，肉质根肥大盛期每亩施速溶性高钾复合肥 12 kg～15 kg。选用的肥料应符合 NY/T 394 的要求。

6.3　病虫害防治

6.3.1　防治原则

坚持预防为主、综合防治的理念，优先采用农业措施，尽量利用物理和生物措施，必要时合理使用低风险农药，在生产期间做好各阶段病虫的预测预报与田间调查工作。

6.3.2　常见病虫草害

胡萝卜主要病害有黑腐病、黑斑病等，主要虫害有胡萝卜地种蝇、蚜虫、菜青虫等。

6.3.3 防治措施

6.3.3.1 农业防治

实行轮作倒茬，选用抗病优质品种，培育无病虫壮苗，施足充分腐熟的有机肥，控制氮素化肥，采用起垄栽培、滴灌、合理密植、适时中耕等措施，及时清除残株枯叶。

6.3.3.2 物理防治

采用频振式杀虫灯、黑光灯等诱杀多种害虫。每15亩～20亩设置1盏杀虫灯，悬挂高度为灯底端距地面1.2 m～1.5 m。

6.3.3.3 生物防治

使用植物源农药、农用抗生素、生物农药等防治病虫。选用植物源农药应符合NY/T 393的要求。

6.3.3.4 化学防治

必须使用农药时，应符合NY/T 393的要求，所选用的农药获得国家在蔬菜上的使用登记，合理混用、轮换交替使用不同作用机制或具有负交互抗性的药剂。具体化学防治方法参见附录A。

6.4 其他管理措施

6.4.1 定苗

5叶～6叶时定苗，去除过密株、劣株和病株，每亩留苗4.0万株左右。

6.4.2 培土

胡萝卜定橛期，利用清沟同时打碎细土进行培土，第1次小培土宜薄，一般培土在1 cm左右，第2次培土要待地上部植株接近封行时结合清沟进行1次大培土。

6.4.3 中耕除草

间苗后及时浅中耕，疏松表土，拔除杂草。灌溉或雨后及时中耕。采用机械或人工除草。

7 采收

7.1 收获时间

胡萝卜生育期80 d～120 d，当肉质根充分膨大，部分叶片开始发黄时，选择在晴天、无霜冻、无露水条件下适时收获。春胡萝卜6月中下旬至9月中旬收获，秋胡萝卜10月下旬至11月中旬收获。

7.2 收获方法

用胡萝卜采收机收获。可采用震荡式收获机配合人工切秧的方式收获。收获机作业幅宽为130 cm～140 cm，作业深度为35 cm～40 cm。

7.3 采后处理

采用自动清洗线清洗胡萝卜，清洗用水符合NY/T 391的要求。按照销售要求进行分级。

8 生产废弃物处理

生产过程中，农药、肥料等投入品包装袋应无害化处理。废旧的滴灌管、农药和肥料包装统一回收并交由专业公司处理。植株残体可以采用太阳能高温简易堆沤或移动式臭氧农业垃圾处理车处理。

9 运输储藏

9.1 包装

采用塑料袋包装，包装用塑料袋应符合NY/T 658的要求。

9.2 储藏

储藏设施、周围环境、卫生要求、出入库、堆放等应符合NY/T 1056的要求。温度0 ℃～1 ℃，空气相对湿度90%～95%，氧含量8%～12%，二氧化碳含量2%～4%。

9.3 运输

应用专用车辆低温冷藏运输。运输工具和运输管理应符合 NY/T 1056 的要求。

10 生产档案管理

建立并保存相关记录，记录主要包括产地环境条件、生产技术、肥水管理、病虫草害的发生和防治、采收及采后处理、包装和销售等情况，以及产品销售后的申诉、投诉记录等。记录至少保存 3 年，做到农产品生产可追溯。

附 录 A
（资料性附录）
西北地区绿色食品露地胡萝卜生产主要病虫草害化学防治方案

西北地区绿色食品露地胡萝卜生产主要病虫草害化学防治方案见表A.1。

表A.1 西北地区绿色食品露地胡萝卜生产主要病虫草害化学防治方案

防治对象	防治时期	农药名称	使用剂量	施药方法	安全间隔期，d
黑腐病、黑斑病等病害	发病初期	36%甲基硫菌灵悬浮剂	400倍～1 000倍液	喷雾	—
蚜虫	卵孵盛期至低龄幼虫期	8 000 IU/mg苏云金杆菌可湿性粉剂	100 mL/亩～150 mL/亩	喷雾	—
	蚜虫始盛期	70%吡虫啉水分散粒剂	1.5 g/亩～2 g/亩	喷雾	14
菜青虫	1龄～2龄低龄期	40%辛硫磷乳油	75 mL/亩～100 mL/亩	喷雾	7
蛴螬等地下害虫	播种时随种子沟施	3%辛硫磷颗粒剂	4 000 g/亩～8 333 g/亩	沟施	—
	卵孵盛期至低龄幼虫期	8 000 IU/mg苏云金杆菌可湿性粉剂	100 g/亩～150 g/亩	喷雾	—
注：农药使用以最新版本NY/T 393的规定为准。					

绿 色 食 品 生 产 操 作 规 程

LB/T 189—2021

北 方 地 区
绿色食品早春露地胡萝卜生产操作规程

2021-09-26 发布 2021-10-01 实施

中国绿色食品发展中心 发布

前　言

本规程由中国绿色食品发展中心提出并归口。

本规程起草单位:内蒙古自治区绿色食品发展中心、内蒙古自治区农牧业科学院、乌兰察布市农畜产品质量安全监督管理中心、乌兰察布市经济作物工作站、乌兰察布市园艺所、察右中旗农牧和科技局、鄂尔多斯市农畜产品质量安全中心、中国绿色食品发展中心、河北省农产品质量安全中心、辽宁省农产品加工流通促进中心、吉林省绿色食品办公室、青海省格尔木市农畜产品质量安全检验检测站、鄂尔多斯市伊金霍洛旗市场监督监督局、黑龙江省绿色食品发展中心。

本规程主要起草人:李岩、包立高、吴凯龙、李强、郝贵宾、郝璐、李刚、高亚莉、司鲁俊、王勇、王锦华、王永宏、程仕博、刘锋、高磊、特日格乐、王迎宾、郭威艳、艾吉木、张丽、刘晓雪、张晓儒、杨政伟、田岩、赵杰、钟秀华、吴秋雁、张金凤、栗永乐、王仓国、王蕴琦。

北方地区绿色食品早春露地胡萝卜生产操作规程

1 范围

本规程规定了北方地区绿色食品早春露地胡萝卜生产的产地环境、播种、生长期管理、病虫害防治、收获装运储藏、生产废弃物处理及生产档案管理。

本规程适用于河北北部、内蒙古、辽宁、吉林、黑龙江的绿色食品早春露地胡萝卜生产。

2 规范性引用文件

下列文件对于本文件的应用是必不可少的。凡是注日期的引用文件，仅注日期的版本适用于本文件。凡是不注日期的引用文件，其最新版本（包括所有的修改单）适用于本文件。

NY/T 391 绿色食品 产地环境质量

NY/T 393 绿色食品 农药使用准则

NY/T 1056 绿色食品 储藏运输准则

3 产地环境

应符合 NY/T 391 的要求，土层深厚，土壤疏松肥沃，沙壤土或壤土，地面平坦或平缓（坡度小于15°），适合机械化作业，有机质含量 10 g/kg 以上，土壤 pH 5.6～7.8 为宜。两年以上未种过伞形科作物的土地，前茬最好是禾本科、茄科作物。

4 品种选择

4.1 品种选用

选择金红 6 号、红誉系列、孟德尔等商品性能好，抗病虫、优质丰产、抗逆性强、适应性广的品种。

4.2 种子质量

纯度≥98.0%，净度≥99.0%，发芽率≥99.0%，种子含水量≤8.0%。

5 播种

5.1 种子丸粒化

采用种子丸粒化包衣机和种子烘干机进行种子丸粒化。

5.2 基肥施用

每亩施用充分腐熟的优质有机肥 3 000 kg～5 000 kg、生物有机肥 40 kg 或微生物菌剂 5 kg、硫酸钾 10 kg、磷酸二铵 10 kg，有条件的同时施用发酵的豆粕 200 kg～300 kg，均匀撒施于田面上，然后深耕混匀。

5.3 整地作垄

作垄前深耕细作，耕地的深度根据品种而定，一般耕作的深度在 25 cm～30 cm，细耙 2 次～3 次。然后做成垄高 20 cm，垄宽 135 cm 的高垄。

5.4 播种期确定

当 10 cm 的地温稳定在 8 ℃以上时播种。不同地区可在 4 月下旬至 5 月下旬播种，播深 3 cm，用种 150 g/亩，播后覆土 1 cm 厚镇压。

5.5 播种密度

每垄播种 4 行，株距 6 cm～7 cm，行距 18 cm～20 cm，早熟品种密度 20 000 株/亩～25 000 株/亩，

中熟或中晚熟品种 18 000 株/亩～20 000 株/亩。播种时铺 2 根滴灌带，同时覆盖无纺布，在苗出齐后去除。

6 生长期管理

6.1 间苗除草

幼苗期间应进行 2 次～3 次间苗和中耕除草。当幼苗 3 片～4 片真叶时，进行第一次间苗，拔去拥挤苗，并结合行间苗浅耕除草松土；5 片～6 片真叶时进行定苗，去除过密株、劣株和病株，株距 6 cm～7 cm。

6.2 水肥管理

从播种至出苗时间较长，应保持土壤湿润，苗期"见湿见干"，在定苗后进行第一次追肥，结合浇水每亩随水追施尿素 5 kg～8 kg。叶旺盛期控制水分，中耕蹲苗。在 40 d～45 d 后，当胡萝卜肉质根长到 2 cm粗时，是肉质根生长最快的时期，此期对水肥需求量最多，结合浇水每亩随水追施硫酸铵或氮磷钾复合肥 15 kg～20 kg。整个生长期灌水追肥 6 次～7 次。

7 病虫害防治

7.1 防治原则

坚持预防为主，综合防治的植保方针，以农业防治为基础，优先采用物理和生物防治技术，辅之化学防治措施。应使用高效、低毒、低残留农药品种，药剂选择和使用应符合 NY/T 393 的要求。

7.2 常见病虫害

胡萝卜主要病害有黑腐病、黑斑病；主要虫害有小地老虎、金针虫、蚜虫、菜青虫等。

7.3 防治措施

7.3.1 农业防治

选用抗病品种，培育壮苗。加强肥水管理，科学施肥。加强田间管理，合理密植和施肥，合理轮作。及时清除田间病株及周围杂草。

7.3.2 物理防治

利用机械和人工方式捕捉小地老虎、金针虫、菜青虫幼虫，设置黑光灯诱杀成虫；利用黄板诱杀蚜虫。

7.3.3 生物防治

保护利用天敌，可释放赤眼蜂防控地老虎、蚜虫，七星瓢虫和中华草蛉防控蚜虫和白粉虱，也可释放捕食蝇和天敌蜘蛛等害虫天敌。

7.3.4 化学防治

化学防治应在专业技术人员指导下进行。农药的使用应符合 NY/T 393 的要求，所选用的农药获得国家在胡萝卜上的使用登记或省级农业主管部门的临时用药措施。常见病化学防治方法参见附录 A。

8 收获

8.1 收获时间

当肉质根充分膨大、颜色鲜艳、下部分叶片开始发黄时即可采收。

8.2 挖掘深度

收货前，先测量胡萝卜结果层的平均深度，即为合理的收获深度，收获时检查根茎是否全部挖出或产生机械损伤，适时调整挖掘深度。

8.3 机械收获

检查传送链上留有土垫的厚度，厚度以不造成胡萝卜直接碰撞传送链条造成破皮，也不造成挖掘后的胡萝卜被土掩盖为准,可以通过调整牵引车的车速、调整液压调节杆以达到最佳的收获效果。

9 装运储藏

运输工具应清洁卫生、无异味,禁止与有毒有害、有异味、易污染环境等的物品混放混运,车厢及四周用草帘铺垫,尽量采用专用装车设备,人工装车时避免踩踏。拉运时为防止雨淋或低温冻害应在车顶加盖草帘或苫布。运输符合 NY/T 1056 的要求。

10 生产废弃物处理

农药包装物不能随意丢弃,收集后送到回收处理点进行统一处理。

11 生产档案管理

建立绿色食品胡萝卜生产档案,包括产地环境条件、生产技术、肥水管理、病虫草害的发生和防治、采收及采后处理等情况,记录保存 3 年以上,建立绿色农产品生产可追溯体系。

附 录 A
(资料性附录)
北方地区绿色食品早春露地胡萝卜生产主要病虫害防治方案

北方地区绿色食品早春露地胡萝卜生产主要病虫害防治方案见表 A.1。

表 A.1 北方地区绿色食品早春露地胡萝卜生产主要病虫害防治方案

防治对象	防治时期	农药名称	使用剂量	施药方法	安全间隔期,d
黑腐病、黑斑病等病害	发病初期	36%甲基硫菌灵悬浮剂	400 倍～1 000 倍液	喷雾	—
蚜虫	卵孵盛期至低龄幼虫期	8 000 IU/mg 苏云金杆菌可湿性粉剂	100 mL/亩～150 mL/亩	喷雾	—
	菜青虫 1 龄～2 龄低龄期	40%辛硫磷乳油	75 mL/亩～100 mL/亩	喷雾	7
	蚜虫始盛期	70%吡虫啉水分散粒剂	1.5 g/亩～2 g/亩	喷雾	14
蛴螬等地下害虫	播种时随种子沟施	3%辛硫磷颗粒剂	4 000 g/亩～8 333 g/亩	沟施	—
	卵孵盛期至低龄幼虫期	8 000 IU/mg 苏云金杆菌可湿性粉剂	100 g/亩～150 g/亩	喷雾	—
注:农药使用以最新版本 NY/T 393 的规定为准。					

绿 色 食 品 生 产 操 作 规 程

LB/T 190—2021

华中华东地区
绿色食品冬春设施胡萝卜生产操作规程

2021-09-26 发布　　2021-10-01 实施

中国绿色食品发展中心　发布

前　言

本规程由中国绿色食品发展中心提出并归口。

本规程起草单位:安徽省农业科学院园艺研究所、安徽省绿色食品管理办公室、安徽农业大学、无为市植保站、安徽省公众检验研究院有限公司、荆门(中国农谷)农业科学研究院、河南省绿色食品发展中心、江苏省绿色食品办公室、宜兴市茶果指导站、山东省绿色食品发展中心、河北省绿色食品办公室、中国绿色食品发展中心。

本规程主要起草人:刘才宇、高照荣、朱培蕾、刘童光、王光俊、夏海生、王健、叶新太、杭祥荣、徐建陶、纪祥龙、尤帅、王俊飞。

华中华东地区绿色食品冬春设施胡萝卜生产操作规程

1 范围

本规程规定了华中华东地区绿色食品冬春设施胡萝卜的产地环境、品种选择、整地与播种、田间管理、采收、生产废弃物处理、储藏运输及生产档案管理。

本规程适用于河北南部、江苏、安徽、山东、河南、湖北的绿色食品冬春胡萝卜的设施生产。

2 规范性引用文件

下列文件对于本文件的应用是必不可少的。凡是注日期的引用文件，仅注日期的版本适用于本文件。凡是不注日期的引用文件，其最新版本（包括所有的修改单）适用于本文件。

NY/T 391　绿色食品　产地环境质量

NY/T 393　绿色食品　农药使用准则

NY/T 394　绿色食品　肥料使用准则

NY/T 658　绿色食品　包装通用准则

NY/T 717　胡萝卜储藏与运输

NY/T 745　绿色食品　根菜类蔬菜

NY/T 1056　绿色食品　储藏运输准则

NY 2620　瓜菜作物种子　萝卜和胡萝卜

3 产地环境

产地环境应符合 NY/T 391 的要求。宜选择耕层深厚、排灌方便、疏松肥沃、pH 5.0～8.0、3 年～4 年未种植过伞形花科作物的壤土或沙壤土田块。

4 品种选择

4.1 选择原则

选择优质、高产、抗病、抗虫、耐抽薹、适应性强、耐储运、商品性好的品种。

4.2 品种选用

河北南部推荐选用红盾 806、SN-帝冠等，江苏、安徽推荐选用黑田五寸人参等，山东推荐选用新黑田五寸参等，河南推荐选用红参 1 号等，湖北推荐选用新黑田五寸参、红芯 4 号等。

4.3 种子处理

种子质量应符合 NY 2620 中大田用种以上的要求。

播前晾晒种子 8 h～10 h。搓去种子刺毛，用 50 ℃～55 ℃热水烫种 25 min，再于清水中浸种 4 h～8 h。沥干水分，用湿纱布等包裹，置于 20 ℃～25 ℃下见光催芽 5 d～7 d，每天早晚用温水冲洗并翻动种子，当 50%种子露白时即可播种；或浸种后直接播种。

5 整地与播种

5.1 施肥作畦

前茬作物收获后，及时深耕 30 cm，晒垡冻垡。

结合整地，每亩施入经无害化处理的有机肥 3 000 kg、高塔型硫酸钾复合肥（15-15-15）15 kg。肥料使用按 NY/T 394 的规定执行。

肥土混匀,耙细整平。堆成宽 90 cm～100 cm 的高畦,畦高 15 cm～20 cm,畦沟宽 20 cm～30 cm。

5.2 棚室处理

早春播种,应播种前 20 d～25 d 扣棚增温,棚膜宜采用无滴防老化棚膜;冬季播种,应在播种前 10 d～15 d 进行闷棚处理。

5.3 播种期

冬胡萝卜 11 月～12 月播种,播前 7 d～10 d 扣棚;春胡萝卜 1 月～2 月播种,播前 10 d～15 d 扣棚。

5.4 播种量

每亩用种量,条播为 200 g～300 g。

5.5 播种方法

宜采用条播,行距 15 cm～20 cm,播种深度 1.5 cm～2 cm,播后覆土。

6 田间管理

6.1 灌溉

利用滴灌设施浇水。

播后及时浇水,5 片～6 片真叶时,小水轻浇,保持土壤湿润;幼苗 6 片～12 片真叶时,适当控制浇水次数,保持土壤见干见湿。幼苗长至 12 片真叶后,每次浇水要均匀,应保持 60%～80%的土壤湿度。忌田间积水。

6.2 间苗定苗

1 片～2 片真叶时第 1 次间苗,疏去劣苗、病苗、过密苗,保持株距 3 cm～5 cm;3 片～4 片真叶时第 2 次间苗,保持株距 6 cm～10 cm;5 片～6 片真叶时定苗,株距为 10 cm～15 cm。

6.3 施肥

5 片～6 片真叶时,每亩追施高塔型硫酸钾复合肥 5 kg～10 kg;肉质根膨大初期,每亩追施高塔型硫酸钾复合肥 15 kg～20 kg。结合浇水进行追肥,稀释 150 倍～200 倍。

6.4 温度调控

发芽期,20 ℃～25 ℃;茎叶生长期,23 ℃～25 ℃;肉质根膨大初期,15 ℃～20 ℃。

6.5 病虫害防治

6.5.1 防治原则

预防为主,综合防治,优先采用农业防治、物理防治、生物防治,配合使用化学防治。

6.5.2 常见病虫害

常见病害有黑斑病、软腐病和病毒病等。常见虫害有蚜虫、蛴螬、蝼蛄、甜菜夜蛾等。

6.5.3 防治措施

6.5.3.1 农业防治

合理轮作,选用高抗多抗品种。创造适宜的生育环境,培育适龄壮苗,提高抗逆性。增施充分腐熟的有机肥,减少化肥用量。及时清除病叶、病株,集中销毁,清洁设施,降低病虫基数。

6.5.3.2 物理防治

土壤冻垡晒垡,阳光晒种,高温闷棚。防虫网阻隔,银膜驱避,每亩设施面积设置黏虫黄板、蓝板 20 片～30 片诱杀,灯光诱杀。

6.5.3.3 生物防治

积极保护利用天敌,防治病虫害,如用瓢虫防治蚜虫,用丽蚜小蜂防治白粉虱等。使用 Bt 等生物源农药,防治病虫害。

6.5.3.4 化学防治

农药使用应符合 NY/T 393 的要求。防治方法参见附录 A。

7 采收

冬胡萝卜 2 月～5 月收获，春胡萝卜 5 月～6 月收获。

收获时，先割去地上叶片，留 8 cm～10 cm 高的叶柄，再挖掘采收，稍经晾晒，去净泥土，剔除“青头”根、分叉根、开裂根、畸形根、病虫和机械伤根等，剪除根尾，包装上市。

产品质量应符合 NY/T 745 的要求，包装应符合 NY/T 658 的要求。

8 生产废弃物的处理

及时清理废旧农、地膜、农药及肥料包装等，不应残留在田间，统一回收并交由专业公司处理。

植株残体应采用高温发酵堆沤或移动式臭氧农业垃圾处理车处理。

9 储藏运输

应符合 NY/T 1056 的要求，并按照 NY/T 717 的规定执行。

收获后应就地整理并进行预冷；储藏时应按品种、规格分别储存；储存的适宜温度为 0 ℃～2 ℃，适宜湿度为 90%～95%；库内堆码应保证气流均匀通畅，避免挤压。

运输时应轻装轻卸，运输工具应清洁、干燥，有防风，防雨、防晒、防冻设施。严禁与有毒、有害、有腐蚀性、有异味的物品混运。

10 生产档案管理

应建立质量追溯体系，建立绿色食品冬春胡萝卜设施生产的档案，应详细记录产地环境条件、生产管理、病虫草害防治、采收及采后处理、废弃物处理记录等情况，并保存记录 3 年以上。

附 录 A
(资料性附录)
华中华东地区绿色食品冬春设施胡萝卜生产主要病虫草害化学防治方案

华中华东地区绿色食品冬春设施胡萝卜生产主要病虫草害化学防治方案见表 A.1。

表 A.1 华中华东地区绿色食品冬春设施胡萝卜生产主要病虫草害化学防治方案

防治对象	防治时期	农药名称	使用剂量	施药方法	安全间隔期,d
蚜虫、菜青虫、小菜蛾等虫害	卵孵盛期至低龄幼虫期	8 000 IU/mg 苏云金杆菌可湿性粉剂	50 g/亩～100 g/亩	喷雾	—
	蚜虫始盛期	10%吡虫啉水分散粒剂	5 g/亩	喷雾	14
	菜青虫	40%辛硫磷乳油	75 mL/亩～100 mL/亩	喷雾	7
蛴螬等地下害虫	播种时随种子沟施	3% 辛硫磷颗粒剂	4 000 g/亩～8 333 g/亩	沟施	—
霜霉病、锈病、菌核病、黑斑病等多种病害	发病初期	80%代森锌可湿性粉剂	80 g/亩～100 g/亩	喷雾	21
注:农药使用以最新版本 NY/T 393 的规定为准。					

LB/T 191—2021

华中华东地区
绿色食品夏秋露地胡萝卜生产操作规程

2021-09-26 发布　　2021-10-01 实施

中国绿色食品发展中心　发布

前　言

本规程由中国绿色食品发展中心提出并归口。

本规程起草单位:河南省绿色食品发展中心、河南省农业科学院农业质量标准与检测技术研究所、河南省农业科学院园艺研究所、洛阳市农业技术推广服务中心、驻马店市农产品质量安全检测中心、中国绿色食品发展中心、河北省农产品质量安全中心、湖北省绿色食品管理办公室、江苏省绿色食品办公室、山东省绿色食品发展中心、濉溪县农产品质量安全监督管理办公室。

本规程主要起草人:崔敏、吴绪金、魏钢、王志勇、赵毓群、包方、刘宇、马会丽、张世兰、陈蕾、马丽娜、马晓妹、安莉、马婧玮、张宪、杨朝晖、周先竹、黄宜荣、刘娟、戚化学。

华中华东地区绿色食品夏秋露地胡萝卜生产操作规程

1 范围

本规程规定了华中华东地区绿色食品夏秋露地胡萝卜生产的产地环境、品种选择、整地与播种、田间管理、采收包装、运输储藏、生产废弃物处理及生产档案管理。

本规程适用于河北南部、江苏、安徽、山东、河南、湖北的绿色食品夏秋露地胡萝卜的生产。

2 规范性引用文件

下列文件对于本文件的应用是必不可少的。凡是注日期的引用文件，仅注日期的版本适用于本文件。凡是不注日期的引用文件，其最新版本(包括所有的修改单)适用于本文件。

GB/T 8321(所有部分) 农药合理使用准则

GB 12475 农药储运、销售和使用的防毒规程

GB 20287 农用微生物菌剂

NY/T 391 绿色食品 产地环境质量

NY/T 393 绿色食品 农药使用准则

NY/T 394 绿色食品 肥料使用准则

NY 525 有机肥料

NY/T 658 绿色食品 包装通用准则

NY/T 1056 绿色食品 储藏运输准则

NY 2620 瓜菜作物种子萝卜和胡萝卜

3 产地环境

生产基地选择在无污染和生态条件良好的地区，应避风向阳、光照条件好、地势高燥、排灌方便、土层深厚、疏松肥沃。应远离工矿区、城市和公路铁路干线，避开污染源。大气、灌溉水、土壤的质量应符合 NY/T 391 的要求。生产基地和常规生产区域之间应设置有效的缓冲带或物理屏障。

4 品种选择

4.1 品种选用

胡萝卜应选择优质丰产、抗病、抗逆性强、适应性广、商品性好的品种。夏秋胡萝卜应选择早熟、耐寒、抽薹迟、丰产品种。如新黑田 5 寸、世农五寸参，超级红芯、吉红 1 号、东方经典、君川红魔等。

4.2 种子质量

种子质量应符合 NY 2620 的要求，纯度不低于 95.0%，净度不低于 98.0%，发芽率不低于 90.0%，水分不高于 8.0%。

4.3 种子处理

播前 7 d～10 d 将种子晾晒 8 h～10 h，搓去刺毛，放入 50 ℃～55 ℃温水中浸泡 25 min，清水中浸泡 4 h～8 h，沥干水分，纱布包好，在 20 ℃～25 ℃条件下见光催芽 5 d～7 d。每天早晚用温水冲洗并翻动种子，当 50%种子露白即可播种。也可浸种后，直接播种。

5 整地与播种

5.1 整地方式

深翻旋耕，耙碎耙平，捡出杂物，耕地深度 25 cm～30 cm。

5.2 作畦方式

因地区、土壤、品种等条件而异，一般做成 90 cm～100 cm 宽的畦；土层较薄、多湿时，宜作高垄，垄面宽 40 cm～50 cm、垄面高 15 cm～20 cm。

5.3 播种时间

夏胡萝卜露地栽培 3 月上中旬播种，秋胡萝卜露地栽培 7 月中旬到 8 月上旬播种。

5.4 播种方式

播种采用条播或绳播，夏胡萝卜播后畦面覆盖地膜，秋胡萝卜播后畦面遮阳。

5.4.1 条播

行距 15 cm～20 cm，深 2 cm～3 cm，亩用种量 100 g～150 g，播种后以细土覆盖、镇压。

5.4.2 绳播

每墩 3 粒种子编一起，按株距 3 cm 植入纸绳，亩用种量 80 g～100 g，播种绳长度约 1 800 m/亩，行距 15 cm，中间铺设 1 条滴灌带，种子覆土 1 cm～1.5 cm。可利用播种机一次性完成 2 行种绳直播、滴灌带铺设和覆土。

6 田间管理

6.1 灌溉

提倡滴灌浇水。播种后浇透齐苗水；幼苗期保持土壤湿润，防止干旱；5 片～6 片真叶时浇 1 次透水；7 片～12 片真叶时地面见干见湿，适当控制浇水次数；12 片真叶后，每次浇水要均匀，忌田间积水，注意排水防涝。

6.2 施肥

6.2.1 施肥的原则

按照 NY/T 394 的规定，根据土壤肥力和当地推荐的施肥措施，确定相应的施肥量和施肥方法，做到氮、磷、钾及中、微量元素合理搭配。

6.2.2 施肥方法

根据土壤肥力状况，确定施肥量和肥料比例。一般基肥施腐熟有机肥 3 000 kg/亩，过磷酸钙 20 kg/亩，优质复合肥(N：P：K＝15：15：15)50 kg/亩。定苗后、中耕前，随水冲施硫酸钾复合肥 5 kg/亩～10 kg/亩；肉质根开始迅速膨大时，随水冲施硫酸钾复合肥 15 kg/亩～20 kg/亩。

6.3 间苗定苗

出苗后根据天气情况撤掉覆盖物，此时进行第 1 次间苗，拔除受病虫损害及细弱的幼苗、病菌、畸形苗，保持株距 3 cm～5 cm；3 片～4 片真叶时进行第 2 次间苗，株距 7 cm 左右；5 片～6 片真叶时进行定苗，株距为 10 cm～15 cm。

6.4 中耕培土

结合间苗，在行间浅锄，疏松表土，除草保墒。定苗至封垄前，雨后或浇水后进行 2 次～3 次中耕。中耕除草的同时，培土至根头部。

6.5 病虫害防治

6.5.1 防治原则

贯彻预防为主、综合防治的植保方针，以保持和优化农业生态系统为基础，优先采用农业措施，尽量利用物理和生物措施，必要时合理使用低风险农药，应符合 NY/T 393 的要求。

6.5.2 常见病虫害

叶斑病、软腐病、猝倒病、白粉病、黑腐病、菌核病、根结线虫、地老虎、蚜虫等。

6.5.3 防治措施

6.5.3.1 农业防治

无病地种植,不应与茄科类、十字花科类、葫芦科类、伞形科蔬菜连作,可与葱类蔬菜、禾本科、豆科或绿肥作物实行2年～3年的轮作。选用适合当地生长的高产、抗病虫、抗逆性强、品质好的优良品种,从无病株上采种,单收单藏。地下水位较浅或雨水较多的地区,可采用深沟高畦种植。播种时深翻晒田,合理密植,控制好施肥量。及时清理田园,清除田间杂草和病残体,集中带出田间深埋处理。高温季节换茬时可采用地膜覆盖技术对土壤进行高温消毒,杀灭土壤中部分越夏的致病菌和成虫。

6.5.3.2 物理防治

设黄板诱杀蚜虫和白粉虱,每亩挂30块～40块;用黑光灯、振频式杀虫灯诱杀蛾类、小地老虎成虫、蝼蛄、种蝇,每15亩设1盏灯;糖醋液(红糖:酒:醋=2:1:4)诱杀小地老虎等害虫,每亩挂10个～20个为宜;银灰反光膜驱避蚜虫。

6.5.3.3 生物防治

可释放赤眼蜂防控地老虎、蚜虫,七星瓢虫和中华草蛉防控蚜虫和白粉虱,也可释放捕食蝇和天敌蜘蛛等害虫天敌。可利用植物之间的生化他感作用,如与葱类作物混作防止枯萎病。可利用性引诱剂和性干扰剂,有效减少蛾类害虫。

6.5.3.4 化学防治

化学防治应在专业技术人员指导下进行。农药的使用应符合NY/T 393的要求,所选用的农药获得国家在胡萝卜上的使用登记或省级农业主管部门的临时用药措施。选择对主要防治对象有效的低风险农药品种,提倡兼治和不同作用机理农药交替使用。选用环境友好农药剂型,不宜采用风险较大的施药方式。应按照农药产品标签或GB/T 8321和GB 12475的规定使用农药。常见病防治方法参见附录A。

7 采收包装

当叶片不再生长,外叶变黄绿色时采收,夏胡萝卜一般在6月上中旬开始收获,秋胡萝卜一般在10月下旬开始收获,也可适当延迟采收时间增加产量。收获后稍经晾晒,去净泥土,剔除“青头”根、分叉根、开裂根、畸形根、病虫和机械伤根等,剪除尾根,包装上市。

包装应符合NY/T 658的要求,包装材料方便回收。

8 运输储藏

储藏设施、周围环境、卫生要求、出入库、堆放等应符合NY/T 1056的要求。储藏设施应具有防虫、防鼠、防鸟的功能,储藏条件应符合温度、湿度和通风等要求。窖藏或冷库的地周边、墙壁、墙面、门窗、房顶和管道等,都做防鼠处理,所有的缝隙不超过1 cm,温度应保持在0 ℃～1 ℃。临时储藏时应在阴凉、通风、清洁、卫生的条件下,防日晒、雨淋、冻害及有毒有害物质的污染。储藏时需堆码整齐,防止挤压损伤。

运输工具应清洁卫生、无异味,禁止与有毒有害、有异味、易污染环境等的物品混放混运,运输工具的底部及四周与胡萝卜接触的地方应加铺垫物,以防机械损伤,运输符合NY/T 1056的要求。

9 生产废弃物处理

处理地点需远离水源和居民生活区,工作场地应硬化,并具备水、电、动力等条件;发酵设施、原料和成品储存需经防渗漏和防雨淋处理。生产废弃物利用合适的设备进行碾丝、揉搓、破碎处理后,添加适宜的微生物进行无害化处理,添加的微生物需符合GB 20287的要求。处理好的生产废弃物应符合NY 525的要求。生产过程中的种子、农药和化肥投入品包装袋等需无害化处理;建议使用可降解地膜或无纺布地膜，减少对环境的危害。

10 生产档案管理

记录主要包括地块区域的空气、水质、土壤等产地环境质量；育苗处理、整地施肥、播种、定植等生产技术；灌溉、追肥等肥水管理；病虫草害防治措施及农药使用记录；以及收获、储存、包装、运输、废弃物处理等记录。记录应真实准确，保存期限不得少于3年。

附 录 A
(资料性附录)
华中华东地区绿色食品夏秋露地胡萝卜生产主要病虫害防治方案

华中华东地区绿色食品夏秋露地胡萝卜生产主要病虫害防治方案见表 A.1。

表 A.1 华中华东地区绿色食品夏秋露地胡萝卜生产主要病虫害防治方案

防治对象	防治时期	农药名称	使用剂量	施药方法	安全间隔期,d
蚜虫	卵孵盛期至低龄幼虫期	8 000 IU/mg 苏云金杆菌可湿性粉剂	100 mL/亩～150 mL/亩	喷雾	—
	蚜虫始盛期	10%吡虫啉可湿性粉剂	5 g/亩	喷雾	14
菜青虫	1 龄～2 龄低龄期	40%辛硫磷乳油	50 mL/亩～75 mL/亩	喷雾	7
蛴螬等地下害虫	播种时随种子沟施	3%辛硫磷颗粒剂	4 000 g/亩～8 333 g/亩	沟施	—
小菜蛾	卵孵盛期至低龄幼虫期	8 000 IU/mg 苏云金杆菌可湿性粉剂	100 g/亩～150 g/亩	喷雾	—
注:农药使用以最新版本 NY/T 393 的规定为准。					

绿色食品生产操作规程

LB/T 192—2021

华南西南地区
绿色食品露地胡萝卜生产操作规程

2021-09-26 发布　　　　2021-10-01 实施

中国绿色食品发展中心　发布

前　言

本规程由中国绿色食品发展中心提出并归口。

本规程起草单位:福建省绿色食品发展中心、福建省农业科学院作物科学研究所、福建省植保植检总站、中国绿色食品发展中心、广东省绿色食品发展中心、广西壮族自治区绿色食品发展中心、云南省绿色食品发展中心。

本规程主要起草人:杨芳、薛珠政、关瑞峰、林锌、汤宇青、张志华、陈颖、胡冠华、王日升、刘萍。

华南西南地区绿色食品露地胡萝卜生产操作规程

1 范围

本规程规定了华南西南地区绿色食品露地胡萝卜栽培的产地环境、品种选择及种苗处理、播种前田地管理、播种、田间管理、病虫害防治、收获、生产废弃物处理、包装储运和质量追溯体系。

本规程适用于福建、广东、广西、云南的绿色食品露地胡萝卜生产。

2 规范性引用文件

下列文件对于本文件的应用是必不可少的。凡是注日期的引用文件，仅注日期的版本适用于本文件。凡是不注日期的引用文件，其最新版本(包括所有的修改单)适用于本文件。

GB/T 8321(所有部分)　农药合理使用准则

GB 12475　农用微生物苗剂

NY/T 391　绿色食品　产地环境质量

NY/T 393　绿色食品　农药使用准则

NY/T 394　绿色食品　肥料使用准则

NY/T 658　绿色食品　包装通用准则

NY/T 1056　绿色食品　储藏运输准则

NY/T 2620　瓜菜作物种子　萝卜和胡萝卜

3 产地环境

3.1 气候条件

年有效积温在 2 200 ℃以上，年降水量在 440 mm 以上。

3.2 土壤条件

基地应选择土层深厚、疏松肥沃、排灌方便，通气性好、田间最大持水量在 60%～80%的壤土、沙壤土，土壤 pH 在 6.0～7.5。多年连续种植的土壤采用客沙改良，每 3 年改良 1 次，每亩用客沙 60 m^3 左右。

3.3 环境质量

基地应选择生态环境良好、无污染的地区，远离工矿区、医院和公路铁路干线，远离污染源的地区。空气、灌溉水、土壤质量等产地环境质量应符合 NY/T 391 的要求。

4 品种选择及种苗处理

4.1 品种选择

选择适应性广、抗病抗逆性强、商品性好、优质、高产的品种。春播选择生育期短的品种，秋播可选择生育期长的品种，推荐早熟品种井农红、皇家红、雷肯德、艳红 99、红誉、中早熟品种坂田红、连天红、中厦红，中晚熟品种莎卡达、红帝、金帝、秋宝、红中宝、中晚熟品种：宝马 808、金红 F-926、金美 F-928、东方红七寸、五寸参、七寸参、新黑田五寸参、新黑田七寸参、红芯七寸参等。种子质量应符合 NY/T 2620 的要求。

4.2 种子处理

选用新种子，播前清除杂质，进行发芽试验，确定发芽率。为提高播种质量、出苗率以及便于机械化播种，提倡将种子精选后进行丸粒化处理。

5 播种前田地管理

5.1 整地

深耕细作，深耕 25 cm～35 cm，细耙 2 次～3 次，整平晒垡作畦，采用高畦窄沟栽培方式，畦高 25 cm～35 cm，畦宽 85 cm～120 cm，播前旋耕 1 次灭草。

5.2 施肥

播种前每亩施入充分腐熟、细碎优质农家肥 1 500 kg～3 000 kg(或 1 000 kg 发酵腐熟的甘蔗滤泥，或 500 kg～1 000 kg 生物有机肥，或 400 kg～1 000 kg 商品有机肥)，肥料质量应符合 NY/T 394 要求，结合深耕，全面铺施。

6 播种

6.1 播期

秋播 8 月～11 月，春播 2 月～3 月。福建、广东一般只在秋季种植。

6.2 播量

播种量因地制宜。采用条播方式，每畦播 4 行～5 行，株距 6 cm～8 cm，每亩用种 0.35 kg～0.70 kg；采用四行四角形的穴播，株距 7 cm～9 cm。按株行距开种植穴，穴宽深各 0.5 cm，起畦播种，每亩用种 0.25 kg～0.35 kg。

6.3 覆土

播种后覆土 1 cm～2 cm，覆土后轻压土 1 次。

7 田间管理

7.1 除草

播前旋耕灭草，封行前中耕除草，同时将畦沟的土壤培于畦面，结合间苗及时拔除苗眼杂草。

7.2 浇水

出苗前保持土壤湿润，土壤田间持水量保持在 65%～80%。土壤水分不足建议使用喷灌方式浇水，用水质量应符合 NY/T 391 中农田灌溉水环境质量标准要求。

7.3 间苗

胡萝卜出苗后，要及时间苗(即匀苗)，避免幼苗相互拥挤或光照不良，要掌握早间苗、晚定苗的原则。植株 1 片～2 片叶时，进行第 1 次间苗，苗株距 2 cm～3 cm；3 片～4 片叶时，进行第 2 次间苗，苗株距早熟品种 3 cm、晚熟品种 5 cm～8 cm；5 片～6 片叶时定苗。

7.4 中耕蹲苗

幼苗定苗后，喷施新高脂膜，有效防止地上水分蒸发和苗期病害；叶旺盛期控制水分，中耕进行蹲苗；肉质根膨大前期培土，结合中耕将畦沟间土壤培向根部，使根部没入土中，防止肉质根见光转绿，出现“青头”症状；肉质根肥大期要充足供水。

7.5 施肥

肥料使用应符合 NY/T 394 的要求，坚持安全优质、基肥为主追肥为辅、有机肥为主化肥为辅的原则，有机氮和无机氮的比例超过 1∶1。根据当地土壤肥力水平和产量目标确定施肥量。定苗后第 1 次结合浇水施高钾复合肥 15 kg/亩，地下根茎长出第 2 次施高钾复合肥 30 kg/亩，地下根茎膨大期进行第三次施高钾复合肥 40 kg/亩。

8 病虫害防治

8.1 防治原则

坚持预防为主，综合防治的原则，推广绿色防控技术，优先采用农业防控、理化诱控、生态调控、生物防控，必要时，开展化学防控，合理使用高效低毒低残留化学农药，农药使用应符合 NY/T 393 的要求。

8.2 常见病虫害

胡萝卜主要虫害有蛴螬等地下害虫，蚜虫、白粉虱、甜菜夜蛾、小菜蛾等鳞翅目害虫；胡萝卜主要病害有根腐病、菌核病、灰霉病、黑斑病、白粉病等。

8.3 防治措施

8.3.1 农业防治

选用抗病虫、抗逆强的品种，品种定期轮换，保持品种抗性。合理耕作，轮作换茬，与葱类、禾本科、豆科或绿肥等非伞形科作物轮作，也可与葱类作物混作防止枯萎病。深沟高畦、适时浇水，勤锄杂草，合理密植，合理施肥，增施有机肥；收获后及时清洁田园，减少病虫源，培育壮苗、健身栽培，减少有害生物的发生。

8.3.2 物理防治

应用各种杀虫灯、黄板诱杀害虫。每 30 亩～40 亩安装 1 台太阳能频振式杀虫灯、黑光灯、或双波灯等诱杀甜菜夜蛾、小菜蛾等鳞翅目害虫；每亩悬挂 30 张～50 张色诱板诱杀蚜虫、粉虱等。

8.3.3 生物防治

积极保护利用天敌，防治病虫害。在成虫发生期，运用害虫天敌、昆虫性信息素捕（诱）杀害虫；用瓢虫防治蚜虫，用丽蚜小蜂防治白粉虱等。

8.3.4 化学防治

整畦开沟播种前每亩使用 3%辛硫磷颗粒剂 4 000 g～8 333 g 拌细土 50 kg，撒于畦内耙匀防治地下害虫。农药的选择、使用方法和安全间隔期都应符合 NY/T 393 的要求。应按照农药产品标签或 GB/T 8321 和 GB 12475 的规定使用农药，控制施药剂量（或浓度）、施药次数和安全间隔期。主要病虫害农药推荐使用方案参见附录 A。

9 收获

根据品种特性，待肉质根充分膨大符合农药使用安全间隔期和上市要求即可采收；采收时要注意防止损伤肉质根。秋播 9 月～11 月，胡萝卜生长期 120 d～180 d，在翌年 2 月～5 月采收；春播 3 月～5 月，6 月～8 月采收。收获后应及时清洁田园，将枯叶、病虫叶、杂草等集中进行无害化处理，保持田园清洁，减少病虫源。

10 生产废弃物处理

在生产基地内，建立废弃物与污染物收集设施，各种废弃物与污染物要分门别类收集。集中统一无害化处理。未发生病虫害的秸秆、落叶收割后直接还田，通过翻耕压入土壤中补充土壤有机质，培肥地力；人工摘除的发生病虫害的秸秆，落叶要及时专池处理。

11 包装储运

11.1 包装

采后剔除病虫、开裂、分叉肉质根，清洁分级包装；包装物应使用可重复利用、易降解、不造成产品污染的材料；包装上应标明产品名称、产品的标准编号、商标（如有）、标识、生产单位（或企业）名称、详细地址、产地、规格、净含量和包装日期等，标识上的字迹应清晰、完整、准确；产品的包装上应规范使用绿色食品标志，包装应符合 NY/T 658 的要求。

11.2 储藏

储存场地要求清洁，防晒、防雨，不得与有害物品混存。采用冷藏室储藏，适宜温度 0 ℃～5 ℃，空气相对湿度 95%左右，储藏期 4 个～6 个月，保证冷藏室气流均匀流通；储藏设施、周围环境、卫生要求、出入库、堆放等应符合 NY/T 1056 的要求。

11.3 运输

运输工具应清洁卫生，运输要求轻装轻卸、快装快运、装载适量、运行平稳、严防损伤；运输过程要通风散热，注意防冻、防晒、防雨淋，运输过程中要保持适当的温度和湿度，严禁与有害物品混装、混运。运输管理应符合 NY/T 1056 的要求。

12 质量追溯体系

建立绿色食品生产记录档案，专人负责管理，按照要求记录基地建立、整地、品种选择及种苗处理、播种前田园管理、播种、施肥、除草、灌溉、病虫草害发生和防治、收获、生产废弃物处理、包装、储藏、运输、销售等，同时建立投入品出入库管理制度、质量卫生管理制度等，实行绿色食品生产全程质量追溯体系。绿色食品生产记录档案保存 3 年以上。

附 录 A
(资料性附录)
华南西南地区绿色食品胡萝卜主要病虫害防治方案

华南西南地区绿色食品胡萝卜主要病虫害防治方案见表 A.1。

表 A.1 华南西南地区绿色食品胡萝卜主要病虫害防治方案

防治对象	防治时期	农药名称	使用剂量	施药方法	安全间隔期,d
蛴螬等地下害虫	播种前	3%辛硫磷颗粒剂	4 000 g/亩~8 333 g/亩	沟施	40
蚜虫、菜青虫、小菜蛾等虫害	卵孵盛期至低龄幼虫期	8 000 IU/mg 苏云金杆菌可湿性粉剂	50 g/亩~100 g/亩	喷雾	—
	菜青虫发生期	40%辛硫磷乳油	75 mL/亩~100 mL/亩	喷雾	7
	蚜虫始盛期	10%吡虫啉水分散粒剂	5 g/亩	喷雾	14
霜霉病、锈病、菌核病、黑斑病等多种病害	发病初期	80%代森锌可湿性粉剂	80 g/亩~100 g/亩	喷雾	21
注:农药使用以最新版本 NY/T 393 的规定为准。					

LB/T 193—2021

绿色食品设施番茄生产操作规程

2021-09-26 发布　　　　2021-10-01 实施

中国绿色食品发展中心　发布

前　言

本规程由中国绿色食品发展中心提出并归口。

本规程起草单位:北京市农业绿色食品办公室、中国农业大学、北京市农业技术推广站、北京市密云区农优站、山东省绿色食品发展中心、河北省农产品质量安全中心、江苏省绿色食品办公室、宜兴市茶果指导站、内蒙古自治区绿色食品发展中心、云南省绿色食品发展中心、昌平区农业环境监测站、北京绿奥蔬菜合作社、北京中农富通园艺有限公司、中国绿色食品发展中心。

本规程主要起草人:周绪宝、李浩、高丽红、徐进、唐晓燕、徐建陶、姜春光、赵发辉、杨美、路河、田永强、孟浩、郝贵宾、仲显芳、侯鹏、亓德明、王宗英。

绿色食品设施番茄生产操作规程

1 范围

本规程规定了绿色食品设施番茄栽培的产地环境条件，茬口安排及品种选择，育苗，整地、施基肥与定植，田间管理，采收与包装运输，生产废弃物处理以及生产档案管理。

本规程适用于全国的绿色食品设施番茄生产。

2 规范性引用文件

下列文件对于本文件的应用是必不可少的。凡是注日期的引用文件，仅注日期的版本适用于本文件。凡是不注日期的引用文件，其最新版本(包括所有的修改单)适用于本文件。

GB 16715.3 瓜菜作物种子 第3部分：茄果类

NY/T 391 绿色食品 产地环境质量

NY/T 393 绿色食品 农药使用准则

NY/T 394 绿色食品 肥料使用准则

NY/T 655 绿色食品 茄果类蔬菜

NY/T 658 绿色食品 包装通用准则

NY/T 1056 绿色食品 储藏运输准则

3 产地环境条件

环境条件应符合 NY/T 391 的要求，选择耕作与排灌方便、水电设施配套齐全、土壤条件好、pH 6～8、耕作层深 30 cm 以上的壤土或沙壤土地块，前茬 2 年之内未种植茄果类作物。

4 茬口安排及品种选择

4.1 茬口安排

不同地区可以根据气候条件、上市时间等安排茬口。全国各地气候条件和设施类型以及栽培方式差异较大，现以华北平原地区日光温室、塑料大棚等保护地番茄种植为例介绍主要种植茬口。

春季日光温室：12 月中旬至 1 月中旬在温室育苗，2 月上旬至下旬定植，4 月下旬至 7 月中旬陆续采收。

春季塑料大棚：2 月上旬至 2 月上旬在温室育苗，3 月中旬(需扣小拱棚)至下旬定植，6 月上旬至 7 月中旬陆续采收。

冷凉山区塑料大棚越夏长季节栽培：2 月中旬至 4 月上旬播种育苗，4 月上旬至 5 月下旬定植，7 月下旬至 9 月下旬采收，夏季采取降温措施，可采收至下霜前。

秋冬季日光温室：7 月至 8 月育苗，8 月至 9 月定植，11 月至翌年 2 月采收。

日光温室越冬长季节栽培：9 月育苗，10 月定植，1 月至翌年 6 月采收。

4.2 品种选择

根据种植区域、生长特点和茬口安排选择优质、高产、抗病、非转基因、适合当地气候条件和市场需求的优良品种。

夏秋栽培品种应具备耐热性强，高抗病毒病，高温坐果能力强特性，适宜的品种有京番 401，瑞拉、秋盛、夏日阳光、京番 309、贝贝等；冬春栽培品种应具备耐低温耐弱光特性，适宜的品种很多，如金冠 58、硬粉 8 号、金棚 11、浙粉 702、中研 988、福克斯、黑珍珠、千禧、京丹 8 号、原味 1 号、京番 308、京彩 8

号、百利、丰收、佳丽14、欧官等。

5 育苗

5.1 种子处理

种子应满足GB 16715.3的要求。播种前去除瘪粒、小粒、破损粒和杂质。

温汤浸种:将种子放入55 ℃～60 ℃温水中,继续添加热水使其保持55 ℃恒温15 min,随之搅拌至水温降至30 ℃止,再浸泡4 h～6 h。

催芽:将浸泡好的种子铺在干净的纱布上并覆盖一层纱布用水湿透,放在28 ℃～30 ℃的条件下催芽,每隔6 h～8 h观察1次并喷水保持纱布湿透,番茄种子一般经过48 h便可发芽,种子露出1 mm～2 mm的胚根后即可播种。

5.2 播种

宜使用穴盘育苗,播种前将装好基质的穴盘浇透,水渗后播种。播种方法有点播:即播种时将出芽的种子2粒～3粒均匀的点播在盘内(穴内),种子之间的距离以1 cm左右为佳,播种后覆土或者基质,厚度为5 mm～8 mm为宜。覆土或基质后,立即用塑料薄膜(地膜)将畦面或播种盒严实覆盖。

穴盘育苗基质的准备:按照草炭∶蛭石∶珍珠岩2∶1∶1或3∶1∶1的比例配制,并添加5%的发酵好的有机肥。

苗床育苗方式当幼苗长到"2叶1心"时分苗,每穴保留1株壮苗即可。穴盘和营养钵育苗方式不需分苗。

5.3 壮苗标准

叶色深绿,叶片厚、舒展,有光泽,节间短,茎秆粗壮,根系发达,无病虫害。冬季育苗,苗高15 cm～20 cm,茎粗0.4 cm～0.6 cm,具有8片～12片真叶。夏季育苗,苗高8 cm～10 cm,具有4片～6片真叶。

5.4 苗期管理

5.4.1 播种至分苗阶段

播种后2 d～3 d,温室内温度白天保持30 ℃～35 ℃,夜间保持15 ℃～20 ℃,促进出苗。出苗后,为防止徒长,适当降温,白天25 ℃～28 ℃,夜间14 ℃～17 ℃。为保证温室内的温度要求,出苗后应使用活动式遮阳网,晴天10:00—15:00使用,其他时间卷起。出苗后加强浇水,防止干旱,天气晴朗,每天浇1次水,采用微喷最好,既可补充水分不足,又可降低空气温度。

5.4.2 分苗阶段

基质穴盘育苗的如需分苗,可分在8 cm×10 cm的营养钵中,以利幼苗健壮生长。

5.4.3 分苗至定植阶段

分苗后保温促缓苗,白天26 ℃～28 ℃,夜间18 ℃～20 ℃。定植前5 d～7 d要降温炼苗,白天20 ℃左右,夜间10 ℃左右。用营养钵育苗的适当补水,用穴盘育苗的仍需2 d左右浇1次水,并4 d～5 d浇营养液1次。营养液中除了氮、磷、钾元素以外,还应注意补充钙、硫、镁、铁、硼等中微量元素。

6 整地、施基肥与定植

6.1 整地与施基肥

选择前茬种植非茄果类产品的日光温室或塑料大棚,清除残株枯叶杂草,施用优质有机肥,肥料的选择和使用应符合NY/T 394的要求,根据品种选择及土壤肥力状况确定有机肥施用量,一般每亩地2 000 kg～3 000 kg有机质含量≥40%的腐熟农家肥、商品有机肥,或生物有机肥800 kg左右,化肥每亩地可施用三元复合肥 10 kg～15 kg，并补充有机肥中缺少的中微量矿物质元素肥。

6.2 定植

根据栽培季节选择适宜栽培方式，塑料大棚内适宜采用高垄地膜覆盖栽培(起垄，垄宽 50 cm～80 cm，高 20 cm～40 cm)。定植前翻耕土地 30 cm，每亩定植 2 200 株～3 500 株。

7 田间管理

7.1 栽培环境控制

通过栽培技术措施的实施创造最适合生长发育的环境条件。

7.1.1 空气温度

在不同生长阶段采用不同的温度管理，通过开闭风口和覆盖遮阳网来调节温度，不同时期温度控制范围如表 1 所示。

表 1 温度控制指标

单位为摄氏度

生长期	白天温度	夜间温度
缓苗期	28～32	18～20
开花坐果期	23～28	15～18
结果采收期	23～30	15

7.1.2 光照

尽量增加光照强度和时间，尤其是冬季应经常保持膜面清洁，夏季在棚顶覆盖遮光率 60%以上的遮阳网来遮光降温。

7.1.3 空气湿度

根据不同生育期对湿度的要求(见表 2)和控制病害的需要，应采用地膜覆盖，水肥一体化、通风排湿、温度调节等措施尽可能把棚室内的空气湿度控制在最佳范围。

表 2 棚内湿度控制指标

单位为百分号

生长期	湿　度
缓苗期	80～90
开花坐果期	60
结果采收期	45～60

7.1.4 空气二氧化碳浓度

在晴天上午使棚室内二氧化碳浓度达到 800 mg/kg～1 000 mg/kg，宜在果实膨大期采取人工二氧化碳施肥的方法，每亩悬挂吊袋式二氧化碳施肥袋 20 袋～30 袋(110 g/袋)，悬挂高度 1.5 m 左右。

7.2 吊蔓、整枝、疏果

用银灰色塑料绳吊蔓来固定植株，采用单干整枝方式，每隔 3 d～5 d 顺时针方向绕蔓 1 次，植株生长期间及时去除侧枝和植株下部的老叶、黄叶，每株留 4 穗～12 穗果，长至预定果穗时去除生长点，最上部果穗的上面留 2 片～3 片叶。

樱桃番茄留整穗果；中果型品种每穗留 4 果～6 果；大果型品种每穗选留 3 果～4 果。

7.3 授粉

番茄采用释放熊蜂协助授粉，以促进花粉授精。也可以用采用人工振荡器授粉。不提倡使用化学合成植物生长调节剂处理。

7.4 浇水与追肥

适当亏水管理，采用微灌或滴灌的方式浇水。定植水 20 m^3/亩～25 m^3/亩，依据土壤墒情浇缓苗水 10 m^3/亩左右，缓苗结束到开花坐果前可不浇水。以后根据土壤含水情况单次灌水量控制在 5 m^3/亩～10 m^3/亩。

缓苗结束后适时追肥，根据土壤肥力及作物生产情况确定追肥方案。果实膨大期是施肥的关键时期。施肥原则是"一穗果一次肥"，宜采用水肥一体化管理。每亩每次随水施用 5 kg 左右果菜专用水溶性复合肥以及 1 L 微生物菌肥(剂)。

大果型番茄长到 3 穗～5 穗花，小果型番茄长到 4 穗～6 穗花时进入盛果期。此时冲施高钾肥可提高口感，喷施海藻酸、腐殖酸及氨基酸等叶面肥，可有效增进品质和风味。

7.5 病虫害防治

7.5.1 防治基本原则

坚持预防为主，综合防治的总方针和科学植保，绿色植保的理念。通过环境调控和适宜的农事操作措施达到控制病害的发生。

7.5.2 主要病虫害

番茄主要病害有猝倒病、青枯病、立枯病、病毒病、早疫病、晚疫病、叶霉病、灰霉病等。

番茄害虫主要有蚜虫、白粉虱、烟粉虱、绿叶蝉、红蜘蛛、蓟马等。

7.5.3 防治措施

7.5.3.1 农业措施

选用有检疫证书，品种抗逆、耐病、丰产一代杂种；种子消毒处理；温汤浸种杀菌；高温闷棚或生物消毒；加强肥水管理，增强植株抗逆力；浇水后及时放风排湿，防止叶面结露，控制设施内温湿度；发病初期摘除病老叶，带出生产区深埋或销毁。

7.5.3.2 物理防治

a) 应用防虫网阻隔害虫，在大棚所有通风口、大棚入口处挂 50 目～60 目防虫网，阻止蚜虫、白粉虱、斑潜蝇外界等害虫进入。

b) 利用色板监测和防控害虫。黄、蓝粘板诱杀：在番茄行间、株间挂黄色黏虫板，高出植株 20 cm～25 cm，每亩挂 20 块～30 块，并随着植株生长逐步提高，诱杀蚜虫、白粉虱等害虫，要及时检查及时更换，并结合诱集害虫种类和数量，做好监测和防控工作。

c) 利用消毒垫和专用工具预防病虫。可在棚室入口处设置消毒垫，采用次氯酸钠或生石灰作为消毒剂，棚室生产工具应一棚一套工具，条件不具备的可混用但必须做好消毒工作，以预防棚室间工具使用的交叉感染和携带传播病虫。

d) 利用昆虫性信息素或食物诱集剂诱集害虫。可采用性诱剂或食诱剂结合色板、诱集器等措施诱集害虫。

7.5.3.3 生物防治

优先采用生物防治措施。可利用各种细菌类、真菌类及放线菌类等微生物活体菌剂或代谢产物、抗病毒制剂，害虫防治方面可选用瓢虫、花蝽类、盲蝽类、扑食螨类天敌，在做好害虫监测的基础上适时应用。

7.5.3.4 化学防治

在做好农业措施、物理防治、生物防治的基础上，按照病虫害发生规律，在关键防治时期施药，减少施药量和次数，严格遵守农药安全间隔期。常见病虫害及防治方法详参见附录 A。

8 采收与包装运输

8.1 适时采收

采收前根据农药间隔期 7 d～15 d 停止施肥、使用化学药剂。采摘前 1 d～2 d 进行农药残留快速检测，合格后方可采摘。采摘的果实要确保无病虫，色泽鲜艳、品相正，同批次大小均匀原生态；无露水或露水少时采摘；采摘时要保持双手洁净，工具清洁、卫生、无污染。保证果蒂整齐，果实着色均匀，表面光泽亮丽，不得有污点，带萼片，蒂不能超过底面。产品满足 NY/T 655 的相关要求。

8.2 分级、包装

果实简单分级，装箱。包装时果实要摆放整齐，装箱、装袋重量要一致。包装箱使用纸箱为宜，果实外套塑料网，包装要求、材料选择、包装尺寸按 NY/T 658 的规定执行。

8.3 储存运输

储存场地要求清洁，防晒、防雨，不得与有害物品混存。运输工具必须清洁卫生，严禁与有害物品混装、混运。储存和运输应符合 NY/T 1056 的要求。

9 生产废弃物处理

提倡生产废弃物进行资源化重新利用，将废弃植株残体收集起来，粉碎后堆肥，充分发酵腐熟后还田等。地膜、农药包装袋等废弃物宜统一回收处理，避免污染环境。

10 生产档案管理

建立绿色食品生产档案，专人负责管理，按照要求对农事操作、施肥、用药、采收、销售等情况进行记录，同时建立投入品出入库管理制度，对投入品进行记录追踪。所有记录必须真实、有效，并至少保存3年。

附 录 A
(资料性附录)
绿色食品设施番茄生产主要病虫草害防治方案

绿色食品设施番茄生产主要病虫草害防治方案见表 A.1。

表 A.1 绿色食品设施番茄生产主要病虫草害防治方案

防治对象	防治时间	农药名称	使用剂量	施药方法	安全间隔期,d
青枯病	发病前或发病初期	3%中生菌素	600 倍液	灌根	7～10
立枯病	发病前	1 亿 CFU/g 枯草芽孢杆菌	100 g/亩～167 g/亩	喷雾	—
猝倒病	苗期发病前	3 亿 CFU/g 哈茨木霉菌	4 g/m^2～6 g/m^2	灌根	—
灰霉病	发病期	43%腐霉利或 50%啶酰菌胺	80 mL/亩～120 mL/亩或 40 g/亩	喷雾	7～14
病毒病	发病前或发病初期	8%宁南霉素或 5%氨基寡糖素	75 mL/亩～100 mL/亩或 86 mL/亩～107 mL/亩	喷雾	7
根腐病	发病前或发病初期	77%硫酸铜钙	500 倍～600 倍液	灌根	7
晚疫病	发病前或发病初期	50%嘧菌酯	40 g/亩～60 g/亩	喷雾	7
		50%烯酰吗啉	33 g/亩～44 g/亩	喷雾	3
		60%唑醚·代森联	40 g/亩～60 g/亩	喷雾,间隔 7 d 连续施药	7
细菌性斑点病	发病前或发病初期	3%春雷素·多黏菌	60 mL/亩～120 mL/亩	喷雾,间隔 7 d～14 d 再施药 1 次	5
早疫病	发病前或发病初期	30%碱式硫酸铜	110 mL/亩～150 mL/亩	喷雾	7～10
叶霉病	发病前和发病初期	6%春雷霉素	53 mL/亩～58 mL/亩	喷雾	4
烟粉虱	发生初期	95%矿物油	300 mL/亩～500 mL/亩	喷雾	5
	发生始盛期或产卵初期	40%螺虫乙酯	12 mL/亩～18 mL/亩	喷雾	5
白粉虱	发生初盛期	21%噻虫嗪	15 mL/亩～20 mL/亩	喷雾	5
蚜虫	发生初盛期	5%高氯·啶虫脒	35 mL/亩～40 mL/亩	喷雾	7
蓟马	发病前或发病初期	25%噻虫嗪	10 mL/亩～20 mL/亩	喷雾	7
注:农药使用以最新版本 NY/T 393 的规定为准。					

绿 色 食 品 生 产 操 作 规 程

LB/T 194—2021

东 北 地 区
绿色食品大葱生产操作规程

2021-09-26 发布　　2021-10-01 实施

中国绿色食品发展中心 发布

前　　言

本规程由中国绿色食品发展中心提出并归口。

本规程起草单位:内蒙古自治区绿色食品发展中心、内蒙古农牧业科学院、赤峰市农畜产品质量安全监督站、赤峰市农业技术推广中心、阿拉善盟农畜产品质量安全监督管理中心、巴林左旗农牧局、林西县农牧局、吉林省绿色食品办公室、辽宁省农产品加工流通促进中心、鄂尔多斯市农畜产品质量安全中心、黑龙江省绿色食品发展中心、中国绿色食品发展中心。

本规程主要起草人:李岩、包立高、梁艳荣、王向红、李艳丽、王冠、刘军、吴芳、李松林、李相奎、张金凤、吴秋艳、郝贵宾、杨政伟、赵杰、李钢、王宗英。

东北地区绿色食品大葱生产操作规程

1 范围

本规程规定了东北地区绿色食品大葱的产地环境、品种选择、土壤管理、田间管理、收获、生产废弃物处理、包装、运输储藏及生产档案管理。

本规程适用于内蒙古东部、辽宁、吉林、黑龙江绿色食品大葱的生产。

2 规范性引用文件

下列文件中的内容通过文中的规范性引用而构成本文件必不可少的条款。其中,注日期的引用文件,仅该日期对应的版本适用于本文件。不注日期的引用文件,其最新版本(包括所有的修改单)适用于本文件。

NY/T 391 绿色食品 产地环境质量

NY/T 393 绿色食品 农药使用准则

NY/T 394 绿色食品 肥料使用准则

NY/T 658 绿色食品 包装通用准则

NY/T 1056 绿色食品 储藏运输准则

3 产地环境

3.1 环境条件

应符合 NY/T 391 要求,选择生态环境良好、远离工矿区和公路铁路干线,产地周围 5 km、主导风向的上风向 20 km 之内无污染源的地区。

3.2 气候条件

年无霜期 100 d～125 d,≥10 ℃的年有效积温 2 300 ℃以上,年降水量 100 mm～400 mm。

3.3 土壤条件

宜选用土壤疏松、有机质丰富、地势平坦、排灌方便、理化性状和耕性良好并集中连片的土壤,有机质含量≥1％。

3.4 缓冲隔离带

应在绿色食品和常规生产区域之间设置有效的缓冲带或物理屏障,以防止绿色食品生产基地受到污染。若隔离带有种植的作物,应按照绿色食品标准要求种植,收获的产品为常规产品。缓冲隔离带应注意物种多样性和遗传多样性植物的布局。

4 品种选择

4.1 选择原则

选择适应当地土壤和气候条件,抗病性和抗逆性强、优质高产的品种。在品种选择上应充分考虑保护植物遗传多样性。保证基地的种植活动可控,避免影响周围生态环境和生物多样性。

4.2 品种选用

应选择经国家或省级审定推广、引种备案的品种,推荐品种如章丘大葱、铁杆 90 白,郑研寒葱等。

4.3 种子质量

种子纯度和净度≥98％,发芽率≥85％,含水量≤9.5％。

4.4 种子处理

采用温水浸种 25 min～30 min。

5 土壤管理

5.1 选地、整地

5.1.1 苗床选地

选择前茬作物非葱蒜类作物、土壤疏松、有机质丰富、地势平坦、灌溉方便的地块。

5.1.2 整地

5.1.2.1 育苗期整地

整地做床，浅耕细耙，做成床宽 1 m～1.2 m，床长 10 m～15 m 的苗床，播种前进行精细整地，耙地不宜过深，约 5 cm，同时耙地次数不宜多。经过播前精细整地的土地应当达到地平、土碎、墒好，地表无根茬、残膜等。

5.1.2.2 定植期整地

选择 3 年内未种植葱蒜类作物的耕地，上茬作物收获后，用深松机对土壤进行垂直深松作业，深度 25 cm～30 cm，要求不重不漏，作业深度均匀。

5.2 播种

5.2.1 播期

东北地区在 8 月上中旬进行育苗。

5.2.2 播种方法

5.2.2.1 散播方法

事先在畦内起出一层细土做覆土，畦内灌足水，在畦面上均匀播撒种子，覆土 0.5 cm～0.8 cm，播种后喷灌，保持土壤见干见湿。

5.2.2.2 条播方法

在畦内按 15 cm 左右的行距开深 0.5 cm～0.8 cm 的浅沟，种子播在沟内，搂平畦面，踩实。

5.2.3 播种密度

秋播育苗用种量为 1.5 kg/亩～2 kg/亩，每亩苗床葱苗定植 8 亩～10 亩。

6 田间管理

6.1 定植

定植时间为 5 月下旬至 6 月上旬，定植密度为行距 75 cm～80 cm，株距 6 cm～7 cm，每亩保苗约 1.3 万株，定植沟深 30 cm。

6.1.1 起苗分级

起苗移栽前，若育苗畦较为干旱，应先浇一次透水，保证起苗时保留完整根系，减少根系损伤，抖净泥土，剔除病、弱、伤残幼苗和有薹苗。

6.1.2 定植方法

大葱定植有排葱和插葱 2 种方法。排葱法是沿沟壁较陡的一侧按株距摆放葱苗，葱根稍压入沟底松土内，再用工具从沟的另一侧取土，埋在葱秧外分杈处，用脚踏实，再顺沟浇水。插葱法是用直径为 1.5 cm 左右的圆铁钎及圆木棍打浅洞，尽量与地面垂直，把葱苗插入，微微向上提起，使根须下展，保持葱苗挺直。另外插葱时，葱叶的分杈方向要与沟向平行，减少伤叶现象，便于田间管理。大葱苗的栽植深度，要掌握上齐下不齐的原则，培土深度不能超过葱苗心叶处。

6.1.3 培土

培土时间应在8月中旬开始,结合中耕除草,共培土3次～4次,每次培土深度不能超过葱心叶处。

6.2 灌溉

6.2.1 入冬前苗期灌溉

苗期浇水3次～4次,保持土壤见湿见干,土壤封冻前浇1次越冬水。在浇越冬水后,可在育苗畦面薄薄的撒上一层细羊粪、土杂肥、或草木灰,厚1 cm～2 cm。

6.2.2 春季苗期灌溉

返青水不宜浇的过早,以免降低地温。当第二年春季日平均气温达到13 ℃以上时,浇返青水。葱苗进入旺盛生长期后,生长速率明显加快,要增加浇水次数,保持土壤见干见湿。

6.2.3 定植期灌溉

缓苗期不宜浇水,并注意排水。缓苗后结合施肥浇水,保持土壤水分。作好灌溉记录,作到灌溉量可追踪。

6.3 施肥

6.3.1 施肥原则

肥料使用应符合NY/T 394的要求,并结合测土配方施肥。以腐熟农家肥、有机肥、微生物肥为主,化学肥料为辅,且应在保障植物对营养元素需求的基础上减少化肥用量,无机氮素用量不得高于当季作物需求量的一半。

6.3.2 施肥

6.3.2.1 育苗期施肥

苗期施肥:苗床施入优质农家肥4 000 kg/亩,每平方米苗床硫酸钾25 g(17 kg/亩),施磷酸二铵15 g(10 kg/亩);

返青期施肥:结合浇返青水,冲施腐熟的有机肥料300 kg/亩～500 kg/亩;

定植前期施肥:至5月中旬葱苗进入旺盛生长中期,施入硫酸钾10 kg/亩。

6.3.2.2 定植后期施肥

立秋以后,追施优质农家肥2 000 kg/亩,撒施在垄背上,同时追施尿素10 kg/亩;处暑后追施尿素10 kg/亩,硫酸钾20 kg/亩。

6.4 病虫草害防治

6.4.1 防治原则

加强病虫害的预测预报工作,及时掌握病虫害的发生情况。以预防为主,选择抗逆性强、优质高产的品种,通过加强栽培管理、轮作倒茬等方法预防病虫草害发生。

6.4.2 常见病虫草害

大葱常见病虫草害有紫斑病、霜霉病、斑潜蝇、甜菜夜蛾、棉铃虫、杂草、蓟马等。

6.4.3 防治措施

6.4.3.1 农业防治

因地制宜选用抗病虫品种,轮作倒茬。大葱栽培过程合理密植,通风透光,加强水肥管理,培育壮苗。定植期控水控肥以达到植株健壮的目标。大葱收获后通过深翻灌溉,破坏害虫繁殖场所。对感染病虫害的秸秆集中进行无害处理,减少病虫害繁殖基数。

6.4.3.2 物理防治

利用害虫的趋光性诱杀,用频振式诱虫灯诱杀葱夜蛾科害虫。田间可悬挂黄板防治斑潜蝇,蓝板防治葱蓟马。

6.4.3.3 生物防治

施用苏云金杆菌病原微生物，苦参碱植物源农药，可防治多种害虫，具体防治措施参见附录A。

6.4.3.4 化学防治

应根据当地病虫草害发生情况，在病虫草害药物敏感期以及作物特定生长期用药，以达到药效最大化，农药品种的选择和使用应符合 NY/T 393 的要求。具体化学防治措施参见附录A。

7 收获

7.1 采收

大葱的采收，一般在9月中下旬可根据市场需求随时收获供应鲜葱；根据市场需求进行采后，整理上市。对于冬储大葱，为了增加其产量减少储存损耗，收获时间尽可能延后，收获期一般在立冬前后。

7.2 储藏

如需储存，收获后打成捆，置于0 ℃左右的储藏库低温冷藏储存。

8 生产废弃物的处理

及时收集生产废弃物进行销毁，保证种植区域无农药袋、无塑料瓶、无报废器械、零件等垃圾。

9 包装

包装符合 NY/T 658 的要求，对绿色食品大葱进行包装销售。

10 运输储藏

应符合 NY/T 1056 的要求，采收及运输严格按要求操作。

11 生产档案管理

生产者须建立东北地区绿色食品大葱生产管理档案，生产管理档案应明确记录种植、管理、收获、储存等各个环节内容，包括产地环境条件、生产技术、田间农事操作、投入品管理、病虫草害的发生时期、程度及防治方法，采收及采后处理、后期管理记录等情况。生产管理档案至少保存3年，做到产品可追溯。

附　录　A
(资料性附录)
东北地区绿色食品大葱生产主要病虫草害防治方案

东北地区绿色食品大葱生产主要病虫草害防治方案见表 A.1。

表 A.1　东北地区绿色食品大葱生产主要病虫草害防治方案

防治对象	防治时期	农药名称	使用剂量	施药方法	安全间隔期,d
甜菜夜蛾	低龄幼虫发生期	8 000 IU/mg 苏云金杆菌可湿性粉剂	150 g/亩～200 g/亩	喷雾	—
	发生初期	0.5%苦参碱水剂	80 mL/亩～90 mL/亩	喷雾	—
	苗期、移栽后害虫发生初期	5%甲氨基阿维菌素苯甲酸盐微乳剂	2 mL/亩～3 mL/亩	喷雾	3
一年生禾本科杂草	大葱播种后出苗后禾本科杂草 3 叶～5 叶期	10%精喹禾灵乳油	30 mL/亩～40 mL/亩	茎叶喷雾	每季作物最多使用 1 次
斑潜蝇	害虫发生初期	80%灭蝇胺可湿性粉剂	13 g/亩～18 g/亩	喷雾	14
霜霉病	苗期、移栽后害虫发生初期	50%烯酰吗啉可湿性粉剂	30 g/亩～50 g/亩	喷雾	—
注:农药使用以最新版本 NY/T 393 规定为准。					

绿 色 食 品 生 产 操 作 规 程

LB/T 195—2021

西 北 地 区
绿色食品大葱生产操作规程

2021-09-26 发布　　2021-10-01 实施

中国绿色食品发展中心　发布

前　言

本规程由中国绿色食品发展中心提出并归口。

本规程起草单位:陕西省农产品质量安全中心、乾县农产品质量安全检验检测站、乾县农业科技中心、中国绿色食品发展中心、山西省农产品质量安全中心、内蒙古自治区绿色食品发展中心、甘肃省绿色食品办公室、青海省绿色食品办公室、宁夏回族自治区农产品质量安全中心、新疆维吾尔自治区农产品质量安全中心。

本规程主要起草人:王璋、林静雅、王芳、张富和、张爱玲、梁军青、陈妮、王兆文、余志国、王珏、王转丽、马雪、何婧娜、郝志勇、郝贵宾、程红兵、史炳玲、郭鹏、岳一兵。

西北地区绿色食品大葱生产操作规程

1 范围

本规程规定了西北地区绿色食品大葱生产的产地环境、品种选择、育苗整地、播种、苗期管理、定植移栽、定植后管理、病虫害防治、收获包装、储藏运输、生产废弃物处理及生产档案管理。

本规程适用于山西、内蒙古西部、陕西、甘肃、青海、宁夏、新疆等地区的绿色食品大葱生产。

2 规范性引用文件

下列文件对于本文件的应用是必不可少的。凡是注日期的引用文件，仅注日期的版本适用于本文件。凡是不注日期的引用文件，其最新版本(包括所有的修改单)适用于本文件。

GB/T 16715.5　瓜菜作物种子　叶菜类

NY/T 391　绿色食品　产地环境质量

NY/T 393　绿色食品　农药使用准则

NY/T 394　绿色食品　肥料使用准则

NY/T 658　绿色食品　包装通用准则

NY/T 744　绿色食品　葱蒜类蔬菜

NY/T 1056　绿色食品　储藏运输准则

3 产地环境

产地选择在无污染和生态条件良好的地区，大气、灌溉水、土壤的质量应符合 NY/T 391 的要求。空气环境和灌溉水质良好、避风向阳、光照条件好、排灌方便、土层深厚、肥力较高的沙壤土或壤土；基地应远离工矿区和公路、铁路干线，避开工业和城市污染源；最好是与禾本科作物、豆科作物轮作 2 年以上的田块，忌选 3 年内种过葱蒜韭类的田块。

4 品种选择

4.1 选择原则

应符合 GB/T 16715.5 的要求。选用适宜当地生态气候特点，抗病抗逆性强、优质丰产、商品率高、适合市场需求的品种。

4.2 品种选用

可选用家禄 3 号、家禄 2 号、赤水孤葱、章丘大葱、伟葱 6 号、银川大头葱和日本钢葱品种。

4.3 种子处理

可用清水除去秕子和杂质，将种子清洗干净并晾干表皮后待播。

5 育苗整地

苗床应土质疏松，排灌方便；整地基肥每亩施用优质腐熟的农家肥 5 000 kg 左右，或者商品有机肥 250 kg 以上，将肥料均匀撒施后耕翻 20 cm～30 cm，耧平耙细，作畦，畦面宽 1.2 m～1.5 m，畦埂宽 25 cm～30 cm，畦长根据地形和平整度决定，以灌溉水能均匀分布为准。

6 播种

6.1 播种时间

分春播和秋播，以秋播为主。春播在 3 月上旬，秋播适播期为 9 月下旬到 10 月上旬。

6.2 播种方法

有撒播法和条播法两种。撒播法：平畦内先浇透底水，然后均匀撒种，再用过筛细土全畦覆盖，覆土厚度 1 cm 左右。条播法：畦内按 10 cm 左右的行距机械播种或者人工开沟播种，人工开沟播种后及时覆土，播种深度 2 cm～3 cm，亩播量 1.5 kg～2 kg。墒情欠缺时镇压提墒。如播种后墒情不足，要随即浇透水。秋播育苗，在胚芽顶土出苗期，要采取保墒或浇水措施，保持地表湿润不板结，以便幼苗顺利出土。春播发芽出苗期间，覆盖地膜保墒增温，当出苗后要及时撤除地膜。

7 苗期管理

7.1 越冬苗期管理

出苗后根据土壤墒情及时进行喷灌或浇灌，冬前生长期间浇水 1 次即可，同时要中耕除草 1 次～2 次，使幼苗生长健壮。在土壤结冻前要灌足冬水。越冬幼苗以葱苗长到 2 叶 1 心为宜。

7.2 春季苗田管理

翌年春季日平均气温 13 ℃时浇返青水，浇返青水后，要中耕、间苗、除草。然后蹲苗 10 d～15 d，使幼苗生长粗壮。间苗保持株距 5 cm～6 cm，每亩留苗 11 万株～13 万株。蹲苗后结合灌水每亩每次施入尿素 5 kg～10 kg，促苗健壮生长。

7.3 起苗分级

育苗田幼苗高 30 cm，有 6 片叶，茎粗 1 cm 以上时，锻炼幼苗，准备移栽。起苗前 1 d～2 d 浇水 1 次。起苗后应剔除病、弱、伤残苗、分蘖苗和薹苗，按照大小分批定植。

8 定植移栽

8.1 定植期

大葱定植时间为 6 月中旬至 7 月上旬。

8.2 开沟

定植大田不进行翻耕，直接进行人工或机械开沟。开沟方向应根据地块形状和当地冬季主风向确定，便于耕作，避免冬季强风造成大葱倒伏。沟槽切面要整齐、垂直，便于移栽。沟槽间距 60 cm，沟宽 25 cm，沟深 30 cm。

8.3 定植移栽

8.3.1 定植密度

株距 3 cm 左右，亩株数 2 万株～3 万株。

8.3.2 定植移栽

大葱移栽采用排葱的方法。沿着沟西侧按规定株距摆葱苗。大苗略稀，小苗略密，随运随栽，缩短缓苗期。将葱苗根部摁入沟底松土内，从沟的另一侧取土，在葱根系上覆土 3 cm～4 cm，踩实后浇缓苗水。

9 定植后管理

9.1 缓苗越夏期管理

大葱缓苗期正是炎热多雨高温季节，更新根系，生长缓慢，要注意雨后排水，遇旱浇水。

9.2 发棵期管理

9.2.1 缓苗后管理

7 月中下旬，大葱缓苗后每亩沟施生物有机肥 40 kg，氮磷钾复合肥（15－15－15）40 kg，混合施入，覆土灌水，肥料应符合 NY/T 394 的要求。

9.2.2 施肥浇水

从 8 月上旬开始，每隔 20 d 左右追施 1 次氮磷钾复合肥（15－15－15），共追施 3 次。第 1 次各施入

50 kg,覆土浇水,第 2 次各施入 40 kg,覆土平沟,第 3 次各施入 30 kg,施于葱行两侧,中耕浇水。最后一次追肥距大葱收获间隔期应在 30 d 以上。每次追肥后要及时浇水,一般每 7 d 浇 1 次,保持整个发棵期土壤湿润。收获前 10 d～15 d 停止浇水。

9.2.3 培土

大葱进入旺盛生长期后,随着叶鞘加长,应及时通过行间中耕培土,将垄土壅入葱沟内,到 8 月下旬平沟。以后还要分次培土,使原来的垄脊成沟,葱沟成脊。从 8 月上旬到收获,每半月培土 1 次,共培土 4 次。培土时要注意拍实葱垄两肩的土,防止雨冲或浇水后引起溃落,培土应在土壤水分适宜时进行。要露出心叶,勿损伤叶片。大葱培土分为人工培土和机械培土。平沟以前为人工培土,后期可机械培土。

9.3 假茎充实期的田间水分管理

10 月中旬至 11 月上中旬,要保持地面见干见湿,土壤水分适中。

10 病虫害防治

10.1 防治原则

贯彻预防为主、综合防治的原则,以农业防治、物理防治和生物防治为主,严格控制化学农药的使用。

10.2 主要病虫害

大葱主要病虫害有霜霉病、斑潜蝇、蓟马、种蝇、甜菜夜蛾等。

10.3 农业防治

应选用适宜当地生态气候特点,抗病抗逆性强的大葱良种;育苗田块和定植移栽田忌选 3 年内种过葱蒜韭类的土壤;及时清洁田园,清除残株枯叶集中高温发酵;通过人工除草以防治草害。

10.4 物理防治

挂设蓝色诱虫板诱杀蓟马,每亩挂 15 块;用频振式杀虫灯诱杀多种害虫成虫;用糖醋液(红糖∶醋∶酒∶水＝1∶4∶1∶15)诱杀种蝇。

10.5 生物防治

10.5.1 保护生物天敌

保护利用瓢虫、草蛉、小花蝽、捕食螨等天敌控制害虫。

10.5.2 使用生物药剂

用甲氨基阿维菌素苯甲酸盐防治甜菜夜蛾。

10.6 化学防治

农药使用应符合 NY/T 393 的要求。具体病虫害化学防治参见附录 A。

11 收获包装

11.1 收获

产品质量应符合 NY/T 744 的要求。根据市场需求,大葱 9 月～10 月可以收获上市销售,但此时大葱含水量较多,不能久储。冬储大葱要在晚霜以后收获。注意收获时遇到霜冻大葱叶片会挺直脆硬,收获时应避开早晨的霜冻,待日间气温上升,葱叶解冻后再收获。收获可采用机械或人工方式,晴天为宜。人工收获时,用圆头铁锹将葱垄一侧的土壤挖松,露出葱白,用双手连根拔起,切忌猛拔猛拉。抖净须根系上附着的泥土,除去枯叶。秋季收获鲜葱上市,多为假茎和嫩叶兼用,大葱整理的要求是无残叶、无枯叶。越冬的大葱采收后,应在原地成排摊放晾晒 2 d～3 d,待叶片柔软、须根和葱白表层近半干时打捆。

11.2 包装

包装应符合 NY/T 658 要求。大葱采收后按大、中、小分级,打捆包装,每捆 7 kg～10 kg。

12 储藏运输

12.1 储藏

大葱储藏应符合 NY/T 1056 的要求。选择阴凉通风宽敞的场地，不与有毒、有害、有异味、有污染的物品以及非绿色食品混放，配备避光、防雨设施。储放时，将打捆好的葱根朝下，叶片向上捋顺，斜放，行间留出 30 cm～50 cm 走道，便于通风散热和倒行，5 d～6 d 后翻倒 1 次。温度控制在－1 ℃～0 ℃，空气相对湿度控制为 80%，切忌温度忽高忽低，冻融反复。

12.2 运输

应符合 NY/T 1056 的要求。运输工具要清洁、干燥，有防雨设施，车厢箱底和四周要有垫层，运输过程中禁止与有毒、有害、易污染环境的物品以及非绿色食品混装混运，防止污染。

13 生产废弃物处理

生产过程中，农膜及农药、种子、肥料等包装袋(罐)应进行无害化处理。植株残体采用堆沤法处理。大葱采收后，将植株残体集中堆放到向阳、平整、略高出地面处，摞成 50 cm～60 cm 高，覆土并用棚膜覆盖，四周压实进行高温发酵堆沤，以杀灭残体携带的病虫。根据天气决定堆沤时间，晴好高温天多，堆沤 10 d～20 d；阴雨天多，则需适当延长。发酵后可作有机肥还田利用，减少对环境的危害。

14 生产档案管理

应建立质量追溯体系，健全生产记录档案，记录保存期限不得少于 3 年。

附　录　A
（资料性附录）
西北地区绿色食品大葱生产主要病虫害防治方案

西北地区绿色食品大葱生产主要病虫害防治方案见表 A.1。

表 A.1　西北地区绿色食品大葱生产主要病虫害防治方案

防治对象	防治时期	农药名称	使用剂量	施药方法	安全间隔期，d
霜霉病	发病初期	50%烯酰吗啉可湿性粉剂	30 g/亩～50 g/亩	喷雾	—
斑潜蝇	危害初期	80%灭蝇胺可湿性粉剂	13 g/亩～18 g/亩	喷雾	14
蓟马	危害初期	2%噻虫嗪颗粒剂	1 200 g/亩～1 800 g/亩	沟施	—
	危害初期	70%啶虫脒水分散粒剂	2.8 g/亩～4.2 g/亩	喷雾	—
甜菜夜蛾	危害初期	15%茚虫威悬浮剂	15 g/亩～20 g/亩	喷雾	—
	危害初期	1%甲氨基阿维菌素苯甲酸盐微乳剂	10 mL/亩～15 mL/亩	喷雾	—
注：农药使用以最新版本 NY/T 393 的规定为准。					

绿 色 食 品 生 产 操 作 规 程

LB/T 196—2021

黄淮海地区
绿色食品大葱生产操作规程

2021-09-26 发布　　2021-10-01 实施

中国绿色食品发展中心　发布

前　言

本规程由中国绿色食品发展中心提出并归口。

本规程起草单位：山东省农业科学院农业质量标准与检测技术研究所、青岛市农业农村局、山东诺尔种苗有限公司、山东省绿色食品办公室、中国绿色食品发展中心、山东省汶上县农业广播电视学校、江苏沃华农业科技股份有限公司、天津市农业发展服务中心、安徽省阜阳市菜篮子工程办公室、河南省荥阳市市场监督管理局、河北省隆尧县农业农村局。

本规程主要起草人：张丙春、刘宾、姜国栋、王晓文、沈志河、刘学锋、马雪、张红、刘凯、郑爱军、马舒筠、王文娟、任显凤、孙晨曦、王文正、杜红霞、李现国。

黄淮海地区绿色食品大葱生产操作规程

1 范围

本规程规定了黄淮海地区绿色食品大葱生产的一般要求、育苗、定植、田间管理、病虫草害防治、收获、包装与标识、储藏与运输、生产废弃物处理及生产档案管理的要求。

本规程适用于北京、天津、河北、江苏、安徽、山东、河南等黄淮海地区的绿色食品大葱生产。

2 规范性引用文件

下列文件中的内容通过文中的规范性引用而构成本文件必不可少的条款。其中，注日期的引用文件，仅该日期对应的版本适用于本文件；不注日期的引用文件，其最新版本（包括所有的修改单）适用于本文件。

GB/T 191　包装储运图示标志

NY/T 391　绿色食品　产地环境质量

NY/T 393　绿色食品　农药使用准则

NY/T 658　绿色食品　包装通用准则

NY/T 1056　绿色食品　储藏运输准则

NY/T 2118　蔬菜育苗基质

NY/T 2119　蔬菜穴盘育苗　通则

NY/T 2442　蔬菜集约化育苗场建设标准

3 一般要求

3.1 产地环境

应无污染、生态条件良好。选择地势平整、排灌方便、保水保肥性能好，土层厚度≥30 cm、有机质含量≥1.5%、近3年未种植过葱蒜类作物的中性壤土做生产基地。若无法避开葱蒜类种植地块，宜使用土壤调理剂处理。大气、灌溉水和土壤质量应符合NY/T 391的要求。每年大葱生长期对灌溉水质进行不定期抽检。

3.2 品种选择

选择适合当地种植，符合用途要求，且通过国家登记的抗病抗逆性强、优质丰产的大葱品种。

3.3 种子质量

优先选用经植物检疫机构认定的当年新种子。播种前用筛子、选种机等人工或机械办法粒选。种子纯度≥95%，净度≥98%，发芽率≥85%，水分≤10%。

4 育苗

4.1 集约化育苗

4.1.1　育苗棚应符合NY/T 2442的要求，育苗基质应符合NY/T 2118的要求，育苗基地设施消毒和基质处理等应符合NY/T 2119和NY/T 393的要求。葱苗生长期50 d～60 d，可四季育苗。

4.1.2　苗床旋耕1次～2次后，充分粉碎床土整平作畦。结合整地，亩施腐熟有机肥40 kg、微生物菌有机肥80 kg、磷肥15 kg，然后在苗床上平铺尼龙纱网。

4.1.3　根据大葱品种选择适宜孔径的育苗盘，宜与精量播种机、移栽机等机械配套。将预湿至含水量约40%的育苗基质装满苗盘孔穴，表面平整格室清晰可见。

4.1.4 种子处理见4.2.2，苗盘压穴后播种，播种深度0.5 cm～1.0 cm。播后覆盖基质，保持格室清晰可见。在苗棚内紧密摆放育苗盘，苗盘不悬空，种子不外露。然后，苗盘喷透水至底部有水渗出。

4.1.5 覆盖薄膜，保持适宜温湿度催芽，70%种子顶土时及时撤膜。播种至出苗温度保持20 ℃～25 ℃，1叶期～4叶期18 ℃～23 ℃，4叶期后15 ℃～25 ℃。

4.1.6 出苗后逐渐增加光照时间。夏季育苗采用调控湿帘、前抽风机、内循环风机及遮阳网等降温措施；冬季育苗采用加温、覆盖棉被、室内多层覆盖等保温措施。

4.1.7 宜采用自动喷淋装置小水勤浇。出苗前应不见明水指压出水；出苗后1叶期～3叶期基质湿度应手握成团落地即散，基质含水量保持60%～70%。前期高湿、后期低湿，高温忌高湿。4叶期后2 d～3 d补水1次，定植前7 d内不浇水。

4.1.8 1叶期随喷灌追加1次生物肥，亩施20 kg；然后7 d追施1次。或用全溶性氮磷钾复混肥(20-10-20和20-20-20)按1 000倍～1 500倍水溶液交替喷施，每7 d喷1次。宜晴天上午喷施。

4.1.9 苗高20 cm～25 cm时，可留苗15 cm～20 cm剪割促根促壮。剪苗后，每亩喷施30 g～50 g 50%烯酰吗啉可湿性粉剂预防霜霉病。及时人工拔除幼苗期杂草，避免伤害葱苗根系。

4.2 常规育苗

4.2.1 选用地势平坦、排灌方便，土质肥沃、近3年未种过葱蒜类蔬菜的壤土或沙壤土做育苗床。根据土壤肥力，结合整地亩施腐熟有机肥3 000 kg～7 000 kg、微生物菌肥20 kg～80 kg、磷肥10 kg、钾肥5 kg，翻入20 cm土层。浅耕细耙，轻压畦面整平作畦，畦宽1.0 m～1.2 m。

4.2.2 日光晒种0.5 d～1 d。用50 ℃～55 ℃温水浸种20 min～30 min后，用清水浸泡4 h～6 h；或在清水中浸泡4 h～6 h后，用0.2%高锰酸钾溶液浸种20 min～30 min。除去秕粒和杂质，捞出洗净晾干表面水分后播种。

4.2.3 露地秋播为主，也可春播和夏播。3月～4月中旬春播；5月～6月上旬夏播；6月下旬～7月上中旬秋播第一茬；9月～10月中旬秋播第二茬。

4.2.4 撒播或条播。撒播：浇足底水，渗水后将种子拌细干土均匀撒播于苗床，覆0.5 cm～1.0 cm细干土。播种后可覆盖地膜或草帘保温保湿。每亩用种1.5 kg～2 kg。条播：平畦按20 cm行距开沟，沟宽15 cm、沟深3 cm～5 cm。顺沟浇水，水渗下撒种，然后覆土0.8 cm～1.0 cm。播后若天气炎热应覆盖一层碎草或秫秸。每亩用种2 kg～4 kg。

4.2.5 70%幼苗出土后及时撤除地膜或覆盖物。子叶出土伸直后，第1次浇水。

4.2.6 春播、夏播和秋播第一茬育苗时：苗出齐后，保持土壤湿润，结合浇水亩施硫酸铵10 kg；及时中耕间苗除草，拔除弱密苗，定植前10 d～15 d停止浇水。

4.2.7 秋播越冬第2茬育苗时：苗出齐后，保持土壤见干见湿，适当控水控肥；苗高8 cm～10 cm、苗鳞茎基部约0.3 cm、2叶1心时越冬；封冻前浇封冻水并覆盖细碎性畜粪或干草。次年春季日均气温13 ℃时及时浇返青水，每亩冲施腐熟有机肥300 kg～500 kg或尿素5 kg；及时中耕间苗除草，拔除弱密苗，苗距1 cm～3 cm；幼苗生长旺期增加浇水次数，保持土壤见干见湿；5月中旬生长中期，亩施硫酸铵10 kg；定植前10 d～15 d停止浇水。

4.3 葱苗质量

4.3.1 壮苗应无分蘖、叶色浓绿、根须白密、无病虫害。苗高25 cm～40 cm，4片～8片叶，茎粗0.7 cm～1.5 cm。

4.3.2 葱苗分级：大苗：苗高≥35 cm、茎粗≥1.0 cm、6片叶以上；中苗：苗高30 cm～35 cm、茎粗0.8 cm～1.0 cm、5片～6片叶；小苗：苗高25 cm～30 cm、茎粗≤0.8 cm、4片～5片叶。

5 定植

5.1 整地前，根据土壤肥力一次性施足基肥，每亩均匀撒施腐熟有机肥 4 000 kg～5 000 kg、氮肥 3 kg～5 kg、磷钾肥 10 kg～20 kg，可均匀混入适量生物菌肥；或开沟后施入沟底，按 50 cm～100 cm 行距开沟，沟深 20 cm～40 cm、沟宽 20 cm，沟的一侧宜上下垂直；刨松沟底，肥土混合均匀。定植前清理田间、整地深耕细耙、南北畦向耙平作畦。

5.2 适时定植，选择晴天下午移栽。

5.3 机械化定植集约化育苗的葱苗时，按品种特性设置行距和株距，葱苗直立度和定植深度标准化，无缓苗期。

5.4 常规育苗起苗前 2 d～3 d，育苗畦浇小水。起苗时将葱苗连根铲起，剔除病弱残苗和抽薹苗，按大、中、小苗分开定植。

5.5 起苗时边起边运，随运随栽，避免葱苗长时间堆放或曝晒。当天未定植葱苗置于阴凉处。

5.6 根据品种特性，定植株距 2.5 cm～6 cm。人工定植时，按定植株距沿较陡沟壁摆放葱苗，葱苗分叉方向与沟平行，用下端带叉的小木棍压住葱根基部垂直下插入土，从沟另一侧取土埋至葱苗心叶距沟面 7 cm～10 cm(短葱白品种定植时，摆苗后葱根稍压入土，取土埋至葱苗分叉处)，踏实后顺沟浇水。或沟底浇透水湿栽，渗水后排好葱苗，覆土至葱叶分叉处。

5.7 根据品种特性合理密植，大苗宜稀，小苗宜密。每亩定植 1.5 万株～2.7 万株。

6 田间管理

6.1 常规定植后缓苗 10 d～15 d，缓苗期浅中耕多松土，不施肥不浇水，雨后及时排水忌积水。自动化定植蹲苗 10 d～15 d，蹲苗期不浇水。

6.2 缓苗后，气温高时早晚轻浇水；根据土壤肥力及大葱长势，10 d～15 d 施提苗肥，亩施 10 kg～15 kg复合肥，或施腐熟沼液 150 kg。长势较弱时增加施肥次数，施于沟脊锄于沟内，划锄后浇水。

6.3 葱白成型后，土壤水分适宜时，结合中耕除草适时第 1 次培土，一般为定植后 50 d～60 d。覆盖湿润土至葱叶分叉处，不埋没心叶，宜浅宜松，培至葱沟一半。每亩可用 30%噻虫嗪悬浮剂 500 g～1 000 g 灌根，并用 30 kg～40 kg 复合肥和 100 kg 微生物菌肥均匀撒施沟脊，禁止集中撒施葱沟。

6.4 机械或人工方式适时培土，宜在下午叶片柔软时进行。依品种不同，每次培土 3 cm～10 cm，培土 3 次～4 次。结合第 2、3 次培土防治菌核病和细菌性软腐病，培土前每亩用中生菌素 100 g 喷施大葱颈部。培土时拍实，取土宽度不超过行距 1/3。第 2 次培土宜浅宜松填平定植沟；第 3、4 次培土宜深宜实分别培出低垄和高垄。短白品种培土高度约 20 cm，长白品种培土高度 30 cm～40 cm。

6.5 定植后约 80 d 生长旺盛期，每半月分别亩施有机肥 100 kg、80 kg、50 kg；或分 2 次～3 次每亩追施氮磷钾三元复合肥 50 kg；或分别追施尿素、硫酸钾和过磷酸钙各 10 kg～15 kg；施于葱行两侧，中耕培土浇水。越夏大葱在夏季高温高湿天气下，应减少追肥次数及施肥量，尤其减少氮肥施用量。

6.6 结合追肥培土逐渐增加浇水次数和水量，高温多雨季注意清沟排水，保持土壤湿润。生长后期浅中耕少浇水，见干见湿；收获前 7 d～10 d 不浇水，收获前 20 d 内不追肥。

7 病虫草害防治

7.1 主要病虫草害

主要病害有霜霉病、锈病、紫斑病、黑斑病、软腐病、灰霉病、疫病、菌核病和病毒病等；主要虫害有葱蓟马、根蛆、甜菜夜蛾、斑潜蝇、赤眼蕈蚊(黑头蛆)等。

7.2 防治原则

预防为主,综合防治。农业防治、物理防治和生物防治为主,化学防治为辅。

7.3 农业防治

采用轮作倒茬、选用抗病品种、培育无病虫害苗、使用无害化处理有机肥、清洁田园等措施。

7.4 物理防治

7.4.1 糖、醋、酒、水、茚虫威按 3∶3∶1∶10∶0.5 的比例混成溶液,盛装于直径 20 cm～30 cm 的盆中置于田间诱杀葱蝇等,每亩放 3 盆,随时添加溶液保持不干。

7.4.2 在大葱植株上方 5 cm～10 cm 处,每亩悬挂 30 片～40 片黄板(30 cm×20 cm)诱杀蚜虫和潜叶蝇等;悬挂 20 块～25 块蓝板(30 cm×20 cm)诱杀蓟马等。

7.4.3 每 15 亩～30 亩,离地高 1.2 m～1.5 m 处悬挂 1 盏电子杀虫灯诱杀甜菜夜蛾、地老虎、蝼蛄等;或安装甜菜夜蛾等害虫专用诱捕器。

7.5 生物防治

7.5.1 保护和利用天敌昆虫防治害虫。

7.5.2 利用多杀霉素等微生物来源农药和生物菌防治潜叶蝇、蓟马、甜菜夜蛾等害虫。

7.5.3 每亩用 0.5%苦参碱水剂 80 mL～90 mL、或 16 000 IU/mg 苏云金杆菌可湿性粉剂 75 g～100 g,兑水 30 kg～40 kg 交替喷雾防治低龄幼虫期甜菜夜蛾,每 7 d～10 d 喷施 1 次,连续喷施 2 次～3 次。不宜与化学农药混用。

7.6 化学防治

适期并交替用药,病虫害混发时混合用药;大葱生长期内每种化学农药仅用 1 次,严格控制施药适期、安全间隔期和施药次数,收获前 30 d 停止用药。具有较厚蜡粉层的品种,药剂防治时应添加有机硅等延展剂增强附着性。施药时避免伤害有益生物。病虫害推荐农药使用方案见附录 A。

8 收获

8.1 依品种特性,葱茎 2 cm～5 cm 时选择晴天适时收获。冬储大葱封冻前收获。

8.2 大面积葱田宜机械收获人工捡拾;小面积葱田人工收获,挖空葱垄一侧露出葱白,轻轻拔起抖落泥土。收获时避免断伤葱白、茎盘和根。去除枯叶老叶,无腐烂变质、无机械伤、无松软葱白和汁液外溢。

8.3 收获后就地晾晒半日,严防暴晒、雨淋、冻害及有毒物质污染。晾晒后就地修整,保留中间 4 片～5 片完好叶片,长葱白品种可切叶、切根须。

9 包装与标识

9.1 按品种和规格分别包装,捆扎或箱装,按单株重≥200 g、100 g～200 g、≤100 g 分级。包装器具应洁净、干燥、无污染。包装应符合 NY/T 658 的要求,包装图示标志应符合 GB/T 191 的要求,并印有包装回收标志。

9.2 每批次产品包装规格和质量一致。定量包装标识应包括产品名称、生产者名称、产品标准、等级、净含量、产地、包装日期等。

10 储藏与运输

10.1 阴凉通风、清洁卫生的条件下,按品种规格分别储藏,严防日晒、雨淋、霜冻、病虫害,机械伤和有毒物质污染。

10.2 适宜冷藏温度 0 ℃～4 ℃,冻藏温度－3 ℃～0 ℃,空气相对湿度 75%～85%。不得与有毒有害、有异味的物品混合储藏。应符合 NY/T 1056 的要求。

10.3 运输时轻装轻卸严防机械损伤，运输中防冻、防晒、防雨淋并通风换气。运输散装大葱时，运输器具加铺垫物。运输车辆、器具、铺垫物等清洁、干燥、无污染，不得与非绿色食品大葱及其他有毒有害物品混装混运。

11 生产废弃物处理

11.1 收获后，及时将植株残体带出田间集中处理。可沤制腐熟为有机肥或用作牛羊饲料。

11.2 定植和收获时，将病株病叶带出田间集中处理。严禁乱丢或沤肥。

11.3 农药空包装不得重复使用，应清洗3次以上，清洗后压坏或刺破，必要时贴标签回收。施药时剩余药液和残留洗液，按规定处理。废弃地膜、农药和肥料包装统一回收交由专业公司处理。

12 生产档案管理

12.1 应建立档案管理和记录制度，对地块、育苗、整地施肥、播种、定植、灌溉、追肥、病虫草害防治、收获、储藏、废弃物处理等环节详细记录。记录内容真实，确保各环节有效追溯。

12.2 保存生产档案。对各项文件有效管理，确保各项文件均为有效版本。各项记录均应由记录和审核人员复核签名。保存3年以上。

附 录 A
(资料性附录)
黄淮海地区绿色食品大葱生产主要病虫草害防治方案

黄淮海地区绿色食品大葱生产主要病虫草害防治方案见表 A.1。

表 A.1　黄淮海地区绿色食品大葱生产主要病虫草害防治方案

防治对象	防治时期	农药名称	使用剂量	施药方法	安全间隔期,d
紫斑病	发病初期	2%武夷菌素水剂	100 倍液	喷雾	2
霜霉病	发病期	50%烯酰吗啉可湿性粉剂	30 g/亩～50 g/亩	喷雾	7
	发病初期				
锈病	发病期	50%硫悬浮剂	200 倍～300 倍液	喷雾	7
软腐病	发病初期	3%中生菌素可湿性粉剂	500 倍液	喷雾	3
	葱苗发病期	20%噻唑锌悬浮剂	125 mL/亩～150 mL/亩	喷雾	7
灰霉病	发病初期	2%武夷菌素水剂	100 倍液	喷雾	2
病毒病	发病期	2%宁南霉素水剂	500 倍液	喷雾	8
根蛆	发病期	1.3 苦参碱可溶性粉剂	1 000 倍液	灌根	7
葱斑潜蝇	发病期	80%灭蝇胺可湿性粉剂	13 g/亩～18 g/亩	喷雾	14
		70%灭蝇胺可湿性粉剂	15 g/亩～21 g/亩	喷雾	14
		50%灭蝇胺可湿性粉剂	20 g/亩～30 g/亩	喷雾	14
		30%灭蝇胺可湿性粉剂	33 g/亩～50 g/亩	喷雾	14
葱蓟马（兼治蚜虫）	发病期	70%啶虫脒水分散颗粒剂	2.8 g/亩～4.2 g/亩	喷雾	10
		50%啶虫脒水分散颗粒剂	5 g/亩～7.5 g/亩	喷雾	10
		40%啶虫脒水分散颗粒剂	5 g/亩～7.5 g/亩	喷雾	10
		25%噻虫嗪可湿性粉剂	10 g/亩～20 g/亩	喷雾	14
		2%噻虫嗪颗粒剂	1 200 g/亩～1 800 g/亩	沟施	14
		70%噻虫嗪可湿性粉剂	3.6 g/亩～7.2 g/亩	喷雾	14
	葱苗发病期	70%吡虫啉水分散颗粒	4.5 g/亩～6 g/亩	喷雾	7
甜菜夜蛾	发病期	15%茚虫威悬浮剂	15 mL/亩～20 mL/亩	喷雾	7
		5%甲氨基阿维菌素苯甲酸盐	2 mL/亩～3 mL/亩	喷雾	14
		3%甲氨基阿维菌素苯甲酸盐	3.4 mL/亩～5 mL/亩	喷雾	14
		2%甲氨基阿维菌素苯甲酸盐	5 mL/亩～7.5 mL/亩	喷雾	14
		1%甲氨基阿维菌素苯甲酸盐	10 mL/亩～15 mL/亩	喷雾	14
		0.5%甲氨基阿维菌素苯甲酸盐	20 mL/亩～30 mL/亩	喷雾	14
	低龄幼虫期	16 000 IU/mg 苏云金杆菌可湿性粉剂	75 g/亩～100 g/亩	喷雾	—
		0.5%苦参碱水剂	80 mL/亩～90 mL/亩	喷雾	21
一年生禾本杂草	葱苗发病期	10%精喹禾灵乳油	30 mL/亩～40 mL/亩	喷雾	—
注:农药使用以最新版本 NY/T 393 的规定为准。					

LB/T 197—2021

黄 淮 海 地 区
绿色食品大蒜生产操作规程

2021-09-26 发布 2021-10-01 实施

中国绿色食品发展中心 发布

前　　言

本规程由中国绿色食品发展中心提出并归口。

本规程起草单位:山东省农业科学院农业质量标准与检测技术研究所、山东省兰陵县农业农村局、山东省绿色食品发展中心、中国绿色食品发展中心、莱西市农业农村局、邹平市农业农村局、江苏邳州市农机推广中心、河北永年区农业农村局、河南南阳市农技推广中心。

本规程主要起草人:张红、刘宾、迟瑞苹、张丙春、柏瑞芬、刘学锋、张宪、李霄、丁蕊艳、王文正、夏月美、焦朝兴、赵玉策。

黄淮海地区绿色食品大蒜生产操作规程

1 范围

本规程规定了黄淮海地区绿色食品大蒜生产的产地环境、品种选择、整地与播种、田间管理、采收、生产废弃物处理、分级包装、储藏和运输和生产档案管理等。

本规程适用于北京、天津、河北、江苏、安徽、山东、河南的绿色食品大蒜生产。

2 规范性引用文件

下列文件中的内容通过文中的规范性引用而构成本文件必不可少的条款。其中，注日期的引用文件，仅该日期对应的版本适用于本文件；不注日期的引用文件，其最新版本（包括所有的修改单）适用于本文件。

NY/T 391 绿色食品 产地环境质量

NY/T 393 绿色食品 农药使用准则

NY/T 394 绿色食品 肥料使用准则

NY/T 658 绿色食品 包装通用准则

NY/T 744 绿色食品 葱蒜类蔬菜

NY/T 1791 大蒜等级规格

NY/T 1056 绿色食品 储藏运输准则

3 产地环境

产地环境应符合 NY/T 391 的要求。基地应选在远离城市、工矿区及主要交通干线，避开工业和城市污染源的影响。地块应地势较高、平坦，地下水位较低，排灌方便。土壤应土层深厚、土质疏松，富含有机质，理化性状良好，以沙质壤土、壤土为宜。

4 品种选择

4.1 选择原则

选用抗病、高产、优质、商品性好的品种。提倡异地换种或使用脱毒蒜种。

4.2 品种选用

应选择具有本品种代表性，且瓣大、瓣齐，无机械损伤、无红筋、无病斑和糖化现象的蒜瓣作为种子，如河北推荐选用永年大蒜，江苏推荐选用邳州大蒜，山东推荐选用苍山大蒜、金乡大蒜，河南推荐选用杞县大蒜等。

4.3 种子处理

播种前应人工或机械分瓣，按大、中、小瓣分级，分别播种。

5 整地与播种

5.1 整地

种植大蒜的地块应在前茬作物收获后耕翻、晒垡，耕翻深度一般在 20 cm 以上，耙平、耙实，没有明显坷垃，达到“齐、松、碎、净”。播种前作畦，根据水源确定畦的长短。

5.2 播种

5.2.1 播种时间

大蒜适宜的播期为9月中下旬至10月上旬,气温17 ℃左右。

5.2.2 播种密度

根据不同的品种确定合适的种植密度。一般行距15 cm～20 cm,株距10 cm～15 cm。

5.2.3 播种方法

播种方式为开沟播种,沟深度为4 cm～5 cm,栽完后覆土2 cm左右,压平、浇透水,水干后喷洒除草剂(参见附录A),覆盖地膜。

6 田间管理

6.1 灌溉

大蒜需水量比较大,灌溉水质应符合NY/T 391的要求。

大蒜播种后应及时浇水,浇足浇透,每亩浇水100 m^3。出苗后根据土壤墒情和出苗整齐度可浇1次小水。11月上中旬视墒情浇越冬水。4月上旬左右或地温在15 ℃以上时,浇返青水。4月中下旬蒜薹刚出尖时根据墒情再浇水1次。拔除蒜薹后,浇透水并保持土壤湿润。蒜头收获前7 d停止浇水。

6.2 施肥

6.2.1 施肥原则

应符合NY/T 394的要求,以有机肥为主,化肥为辅;以底肥为主,追肥为辅。当季无机氮与有机氮用量比不超过1∶1;坚持化肥减控原则,无机氮素用量不得高于当季非绿色食品作物需求量的一半。根据土壤供肥能力和土壤养分的平衡状况,以及气候栽培等因素,按照测土配方平衡施肥,做到氮、磷、钾及中、微量元素合理搭配。

6.2.2 施基肥

每亩施充分腐熟的优质有机肥2 000 kg～5 000 kg、氮肥(N)7.5 kg～10 kg、磷肥(P_2O_5)6 kg～8 kg、钾肥(K_2O)6 kg～8 kg,撒施耕入土壤。

6.2.3 追肥

4月上旬温度回升后,结合浇返青水,每亩冲施氮肥(N)7 kg～9.5 kg、钾肥(K_2O)5 kg。4月中下旬每亩随水追施氮肥(N)2 kg～4 kg。蒜薹采收后,大蒜进入鳞茎膨大期,可适当喷施叶面肥。

6.3 病虫草害防治

6.3.1 防治原则

坚持预防为主、生物综合防治的植保方针,以农业防治为基础,优先采用物理和生物防治技术,辅之化学防治措施。应使用高效、低毒、低残留农药品种,药剂选择和使用应符合NY/T 393的要求。

6.3.2 常见病虫草害

黄淮海地区主要病害有叶枯病、紫斑病、灰霉病、锈病、软腐病等;主要虫害为韭蛆、蓟马、蚜虫、种蝇、金龟子等;主要杂草有一年生阔叶杂草及禾本科杂草。

6.3.3 防治措施

6.3.3.1 农业防治

播种前施足基肥、增施磷钾肥,进行深耕晒垡,合理安排轮作换茬。选用抗病或脱毒蒜种,适期播种,覆盖地膜,密度适宜,水肥合理,精细管理和培育壮苗等。

及时清洁田园、减少病源。大蒜生长期及时拔除清理田间病株、病叶及其他植物残体,收获后将残留大蒜植株清出田外,集中销毁处理。

6.3.3.2 物理防治

色板诱杀，蒜田悬挂蓝色黏虫板，每亩放置20块～25块、规格为20 cm×25 cm，诱杀趋对蓝色光蓟马、葱地种蝇等害虫；悬挂黄色黏虫板(20 cm×25 cm)20块～25块/亩，诱杀对黄色有趋性的蚜虫。害虫发生初期开始悬挂，插杆竖向挂置，色板下沿高出大蒜植株顶部15 cm～20 cm，随着大蒜生长及时调整色板高度，一般每20 d～30 d更换1次黏虫板。

采用频振式太阳能杀虫灯诱杀金龟子等害虫，每30亩～45亩设置安装1盏，离地高度1.2 m～1.5 m。

采取地膜覆盖栽培，选用符合国家相关规定的标准厚度地膜或含阳光屏蔽剂的除草地膜。

用糖醋液(红糖：酒：醋＝2：1：4)诱杀地下害虫的成虫。

6.3.3.3 生物防治

积极保护利用天敌，防治病虫害，如用瓢虫、食蚜蝇等自然天敌捕食蚜虫。

6.3.3.4 化学防治

根据大蒜的病虫测报及时进行防治，若需使用化学农药，严格控制农药用量和安全间隔期，用药情况参见附录A。

6.4 其他管理措施

6.4.1 覆膜

覆盖地膜时，尽量拉紧、拉直、铺平，并封严，做到膜紧贴地，无空隙。

6.4.2 破膜放苗

播种后，对于不能自行顶出地膜的幼苗，要及时人工辅助破膜放苗，膜下不留苗，确保每株蒜苗正常生长。

6.4.3 人工灭草

大蒜生长期内，有地膜覆盖时，需人工灭草，使用专用工具将地膜破小口铲除小草苗。

如果杂草严重影响大蒜生长的田块，可适当提前揭膜、除草。揭膜时，应注意不要损伤蒜株。

7 采收

7.1 蒜薹采收

应根据不同的品种适时采收，在总薹苞下部变白、蒜薹顶部向下弯曲呈大秤钩形时或待蒜薹露出15 cm～20 cm时采收。采收宜在晴天中午进行，以提薹为佳，同时注意保护蒜叶。

7.2 蒜头采收

一般在蒜薹收获后15 d～18 d，植株基部叶片干枯时即可收获蒜头。收获后的大蒜应就地晾晒，用蒜叶盖住蒜头在田地里晾晒3 d～4 d，同时防止淋雨。蒜头质量要求应符合NY/T 744的要求。

8 生产废弃物处理

生产过程中，农药、投入品等包装袋不要残留在田间，应及时清理、无害化处理。收获后清除植株残体，带出田间集中处理。绿色食品生产中建议使用可降解地膜或无纺布地膜，减少对环境的危害。

9 分级包装

用于储藏的大蒜，应按NY/T 1791的规定进行等级分选。按规格等级分别包装，单位重量一致，大小规格一致，包装应符合NY/T 658的要求。包装箱或包装袋要整洁、干燥、透气、无污染、无异味，绿色食品标志设计要规范，包装上应标明品名、品种、净含量、产地、经销单位和包装日期等。

10 储藏和运输

储藏运输应符合NY/T 1056的要求。绿色食品大蒜应有专用区域储藏并有明显标识，禁止非绿色食品产品和绿色食品产品混存。不同等级的大蒜分别码放，经预冷后、入冷库。适宜的储藏温度为－3～－2 ℃，相对湿度 65%～75%。绿色食品运输应使用专用运输工具，在运输期间不允许使用化学药品保鲜。储藏场所和运输工具要清洁卫生、无异味，禁止与有毒、有异味的物品混放混运。

11 生产档案管理

建立并保存相关记录，为生产活动可溯源提供有效的证据。记录主要包括以病虫草害防治、土肥水管理、其他管理等为主的生产记录，包装、销售记录，以及产品销售后的申诉、投诉记录等。记录至少保存 3 年。

附 录 A
(资料性附录)
黄淮海地区绿色食品大蒜生产主要虫草害防治方案

黄淮海地区绿色食品大蒜生产主要虫草害防治方案见表 A.1。

表 A.1 黄淮海地区绿色食品大蒜生产主要虫草害防治方案

防治对象	防治时期	农药名称	使用剂量	施药方法	安全间隔期,d
一年生杂草	覆膜前	31%二甲戊灵水乳剂	120 mL/亩~160 mL/亩	土壤喷雾	—
		240 g/L 乙氧氟草醚乳油	40 mL/亩~50 mL/亩	土壤喷雾	—
根蛆	幼虫期	70%辛硫磷乳油	351 mL/亩~560 mL/亩	灌根	14
注:农药使用以最新版本 NY/T 393 的规定为准。					

绿 色 食 品 生 产 操 作 规 程

LB/T 198—2021

长江以南地区
绿色食品大蒜生产操作规程

2021-09-26 发布　　2021-10-01 实施

中国绿色食品发展中心　发布

前　言

本规程由中国绿色食品发展中心提出并归口。

本规程起草单位:湖南省绿色食品办公室、湖南农业大学、湖南湘冠生态蔬菜种植农民专业合作社、中国绿色食品发展中心、湖北省绿色食品管理办公室、广东省绿色食品发展中心、江西省农业技术推广中心、上海市农产品质量安全中心、浙江省农产品质量安全中心、福建省绿色食品发展中心、广西壮族自治区绿色食品发展站。

本规程主要起草人:肖深根、谭小平、易图永、洪艳云、朱春晓、曾建国、刘新桃、曾娜、王逸才、陈阳峰、邱小燕、杜甜甜、钱磊、张晓云、杨远通、欧阳英、杜志明、谢陈国、董永华、李政、王京京、陆燕。

长江以南地区绿色食品大蒜生产操作规程

1 范围

本规程规定了长江以南地区绿色食品大蒜的产地环境、品种选择、整地施肥、播种、田间管理、病虫草害防治、采收和储藏、生产废弃物处理和生产档案管理。

本标准适用于上海、浙江、福建、江西、湖北、湖南、广东、广西、海南等长江以南地区的绿色食品大蒜的生产。

2 规范性引用文件

下列文件中的内容通过文中的规范性引用而构成本文件必不可少的条款。其中，注日期的引用文件，仅该日期的版本适用于本文件。不注日期的引用文件，其最新版本(包括所有的修改单)适用于本文件。

GB/T 8321(所有部分) 农药合理使用准则

NY/T 391 绿色食品 产地环境质量

NY/T 393 绿色食品 农药使用准则

NY/T 394 绿色食品 肥料使用准则

NY/T 658 绿色食品 包装通用准则

NY/T 1056 绿色食品 储藏运输准则

3 产地环境

产地环境质量应符合 NY/T 391 的规定。选择地势较高、地面较平坦、肥沃、疏松、酸碱适宜、排灌方便、前作未种植过百合科植物的丘陵壤土、沙壤土地。

4 品种选择

选择抗病、优质、高产、耐寒力强的适宜当地消费习惯的大蒜品种。如金堂早蒜、金堂二水早蒜、成都紫皮大蒜、茶陵紫皮大蒜、独头蒜、温州"红七星"大蒜、四季大蒜等。

5 整地施肥

5.1 整地

清除前茬作物残留枝叶，并带出田外集中处理。深翻土壤 25 cm 以上，整平耙实。

5.2 施基肥

结合整地，施用商品有机肥 200 kg/亩～300 kg/亩或充分腐熟的农家有机肥 2 000 kg/亩～3 000 kg/亩、15：15：15 氮磷钾复合肥 30 kg/亩～50 kg/亩做基肥，所施肥料应符合 NY/T 394 的要求。

5.3 作畦

据当地种植习惯作高畦，宽 1 m～1.5 m，高 8 cm～10 cm，畦间距 30 cm～35 cm。

6 播种

6.1 种蒜选择

选择未经辐射处理、充实饱满、色泽洁白、无病虫害、无机械损伤、大小均匀一致的种蒜作为蒜种。

6.2 掰瓣去踵

临近播种时，结合选种将蒜瓣掰开，茎踵(干燥茎盘)剥掉，去除带病、机械损伤或干瘪的蒜瓣。

6.3 晒种

选晴天，晾晒种子 1 d。

6.4 低温处理

高温季节播种时，宜将种蒜经低温处理，种蒜装入网袋，每袋 20 kg～30 kg，密封袋口，于 0 ℃～4 ℃条件下冷藏处理 15 d～20 d。

6.5 播种期

8 月中下旬至 10 月下旬，待气温逐渐转凉时播种。

6.6 播种密度

据实际生产目的不同，合理密植：生产青蒜，种植 35 000 株/亩；生产蒜薹，35 000 株/亩～45 000 株/亩；生产蒜头，25 000 株/亩～35 000 株/亩。

6.7 播种方法

条播，开沟深 3 cm，行距 12 cm～20 cm，株距 8 cm～10 cm，栽种沟内先撒种肥后排种，种蒜定向栽直、栽稳，播种后覆土 1.5 cm～2 cm，楼平、浇水。

6.8 覆盖稻草

播种后，覆盖一层 5 cm 稻草。

7 田间管理

7.1 查苗

及时检查出苗率，人工辅助放苗扶苗。

7.2 除草

根据田间杂草生长情况，及时除草。

7.3 水分管理

据生长期降雨情况，及时排出积水。如遇干旱情况，应加强灌溉。蒜薹采收前 3 d～4 d 停止浇水，蒜头采收前 5 d～7 d 停止浇水。

7.4 追肥

视大蒜田间生长情况，追肥 2 次～3 次，施用商品有机肥 200 kg/亩～300 kg/亩或充分发酵的有机肥 800 kg/亩，有条件的可叶面追肥。

8 病虫草害防治

8.1 防治原则

采取以农业技术措施为基础的综合防治措施，优先采用生物和物理防治技术，辅之化学防治措施。药剂选择和使用应符合 GB/T 8321、NY/T 393 的规定。

8.2 常见病虫害

大蒜主要病害有疫病、叶枯病、紫斑病、锈病、细菌性软腐病、病毒病等；主要虫害有根蛆、葱蓟马、潜叶蝇、蛴螬等，以根蛆最为突出。

8.3 防治措施

8.3.1 生物防治

使用高效低毒生物农药、保护和释放生物天敌防治害虫。如使用苦皮藤素、金龟子绿僵菌、瘦弱秽蝇、异角姬小蜂、核型多角体病毒等高效低毒生物农药防治根蛆、葱蓟马、潜叶蝇、蛴螬等害虫。具体生物防治方案参见附录 A。

8.3.2 物理防治

采用人工捕捉害虫。利用杀虫灯诱杀害虫成虫，每盏杀虫灯可控制面积 15 亩～20 亩。利用害虫的趋色习性来诱杀害虫,如用黄板、蓝板诱杀斑潜蝇、蓟马等害虫。每亩投放16块黄板、蓝板(20 cm×24 cm),当黏虫面积占纸板面积的60%以上时更换,就可有效控制虫害。利用性诱剂诱杀害虫。必要时可采用人工捕捉害虫。

8.3.3 化学防治

具体防治方案参见附录B。

9 采收和储藏

9.1 采收

9.1.1 青蒜采收

青蒜一般在播后60 d～80 d,长出4片以上叶片时,可根据市场要求,及时采收。采收时,人工拔出,及时清理枯黄叶、杂物。

9.1.2 蒜薹采收

待大部分蒜薹抽出约25 cm、刚开始打弯、总苞变白时采收。选择晴天10:00以后,茎叶略微萎蔫时进行。采收时,左手提住蒜薹,右手拿竹片顺着蒜薹由上而下划开三片叶,并用右手持竹片,向离地面5 cm～7 cm的假茎部分垂直穿刺,左手把蒜薹慢慢抽出。

9.1.3 蒜头采收

采收蒜薹后18 d左右,大多叶片干枯,植株处于柔软状态,假鳞茎已不容易折断时,即可采收。采收时,选晴天连植株拔起,在田间晾晒3 d～4 d,然后抖落泥土,及时将根剪掉,再捆编成束吊挂在通风处晾晒。

9.2 储藏

青蒜、蒜薹低温储藏于0 ℃左右,相对湿度为90%～95%的环境。

蒜头储藏于−3 ℃左右,相对湿度为75%的环境。储藏应符合NY/T 1056的要求。

9.3 包装

使用可重复利用、可回收或可生物降解的食品级包装材料,不应使用接触过禁用物质的包装材料。包装应符合NY/T 658的要求。

9.4 运输

采用冷链运输和配送,运输设施设备完备正常,货舱清洁无杂物、无残留异味、无腐烂农产品的残留物及废弃物。运输应符合NY/T 1056的要求。

10 生产废弃物处理

10.1 农药、农资废弃物处理

农药包装等废弃物,收集并交由具有相应资质的地方回收点,进行集中处置;清理薄膜、种子袋等不易降解和不能回收利用的废弃物,集中运送至固定场所,进行无害化处理。

10.2 大蒜废叶处理

将残留大蒜植株及其他植物残体清出田外,集中处理。

11 生产档案管理

绿色食品大蒜生产应保持档案管理记录。记录清晰准确,包括产地环境条件、生产技术、肥水管理、病虫草害的发生和防治、采收以及采后处理等情况,明确记录保存3年以上,做到农产品生产可追溯。

附 录 A
(资料性附录)
长江以南地区绿色食品大蒜生产主要虫害生物防治方案

长江以南地区绿色食品大蒜生产主要虫害生物防治方案见表 A.1。

表 A.1 长江以南地区绿色食品大蒜生产主要虫害生物防治方案

防治对象	防治时期	生物名称	施药方法	安全间隔期,d
潜叶蝇	成虫期,发生初期	瘦弱秽蝇、异角姬小蜂	—	—
注:农药使用应以最新版本 NY/T 393 的规定为准。				

附 录 B
(资料性附录)
长江以南地区绿色食品大蒜生产主要病虫草害化学防治方案

长江以南地区绿色食品大蒜生产主要病虫草害化学防治方案见表B.1。

表B.1 长江以南地区绿色食品大蒜生产主要病虫草害化学防治方案

防治对象	防治时期	农药名称	使用剂量	施药方法	安全间隔期,d
大蒜叶枯病	发病前或初期	10%苯醚甲环唑水分散粒剂	30 g/亩~60 g/亩	喷雾	10
大蒜紫斑病	发生期	10%苯醚甲环唑水分散粒剂	30 g/亩~60 g/亩	喷雾	10
根蛆	发生初期	70%辛硫磷乳油	351 mL/亩~560 mL/亩	灌根	14
		35%辛硫磷微囊悬浮剂	520 mL/亩~700 mL/亩		17
大蒜葱蓟马	发生期	35%辛硫磷微囊悬浮剂	520 mL/亩~700 mL/亩	喷雾	17
蛴螬	发生期	35%辛硫磷微囊悬浮剂	520 mL/亩~700 mL/亩	灌根	17
猪殃殃	播后苗前或移栽前	960 g/L精异丙甲草胺乳油	55 mL/亩~65 mL/亩	土壤喷雾	—
看麦娘	播后苗前	240 g/L乙氧氟草醚乳油	40 mL/亩~50 mL/亩	播后苗前土壤喷雾	60
注:农药使用应以最新版本NY/T 393的规定为准。					

绿 色 食 品 生 产 操 作 规 程

LB/T 199—2021

西 南 地 区
绿色食品大蒜生产操作规程

2021-09-26 发布　　　　　　　　　　　　　　　　2021-10-01 实施

中国绿色食品发展中心　发布

前　言

本规程由中国绿色食品发展中心提出并归口。

本规程起草单位:四川省绿色食品发展中心、四川省农业科学院园艺研究所、四川省农业科学院分析测试中心、重庆市农产品质量安全中心、贵州省绿色食品发展中心、西藏自治区农畜产品质量安全检验检测中心、昆明市农产品质量安全中心、中国绿色食品发展中心。

本规程主要起草人:孟芳、苗明军、周熙、彭春莲、敬勤勤、张富丽、靳可婷、黄鹏程、张志勤、梁潇、粘昊菲。

西南地区绿色食品大蒜生产操作规程

1 范围

本规程规定了西南地区绿色食品大蒜的产地环境、蒜种选择、整地与播种、田间管理、采收、生产废弃物处理和生产档案管理。

本规程适用于四川、重庆、贵州、云南和西藏的绿色食品大蒜生产。

2 规范性引用文件

下列文件中的内容通过文中的规范性引用而构成本文件必不可少的条款。其中，注日期的引用文件，仅该日期的版本适用于本文件。不注日期的引用文件，其最新版本(包括所有的修改单)适用于本文件。

NY/T 391 绿色食品 产地环境质量

NY/T 393 绿色食品 农药使用准则

NY/T 394 绿色食品 肥料使用准则

NY/T 658 绿色食品 包装通用准则

NY/T 1056 绿色食品 储藏运输准则

3 产地环境

产地环境质量应符合 NY/T 391 的要求。宜选择地势平坦、坡度≤20°，土质疏松、土层深厚、疏松肥沃、排灌良好、无污染、富含有机质的壤土或沙壤土。大蒜忌同科连作，宜进行稻蒜轮作、菜蒜轮作、烟蒜轮作。

4 蒜种选择

4.1 选择原则

根据不同的栽培季节和目的选用优质、丰产、耐储藏、品质优、商品性好的大蒜品种。

4.2 蒜种选用

四川推荐选用温江红七星、正月早、二水早、彭州迟蒜、田家大蒜等品种，春播大蒜选择四川黑水紫皮大蒜等品种；重庆推荐选择紫皮大蒜、二水早(白皮种)等品种；贵州推荐选择紫皮蒜、白皮蒜等品种；云南推荐选择温江红七星、四六瓣、二水早等品种；西藏推荐选择江孜大蒜、金乡 1 号、金乡杂交蒜等品种。

4.3 蒜种处理

蒜种要求品种纯正、硬实、饱满、顶芽完好、无损伤、无病虫危害。播种前应晾晒蒜瓣 1 d～2 d。采用人工扒皮掰瓣或机器分瓣，剥去大蒜包膜，去掉大蒜的托盘和茎盘，按大、中、小进行分级并选种。

5 整地与播种

5.1 整地

施肥后耕翻土地，耕深 20 cm～30 cm 为宜，整地要精细，要求土块细碎，地平肥匀，上虚下实，草净土细。耙地和压地要严格掌握土壤湿度，土壤过湿或过干都达不到整地效果。

5.2 播种

5.2.1 播种期

播种时间根据栽培区域和季节而定。秋播可在 9 月中旬至 10 月上旬播种，采用稻草和地膜覆盖技术;在海拔高的寒地,冬季平均气温在−10 ℃以下的地区,春播可在3月～4月上旬到5月上旬播种,采用开沟覆土或覆膜栽培技术,地膜上要用土压实,防止起膜;地膜覆盖可提前7 d～10 d,海拔较低的地区可适当提前。

5.2.2 播种密度

平原地区栽培,株距为7 cm～8 cm,行距16 cm～20 cm,播种密度为5万株/亩～7万株/亩;高山地区栽培,株距10 cm～12 cm,行距18 cm～20 cm,播种密度为3万株/亩～4万株/亩。亩用种量100 kg～130 kg。

5.2.3 播种方法

采用人工开沟点播,按行距要求开浅沟3 cm～5 cm,再依据株距播种,蒜瓣背腹线与浅沟方向平行栽种,播后覆盖一层稻草或覆土2 cm左右。要求大瓣深播,小瓣浅播。

6 田间管理

6.1 施肥

肥料的使用应符合NY/T 394的要求。每亩施充分腐熟的优质农家肥2 000 kg～3 000 kg或商品有机肥200 kg～400 kg,复合肥30 kg,过磷酸钙50 kg。施肥时宜选用含硫肥料。

6.2 栽培技术

6.2.1 出苗期

应保持田间湿润,多雨天及时排灌。

稻草覆盖蒜:当蒜苗长1片真叶后,保持土壤湿度和地温,增加透气性,有利于蒜苗的生长。

地膜覆盖蒜:幼芽未放出叶片前用工具轻轻拍打地膜,促使蒜芽出土;也可用扫帚在膜上轻扫助蒜破膜出苗;未破膜的可用铁丝钩在苗顶破口让苗伸出。出苗后用土将蒜苗周围用土封死,避免膜内空气流动。

6.2.2 苗期

大蒜3叶～4叶期,此时大蒜进入自养生长阶段,每亩追尿素6 kg～8 kg的提苗肥。蒜苗生长期间,以视植株生长情况再结合喷药,增施叶面肥2次～3次。

6.2.3 蒜薹生长期

当蒜薹"露尾"时,结合浇(灌)抽薹水,看苗酌情追施抽薹肥,抽薹肥以每亩用尿素10 kg、硫酸钾10 kg～15 kg为宜。采薹前7 d停止浇(灌)水。

6.2.4 蒜头膨大期

蒜薹采收2 d～3 d后,保持土壤湿润,催头肥以每亩追施硫酸钾10 kg为宜。蒜头采收前5 d～7 d停止浇(灌)水。

6.3 病虫草害防治

6.3.1 主要病虫害

主要病虫害:叶枯病、蒜蛆、葱蓟马、潜叶蝇等。

6.3.2 防治原则

按照预防为主、综合防治的原则,坚持农业防治、物理防治、生物防治为主,化学防治为辅的原则。

6.3.3 农业防治

农业防治因地制宜合理轮作倒茬,选用抗(耐)病优良品种,增施生物有机肥,深耕晒田,中耕除草,清洁田园,降低病虫源数量。

6.3.4 物理防治

应用杀虫灯、蓝板、性诱剂等物理防治方法。田间安插蓝板按15张/亩～20张/亩诱杀蓟马等害虫。用糖、醋、酒、水按3∶3∶1∶10的比例配成诱杀液,每150 m^2～200 m^2放置1盆,随时添加药液,保持不干，诱杀种蝇类等害虫，同时安置太阳能杀虫灯，诱杀蓟马、潜叶蝇等害虫。

6.3.5 生物防治

保护天敌，创造有利于天敌生存的环境条件，选择对天敌杀伤力小的生物源农药。

6.3.6 化学防治

大力推广生物农药。使用药剂防治应符合 NY/T 393 的要求。

叶枯病：在发病前或初期，可用10%苯醚甲环唑水分散粒剂 30 g/亩～60 g/亩或者 60%唑醚·代森联水分散粒剂 60 g/亩～100 g/亩喷雾防治。

蒜蛆：可用35%辛硫磷微囊悬浮剂 520 mL/亩～700 mL/亩灌根。

西南地区绿色食品大蒜生产主要病虫害化学防治方案参见附录 A。

7 采收

7.1 采收蒜薹

当田间大部分蒜薹开始打弯，蒜薹出缨 15 cm 左右、花苞变白时开始收获。采收时期宜在上午进行，采后及时分级、捆扎，及时销售或运输冷库保鲜，随市场行情销售。

7.2 采收蒜头

蒜薹收获 20 d～30 d 后，田间大多数植株叶片干枯褪色，假茎松软不易折断时及时采收，捆把并运至通风避雨的蒜架上晾储、后熟。

7.3 包装

大蒜按大、中、小等级分别包装，应符合 NY/T 658 的规定。

7.4 储藏与运输

采用冷库储藏，要控制适宜库温，防止库温波动造成发芽或冻害。大蒜最适宜储藏温度为(－2±1)℃；库内相对湿度应保持在 70%～80%。

运输途中严禁日晒雨淋，要注意防潮、防冻、防热、防污染。

储藏运输应符合 NY/T 1056 的要求。

8 生产废弃物的处理

将废弃地膜、农药和肥料包装袋集中进行无害化处理。将秸秆、枯枝落叶等集中收集堆放，粉碎后放置在窖池中进行密闭发酵后作为有机肥料还田再利用，或者直接填埋。

9 生产档案管理

应建立质量追溯体系，建立绿色食品大蒜生产的档案，应详细记录产地环境条件、生产管理、病虫草害防治、采收及采后处理、废弃物处理记录等情况，并保存记录 3 年以上。

附 录 A
（资料性附录）
西南地区绿色食品大蒜生产主要病虫害防治方案

西南地区绿色食品大蒜生产主要病虫害防治方案见表A.1。

表A.1 西南地区绿色食品大蒜生产主要病虫害防治方案

防治对象	防治时期	农药名称	使用剂量	施药方法	安全间隔期，d
叶枯病	发病前或初期	10%苯醚甲环唑水分散粒剂	30 g/亩～60 g/亩	叶面喷雾	10
		60%唑醚·代森联水分散粒剂	60 g/亩～100 g/亩	喷雾	21
蒜蛆	发病初期	35%辛硫磷微囊悬浮剂	520 mL/亩～700 mL/亩	灌根	17
注：农药使用以最新版本NY/T 393的规定为准。					

绿 色 食 品 生 产 操 作 规 程

LB/T 200—2021

绿色食品香菇生产操作规程

2021-09-26 发布 2021-10-01 实施

中国绿色食品发展中心 发布

前　言

本规程由中国绿色食品发展中心提出并归口。

本规程起草单位：中国农业科学院农业资源与农业区划研究所、上海市农业科学院、山东省农业科学院、丽水市农林科学院、遵化市众鑫菌业有限公司、中国绿色食品发展中心。

本规程主要起草人：邹亚杰、胡清秀、于海龙、宫志远、杜芳、郑巧平、孙辉、张宪。

绿色食品香菇生产操作规程

1 范围

本规程规定了绿色食品香菇生产的要求，包括产地环境、投入品、菌种及质量要求、生产工艺流程、病虫害防治、生产废弃物处理、储存加工、包装和运输、生产档案管理等技术要求。

本规程适用于绿色食品香菇的生产及管理。

2 规范性引用文件

下列文件中的内容通过文中的规范性引用而构成本文件必不可少的条款。其中，注日期的引用文件，仅该日期的版本适用于本文件。不注日期的引用文件，其最新版本(包括所有的修改单)适用于本文件。

GB 4806.7 食品安全国家标准 食品接触用塑料材料及制品

GB/T 18525.5 干香菇辐照杀虫防霉工艺

GB 19170 香菇菌种

GB/T 38581 香菇

NY/T 391 绿色食品 产地环境质量

NY/T 393 绿色食品 农药使用准则

NY/T 528 食用菌菌种生产技术规程

NY/T 1061 香菇等级规格

3 产地环境

产地环境符合 NY/T 391 的要求。场地应清洁卫生、水质优良、地势平坦、交通便利；远离工矿区和交通主干道、避开工业和城市污染源。与常规农田邻近的食用菌场地应设置缓冲带或物理屏障，以避免禁用物质的影响。

4 投入品

4.1 生产用水

应符合 NY/T 391 的要求。

4.2 栽培原料

原料适宜选择不含芳香类抑菌物质的硬杂木屑和麦麸，质量要求洁净、干燥、无虫、无霉、无异味，不应混入农药等有毒有害物质，不应使用来源于污染农田或污染区农田的原料。

4.3 设备设施

搅拌车间、装袋车间采用半封闭式厂房，能够遮阳、避雨，满足生产需求。灭菌锅等压力设备，应通过相关部门检验合格后使用，并定期检查、维护和校验，由专人持证操作。

出菇场地为出菇房或者塑料大棚。

5 菌种及质量要求

5.1 菌种选择

菌种应优质高产、抗病抗逆性强、适应性广、商品性好，从具有资质的菌种经营单位购买，并可追溯菌种的来源。

5.2 菌种生产及质量要求

菌种生产应符合 NY/T 528 的要求，菌种质量应符合 GB 19170 的要求，用于生产的菌种必须种性纯正、生命力旺盛。

6 生产工艺流程

备料→配料→装袋→灭菌→冷却→接种→菌丝培养→转色管理→出菇管理→采收。

6.1 基质配方

配方1:栎木屑78%、麦麸20%、石膏2%。

配方2:栎木屑39%、苹果木屑39%、麦麸20%、石膏2%。

6.2 拌料

按配方量将原料逐一放入拌料机内,充分混匀,加水后两级搅拌均匀,控制含水量为50%~55%,pH 6.0~7.5。木屑提前用水预湿堆闷处理24 h以上。

拌料后及清理废弃物、垃圾,要求地面、墙壁清洁无杂物。

6.3 装袋

栽培袋宜选用材质为低压聚乙烯、聚丙烯或高压聚乙烯的料筒或袋筒,质量符合GB 4806.7的要求。菌袋大小宜为折径15 cm~18 cm×55 cm~58 cm,厚度0.007 0 cm~0.007 5 cm。一端开口,用于装料,另一端折角密封。培养料宜用装袋机装袋,要求装料紧实、均匀。

6.4 灭菌

可采用高压蒸汽灭菌法和常压蒸汽灭菌法,高压蒸汽灭菌时不使用保水膜工作温度为121 ℃~126 ℃,保持2.5 h~3.0 h;使用保水膜工作温度为112 ℃~118 ℃,保持5.5 h~6 h。常压蒸汽灭菌温度达100 ℃,保持12 h~16 h,停火后闷6 h~8 h。拌料、装袋在4 h内完成,并及时灭菌。

6.5 冷却

待料袋温度降至50 ℃~60 ℃时移入冷却室,洁净冷却,袋温冷却至28 ℃以下方可接种,冷却室应事先进行除尘和清洁处理。

6.6 接种

可在接种室或接种箱内人工操作或接种机接种,接种过程应严格无菌操作,技术熟练。接种工具、接种室等在使用前应进行洁净和消毒处理,接种后及时清理接种室。

6.7 发菌管理

6.7.1 发菌条件

专用发菌室或大棚内发菌,要求洁净无尘、通风良好。温度控制在23 ℃~27 ℃,空气相对湿度不高于70%,暗光。

6.7.2 发菌培养

菌袋接种后可放置层架或“井”字形码放发菌,发菌培养5 d~7 d后进行一次翻袋,检查发菌情况和菌袋是否有杂菌污染,污染袋应及时处理。一般40 d~50 d菌丝可长满全袋。

6.7.3 刺孔

发菌期间进行2次刺孔,第1次为人工刺孔或机械刺孔,时间为菌落直径10 cm~15 cm时,在菌落边缘内侧刺孔5个~10个,孔深1.0 cm~2.0 cm;第2次为机械刺孔,时间为菌丝刚满袋,每袋刺孔60个~100个,孔深3.0 cm~5.0 cm,刺孔应排列整齐,间距均匀。

6.8 转色管理

菌丝长满菌袋后应继续培养30 d~60 d进行转色,当外观呈褐色、黄褐色,菌丝达到生理成熟才能进入出菇阶段。

转色期温度控制在23 ℃~25 ℃、空气相对湿度60%~80%、光照强度50 lx~200 lx,每天光照时长不少于12 h、二氧化碳浓度0.35%以下。

6.9 出菇管理

6.9.1 脱袋排场

6.9.1.1 场地准备

菌棒可斜放在畦面上出菇，也可排放在层架上出菇。排场前应对场地进行清理、消毒、杀虫，药物的使用应符合 NY/T 393 的使用准则。

6.9.1.2 脱袋标准

菌棒表面瘤状凸起物占整个袋面 2/3，手握菌袋的瘤状菌丝体，有弹性松软感，接种穴四周呈现微棕褐色。

6.9.1.3 脱袋要求

宜选择温度为 20 ℃～23 ℃，无风的晴天或阴天脱袋。可采用地面摆放模式，脱袋后的菌棒排放在菇床的横杆（或铁丝）上，与地面成 70°～80°夹角，菌棒间距 3 cm～4 cm。也可采用层架模式，脱袋后直接排放在床架上，床架可选用钢管或毛竹等搭建，层数 6 层～7 层为宜，层间距 28 cm～30 cm，床架宽 90 cm，菌架间距宽 70 cm～90 cm。

6.9.2 催蕾

菇棚内应控制温度在 10 ℃～25 ℃，形成 10 ℃以上的昼夜温差，空气相对湿度达到 75%～90%，形成 15%以上的干湿差，给予充足的氧气和散射光，3 d～4 d 后原基分化。

6.9.3 幼菇期管理

原基分化后应控制温度为 15 ℃～18 ℃，空气相对湿度 85%～90%，保持适当的散射光和通风，3 d～4 d 后原基可形成幼蕾。加大温湿差，保持散射光照，促进菇蕾生长。

6.9.4 育菇期管理

幼菇形成后菇棚内温度应控制为 8 ℃～12 ℃，相对湿度 80%～90%，适当遮阳通风，避免温度变化剧烈、强光及大风。当菇体生长菌盖到 2 cm 以上时，温度应提高到 10 ℃～15 ℃，空气相对湿度降到 65%～75%，增加光照，加大通风。

6.10 采收

6.10.1 采收时期

用于鲜品销售的香菇应在子实体菌幕尚未裂开前采收；用于干品销售的香菇可在菌盖尚未全展开，边缘内卷时采收。同时还应结合市场行情、天气状况等因素来适时采收。采收前 24 h 禁止喷水。

6.10.2 采收方法

采收时捏紧菇柄的基部，整菇采下，不应带出培养料。注意减少损伤、去除保水膜等杂质，保持菇体洁净。按照 NY/T 1061 的标准分级。

7 病虫害防治

7.1 防治原则

应贯彻预防为主、综合防治的方针，以农业防治和物理防治为主。

7.2 防治方法

7.2.1 农业防治

a) 选用抗病抗逆性强、活力好的菌种，用于生产的菌种必须健壮、适龄且无病虫杂菌污染；

b) 培养料灭菌应彻底，操作人员严格按照无菌操作规程接种；

c) 发菌场所应整洁卫生、通风良好，发现杂菌污染菌袋，及时清除，集中进行灭菌处理；

d) 菇房应保持良好的通风，子实体发病或菌袋有虫害发生时，及时清除病菇并清理菌袋。

7.2.2 物理防治

a） 接种室、发菌室及菇房应定时清洗，保持室内环境洁净；

b） 发菌棚及菇房悬挂杀虫色板、诱虫灯、通风窗应安装孔径 0.28 mm 的防虫纱网。

7.2.3 化学防治

a） 接种室、发菌室、菇房使用前应进行消毒处理，消毒剂及其使用方法参见附录 A。

b） 病虫害发生严重时，可选择已登记可在食用菌上使用的低毒、低残留农药，用药量、施用方法按登记要求进行，药物的使用应符合 NY/T 393 的要求。

c） 出菇期禁止使用任何化学药品。

8 生产废弃物处理

8.1 废弃生产物料处理

生产产生的废塑料袋、包装袋、栽培框等废弃塑料，应集中回收处理，不可随意丢弃造成环境污染。

8.2 菌渣的无害化处理

香菇采收后的大量菌渣废弃物，应资源化循环利用，可作为其他食用菌的栽培基质或用作农作物栽培基质、肥料及燃料。

9 储存加工

香菇分为鲜品销售和干品销售两种模式，都应符合 GB/T 38581 的要求。干品销售时，预包装的干香菇及其加工产品杀虫防霉处理按 GB/T 18525.5 的规定执行。

10 包装和运输

符合 GB/T 38581 和 NY/T 1061 的要求。鲜香菇应采用低温冷藏车(4 ℃)运输。

11 生产档案管理

建立绿色食品香菇生产档案，明确地记录环境清洁卫生条件、各类生产投入品的采购及使用、生产管理过程、病虫害防治、包装运输等各个生产环节。生产记录档案应保留 3 年以上，做到农产品生产可追溯。

附 录 A
（资料性附录）
绿色食品香菇生产环境消毒和农药使用方案

绿色食品香菇生产环境消毒和农药使用方案见表 A.1。

表 A.1 绿色食品香菇生产环境消毒和农药使用方案

防治对象	防治时期	防治用品名称	使用量	施药方法
杀菌/环境消毒	接种期	75%乙醇	0.1%～0.2%浓度浸泡或涂擦	接种工具、接种台、菌种外包装、接种人员的手等
	接种期、空库时期	紫外灯	直接照射，紫外灯与被照射物距离不超过 1.5 m，每次 30 min 以上	接种室、冷却室、保鲜库等，不得对菌种、子实体进行紫外照射消毒
	空库时期	高锰酸钾	0.05%～0.1%的高锰酸钾溶液，喷雾或涂擦	培养室、无菌室、接种室、出菇房等空房消毒
	空库时期	氢氧化钙/石灰	石灰 10 g/L，现用现配，喷雾，涂擦	出菇房、出菇层架等表面消毒
注：农药使用以 NY/T 393 的规定为准，使用农业农村部经登记可在食用菌上使用的农药。				

绿 色 食 品 生 产 操 作 规 程

LB/T 201—2021

绿色食品黑木耳生产操作规程

2021-09-26 发布

2021-10-01 实施

中 国 绿 色 食 品 发 展 中 心 发布

前　言

本规程由中国绿色食品发展中心提出并归口。

本规程起草单位：中国农业科学院农业资源与农业区划研究所、延边朝鲜族自治州农业科学院、中国绿色食品发展中心、吉林农业大学、汪清桃源小木耳实业有限公司、黑龙江省绿色食品发展中心。

本规程主要起草人：杜芳、胡清秀、王鑫、邹亚杰、唐伟、姚方杰、文铁柱、杨成刚。

绿色食品黑木耳生产操作规程

1 范围

本规程规定了绿色食品黑木耳生产的要求，包括术语和定义、产地环境、农业投入品、菌种及质量要求、生产工艺流程、病虫害防治、生产废弃物处理、包装、储存和运输、生产档案管理技术要求。

本规程适用于绿色食品黑木耳的生产及管理。

2 规范性引用文件

下列文件中的内容通过文中的规范性引用而构成本文件必不可少的条款。其中，注日期的引用文件，仅该日期的版本适用于本文件。不注日期的引用文件，其最新版本(包括所有的修改单)适用于本文件。

GB/T 191　包装储运图示标志

GB 4806.7　食品安全国家标准　食品接触用塑料材料及制品

GB/T 12728　食用菌术语

GB 19169　黑木耳菌种

NY/T 391　绿色食品　产地环境质量

NY/T 393　绿色食品　农药使用准则

NY/T 528　食用菌菌种生产技术规程

NY/T 1655　蔬菜包装标识通用准则

NY/T 1838　黑木耳等级规格

NY 5099　无公害食品　食用菌栽培基质安全技术要求

3 术语和定义

GB/T 12728 中界定的以及下列术语和定义适用于本文件。

3.1

摇瓶菌种　liquid spawn by shake cultivation

以恒温摇床培养方式培养的菌种。

3.2

深层发酵培养菌种　liquid spawn by cultivation in fermenter

采用大型发酵罐为容器培养的菌种。

4 产地环境

环境空气质量应符合 NY/T 391 的要求。场地应选择地势平坦、通风良好、水源充足、环境清洁的地方。远离工矿区和城市污染源、禽畜舍、垃圾场和死水水塘等危害食用菌的病虫源滋生地。与常规农田邻近的食用菌厂区应设置缓冲带或物理屏障，以避免禁用物质的影响。

5 农业投入品

5.1 生产用水

生产用水应符合 NY/T 391 的要求。

5.2 栽培原料

主辅料应来自安全生产农区，质量应符合 NY 5099 及绿色食品相关规定要求，要求洁净、干燥、无虫、无霉、无异味。不应使用来源于污染环境或污染区域的原料。

5.3 设备设施

拌料车间、装袋车间采用半封闭式厂房，配备拌料机、装袋机、铲车、叉车等；冷却区、接种区、发菌区采用封闭式厂房，能够对温度、湿度、CO_2 浓度、光照等参数进行人工调控，满足人工操作及设备运行的需求；吊袋模式配套钢架大棚，地摆模式露天进行，要求能够对湿度进行人工调控。

栽培环境控制系统、水电等设施应与生产规模相匹配，并符合相关质量安全标准。灭菌锅等压力设备，应通过相关部门检验合格后使用，并定期检查、维护和校验。

6 菌种及质量要求

6.1 菌种选择

菌种应从具相应资质的单位购买，质量应符合 GB 19169 的要求，要求种性稳定、抗逆性强、产量高、品质优良。

6.2 菌种生产及质量要求

黑木耳生产菌种可采用固体菌种或液体菌种。

固体菌种生产应符合 NY/T 528 的要求，质量应符合 GB 19169 的要求。原种可采用枝条种或木屑麦麸混合菌种。母种、原种培养基配方参见附表 A. 1，用于生产的菌种必须种性纯正、外观洁白、菌丝生长健旺、无病虫害。

液体菌种生产按照摇瓶培养和发酵罐深层培养两个阶段进行，培养基配方参见附表 A. 1。摇瓶菌种要求菌种外观澄清透明不浑浊，无杂菌、无异味；菌丝体密集、均匀悬浮于液体中不分层，菌丝体湿重 8 g/L 以上。发酵罐深层培养菌种要求菌液黏度高，无异味；菌丝体稠密，菌球均匀悬浮于液体中，静置基本不分层；显微镜下可见菌丝分枝密度高、有隔膜，有锁状联合，无杂菌，菌丝体湿重 10 g/L 以上，pH 为 5.0～6.0。

7 生产工艺流程

备料→拌料→装袋→灭菌→冷却→接种→发菌管理→出耳管理→采收。

7.1 基质配方

根据黑木耳对营养和酸碱度的需求进行科学配比，可采用附表 A. 2 中的推荐配方。

7.2 拌料

按照配方称量各种培养料，先把辅料拌匀后再与主料充分混匀，栽培基质含水量应控制在 55%～60%。木屑等主料需提前用水预湿闷堆处理。

拌料区地面、墙壁清洁无杂物，地面无积水，包装废弃物、垃圾应及时清理。

7.3 装袋

7.3.1 栽培袋选用

短袋宜选用(16 cm～17 cm)×(35 cm～38 cm)×(0.004 5 cm～0.005 cm)的栽培袋，每袋装料量 1 350 g～1 500 g；长袋宜选用(14.5 cm～16 cm)×(53 cm～55 cm)×(0.004 5 cm～0.005 cm)栽培袋，每袋装料量 1 450 g～1 600 g。常压灭菌采用聚乙烯栽培袋，高压灭菌采用聚丙烯栽培袋。

7.3.2 装袋

使用黑木耳专用装袋机进行装袋，要求料袋紧实，袋无破损，封口后将料袋排放于周转框内。装袋结束后，及时清理装袋机轨道和地面上的料屑及破损栽培袋。

7.4 灭菌

7.4.1 常压灭菌

将菌棒移入常压蒸汽设备中，要求在 4 h～6 h 温度达到 100 ℃，短袋保持 10 h～12 h；长袋保持

16 h～18 h，灭菌结束后降温至 50 ℃～60 ℃后取出菌棒。

7.4.2 高压灭菌

将菌棒移入高压蒸汽灭菌设备中，当温度达到 121 ℃～125 ℃后，维持 2.5 h～4 h，灭菌结束后自然冷却，待压力降至 0，温度降至 50 ℃～60 ℃，打开灭菌锅门取出菌棒。

7.5 冷却

冷却室应事先进行清洁和除尘处理。待菌棒温度降至 40 ℃～50 ℃时移入冷却室，洁净冷却至 28 ℃以下。

7.6 接种

接种室、接种工具等在使用前应进行洁净和消毒处理。接种过程要严格无菌操作，接种结束后及时清理接种室。

使用液体菌种接种，须具备完善的液体菌种生产和接种设备设施及专业技术人员。

7.7 发菌管理

7.7.1 菌丝培养

发菌室要求洁净无尘、通风良好、干燥避光。

将接种后的菌棒移入发菌室培养，接种第 5 d 后开始通风，并逐渐加大通风量，同时检查杂菌，发现污染菌棒及时移除，并对其进行无害化处理。发菌前 10 d 发菌室温度应控制在 28 ℃～30 ℃，第 11 d～20 d温度控制在(24±2)℃，发菌后期温度降至(20±2)℃。

7.7.2 后熟培养

菌丝长满袋后，将温度控制在 18 ℃～22 ℃，根据品种的不同再进行不同时长的后熟培养，早熟品种需 7 d～10 d，中熟品种需 11 d～15 d，晚熟品种需 16 d～25 d。

7.8 出耳管理

7.8.1 刺孔

当菌棒达到生理成熟后，用刺孔机对菌棒进行刺孔，孔径 0.45 cm～0.6 cm、孔深 0.5 cm～0.7 cm，短袋刺孔数量为 220 个～240 个，长袋刺孔数量为 260 个～280 个，刺孔时间宜选择在晴天早晚或阴天。

7.8.2 催耳

采取室外催耳方式，菌棒刺孔后暗光培养 2 d～3 d。3 d 后，温度控制在 15 ℃～22 ℃、散射光照射，空气相对湿度 85%～90%，持续 5 d～7 d，孔眼菌丝变白或出现原基即可进行出耳管理。

7.9 出耳模式

棚式吊袋：在棚内吊杆上，系两根细尼龙绳或按品字形系紧三根尼龙绳，每组尼龙绳可吊 6 袋～8 袋，袋与袋采用铁丝钩或三角片托盘进行固定，距离约 0.10 m，相邻两组距离 0.25 m～0.30 m。棚内配备喷水设施。

露地摆放：场地应选通风良好、阳光充足、地势平缓、排水良好的地方。平整作畦，畦高 9 cm～10 cm，宽 1.3 m～1.5 m，长度不限，畦床中间安装喷水设施，畦面上铺有薄膜，防止杂草生长或耳片溅上泥土影响产品品质。

短棒可直立摆放在畦床薄膜上，菌棒间隔 10 cm～15 cm。长袋排场需在畦床上搭建高 30 cm～35 cm，行距 40 cm～50 cm 的支架，菌棒与地面成 60 ℃～70 ℃斜靠在支架上均匀排布，间距 10 cm～15 cm。

7.10 耳场管理

7.10.1 幼耳期管理

露天栽培模式，原基形成期白天温度达到 12 ℃～15 ℃时开始喷水，每次 5 min～10 min，空气相对湿度控制在 80%～90%，保持地面湿润；随耳片的长大，加大喷水量。大棚内吊袋模式宜全天通风。

7.10.2 成耳期管理

露天栽培模式，成耳期应加大喷水量，每次喷水 10 min～15 min，使耳片充分舒展，将空气相对湿度控制在 90%～95%，成耳期晒床 3 次～5 次，每次 2 d～3 d，创造“干干湿湿”的出耳环境，耳片收缩干燥 1 d～2 d 后，重新喷水至耳片舒展，重复管理直至采收。大棚内吊袋模式宜全天通风。

7.11 采收和晾晒

7.11.1 采收

按商品等级规格要求适时采收。采收选择晴好天气，采收前 24 h 停止喷水。每茬采收后适当停止喷水，待菌丝充分恢复，再次喷水进入下一潮的出耳管理。

7.11.2 晾晒

采收后的木耳应立即清除杂质，并在平整的晒耳床面上进行晾晒，雨天遮雨。

8 病虫害防治

8.1 防治原则

应贯彻预防为主、综合防治的方针。采用以农业防治与物理防治为主、化学防治为辅的综合防治措施。

8.2 主要病虫害

a） 主要病害：木霉、绿霉、流耳病等。

b） 主要虫害：菌蚊、螨虫、线虫、果蝇、跳虫等。

8.3 防治方法

8.3.1 农业防治

a） 选用抗病抗逆强的黑木耳菌种，用于生产的菌种必须健壮、适龄且无病虫杂菌污染。

b） 根据当地气候条件以及品种特性合理安排生产季节。

c） 严把培养原料质量、配制、灭菌关，严格按照无菌操作要求接种。

d） 发菌及出耳场地应保持清洁卫生。

8.3.2 物理防治

a） 用黏虫板、诱虫灯、黑光灯诱杀害虫。

b） 排场周围挖深为 50 cm 的环形水沟防病虫迁入。

c） 人工捕捉害虫，及时摘除病耳。

8.3.3 化学防治

a） 接种室、发菌室、出耳场地使用前应严格消毒，消毒剂及其使用方法参见附录 B。

b） 培养阶段病虫害发生严重时，使用已登记可在食用菌上使用的低毒低残留的农药，药物的使用应符合 NY/T 393 的要求。

c） 出耳期、采摘期和储存期，禁止使用任何农药。

9 生产废弃物处理

9.1 废弃生产物料的处理

破损包装材料、废弃周转筐、菌棒脱袋处理后的塑料袋等，应集中回收处理，不可随意丢弃造成环境污染。

9.2 菌渣的无害化处理

菌袋分离后的菌渣废弃物，可用作其他食用菌或农作物栽培基质、肥料或燃料等进行资源化利用。

10 包装

按 NY/T 1838 的要求对黑木耳进行归类分级。根据市场需求合理选择包装材料和包装方式。包装材料应清洁、干燥、无毒、无异味，符合 GB 4806.7 的要求；包装标识应清晰、规范、完整、准确，符合

GB/T 191 和 NY/T 1655 的要求。

11 储存和运输

常温储存，储存场所应干燥、清洁，避免阳光直射。运输时不得与有毒有害物品混装混运，运输中应有防晒、防潮、防雨、防杂菌污染的措施。

12 生产档案管理

建立绿色食品黑木耳生产档案，明确地记录环境清洁卫生条件、各类生产投入品的采购及使用、生产管理过程、病虫害防治和生产废弃物处理等各个生产环节。生产记录档案应保留 3 年以上，做到农产品生产可追溯。

附 录 A
(资料性附录)
绿色食品黑木耳菌种生产培养基推荐配方

绿色食品黑木耳菌种生产培养基推荐配方见表A.1。

表A.1 绿色食品黑木耳菌种生产培养基推荐配方

配方类型	组　成
母种培养基配方	土豆200 g、葡萄糖30 g、蛋白胨5 g、KH_2PO_4 3 g、琼脂20 g、纯净水1 000 mL
原种培养基配方	木屑78%、麦麸20%、石膏1%、白糖1%
枝条种培养基配方	枝条(清水浸泡24 h以上)90%、木屑8%、麦麸2%
液体摇瓶培养基配方	土豆200 g、葡萄糖20 g、蛋白胨3 g、KH_2PO_4 1 g、$MgSO_4 \cdot 7H_2O$ 0.5 g、纯净水1 000 mL
液体深层发酵培养基配方	蔗糖0.875%、葡萄糖0.875%、淀粉0.31%、麸皮0.25%、KH_2PO_4 0.125%、$MgSO_4 \cdot 7H_2O$ 0.012 5%、豆粉0.125%(煮15 min后过滤),酵母膏0.05%,维生素B_1 5 mg/L,消泡剂0.015%

绿色食品黑木耳生产栽培基质推荐配方见表A.2。

表A.2 绿色食品黑木耳生产栽培基质推荐配方

配方名称	成　分
配方1	木屑83%、黄豆粉3%、稻糠12%、石灰1%、石膏1%,含水量55%～60%,pH自然
配方2	木屑86%、黄豆粉2%、麦麸10%、石灰1%、石膏1%,含水量55%～60%,pH自然
配方3	木屑88%、麦麸11%、石灰1%,含水量55%～58%,pH自然

附　录　B
（资料性附录）
绿色食品黑木耳生产接种、培养及出耳环境消毒常用药品

绿色食品黑木耳生产接种、培养及出耳环境消毒常用药品见表B.1。

表B.1　绿色食品黑木耳生产接种、培养及出耳环境消毒常用药品

消毒剂	用　　途	用量、浓度及使用方法
漂白粉	接种室、发菌室使用前消毒	1%，现用现配，喷雾
酒精	接种工具、接种台、菌种外包装、接种人员的手等	70%～75%涂擦
高锰酸钾	器具表面消毒	0.1～0.2%水溶液浸泡、喷雾
新洁尔灭	皮肤和不耐热器皿表面的消毒	0.25%水溶液涂擦或浸泡
二氧化氯消毒剂(必洁仕)	器械表面消毒、空间消毒	1%～7%水溶液消毒、喷雾
石灰水	出耳场地	3%～5%水溶液喷洒

绿 色 食 品 生 产 操 作 规 程

LB/T 202—2021

绿色食品杏鲍菇生产操作规程

2021-09-26 发布 2021-10-01 实施

中国绿色食品发展中心 发布

前　言

本规程由中国绿色食品发展中心提出并归口。

本规程起草单位:中国农业科学院农业资源与农业区划研究所、湖南省绿色食品办公室、湖南省宇秀生物科技有限公司、中国绿色食品发展中心。

本规程主要起草人:杜芳、胡清秀、邹亚杰、阳国秀、姬建军、陈强、张志华。

绿色食品杏鲍菇生产操作规程

1 范围

本规程规定了绿色食品杏鲍菇的术语和定义、产地环境、农业投入品、菌种及质量要求、生产工艺流程、病虫害防治、生产废弃物处理、储存和运输及生产档案管理。

本规程适用于绿色食品杏鲍菇的生产及管理。

2 规范性引用文件

下列文件中的内容通过文中的规范性引用而构成本文件必不可少的条款。其中,注日期的引用文件,仅该日期的版本适用于本文件。不注日期的引用文件,其最新版本(包括所有的修改单)适用于本文件。

GB/T 191 包装储运图示标志

GB 4806.7 食品安全国家标准 食品接触用塑料材料及制品

GB/T 12728 食用菌术语

NY/T 391 绿色食品 产地环境质量

NY/T 393 绿色食品 农药使用准则

NY/T 528 食用菌菌种生产技术规程

NY/T 749 绿色食品食用菌

NY 862 杏鲍菇和白灵菇菌种

NY/T 1655 蔬菜包装标识通用准则

NY/T 3418 杏鲍菇等级规格

NY 5099 无公害食品 食用菌栽培基质安全技术要求

3 术语和定义

GB/T 12728 中界定的以及下列术语和定义适用于本文件。

3.1

菌渣 spent substrate

栽培食用菌后的培养基质。

3.2

枝条菌种 stick spawn

以浸泡处理和灭菌后杨树小木条为培养基质,长满杏鲍菇菌丝并作为栽培种应用的复合物。

3.3

摇瓶菌种 liquid spawn by s hake cultivation

以恒温摇床培养方式培养的液体菌种。

3.4

深层发酵培养菌种 liquid spawn by cultivation in fermenter

采用大型发酵罐为容器培养的液体菌种。

4 产地环境

4.1 厂区环境

厂区环境应符合 NY/T 391 的要求。厂区应清洁卫生、水质优良、地势平坦、交通便利;远离工矿区和城市污染源、禽畜舍、垃圾场和死水水塘等危害食用菌的病虫源滋生地。与常规农田邻近的食用菌厂区应设置缓冲带或物理屏障，以避免禁用物质的影响。

4.2 厂区布局

根据杏鲍菇的生产工艺流程，科学规划各生产区域。堆料场、拌料车间、装袋(瓶)车间、灭菌区、冷却区、接种区、发菌区、出菇区、包装车间、储存冷藏库应各自独立，又合理衔接，其中灭菌区、冷却区和接种区应紧密相连。废弃物处理区应远离生产区域，并位于厂区主导风向下风侧。

5 农业投入品

5.1 生产用水

生产用水应符合 NY/T 391 的要求。

5.2 栽培原料

主辅料应来自安全生产农区，质量应符合 NY 5099 和绿色食品相关规定要求，要求洁净、干燥、无虫、无霉、无异味，防止有毒有害物质混入，不应使用来源于污染农田或污染区农田的原料。

5.3 设备设施

拌料车间、装袋车间应采用半封闭式厂房，能够遮阳、避雨，安装除尘设备，满足工人及设备操作的需求；冷却区、接种区、发菌区、出菇区应采用封闭式厂房，能够对温度、湿度、通风、光照等参数进行人工调控，发菌区需安装初、中效新风处理系统，冷却区和接种区需安装初、中、高效新风处理系统。

栽培环境控制系统、水电等设施应与生产规模相匹配，并符合相关质量安全标准。锅炉、灭菌柜等压力设备，应通过相关部门检验合格后方可使用，并定期检查、维护和校验，由专人持证操作。

6 菌种及质量要求

6.1 菌种选择

杏鲍菇菌种应优质高产、抗病抗逆性强、适应性广、商品性好，从具资质的单位购买，并可追溯菌种的来源。

6.2 菌种生产及质量要求

杏鲍菇生产菌种可采用固体菌种或液体菌种。

固体菌种生产应符合 NY/T 528 的要求，菌种质量应符合 NY 862 的要求。栽培种可采用枝条种或木屑、玉米芯混合菌种。母种、栽培种培养基配方见附录 A.1，用于生产的菌种必须菌性纯正、生命力旺盛、无病虫害干扰。

液体菌种生产按照摇瓶培养和发酵罐深层培养两个阶段进行，培养基配方参见附表 A.1。摇瓶菌种要求菌种外观澄清透明不浑浊，无杂菌、无异味；菌丝体密集、均匀悬浮于液体中不分层，菌丝体湿重不少于 8 g/L。发酵罐深层培养菌种要求菌液澄清透明不浑浊，稍黏稠；菌丝体密集、均匀悬浮于液体中不分层，显微镜下可见菌丝分枝密度高、有隔膜，可见锁状联合，无杂菌，菌丝体湿重 10 g/L 以上，pH<5.0。

7 生产工艺流程

备料→拌料→装袋(瓶)→灭菌→冷却→接种→发菌管理→出菇管理→采收

7.1 基质配方

根据杏鲍菇对营养和酸碱度的需求进行科学配比，可采用附表 A.2 的配方。

7.2 拌料

将主料、辅料及其他配料按配方逐一置入拌料机内，充分混匀，使栽培基质含水量达 65%～68%，pH 7.5～8.0。木屑、玉米芯等主料需提前用水预湿闷堆处理。

拌料区地面应平整、无积水、无杂物，拌料产生的垃圾应及时清理。

7.3 装袋(瓶)

杏鲍菇生产主要采用袋栽和瓶栽两种模式。袋栽宜选用(17 cm～19 cm)×(35 cm～38 cm)×(0.005 cm～0.008 cm)的聚丙烯或聚乙烯塑料袋，每袋装料量为 1 200 g～1 550 g；瓶栽宜选用容量 1 100 mL～1 500 mL 的塑料瓶，每瓶装料量为 710 g～1 100 g；机械装袋(瓶)，要求料袋紧实，袋无破损，封口后将料袋(瓶)排放于周转框内。

装袋(瓶)结束后，及时清理装袋机轨道和地面上的料屑及破损塑料袋(瓶)。

7.4 灭菌

采用常压或高压蒸汽灭菌方式，将排放料袋(瓶)的周转框移入灭菌设备内，常压灭菌应保持 100 ℃，10 h 以上；高压灭菌应在 121 ℃～123 ℃下保持 2.5 h～3.5 h。

拌料、装袋在 4 h 内完成，并及时灭菌。

7.5 冷却

灭菌后灭菌锅灭力降至 0，温度降至 95 ℃以下，移入预冷室；待料袋(瓶)温度降至 50 ℃～60 ℃，移入冷却室，洁净冷却。冷却室应事先进行清洁处理。

7.6 接种

料袋(瓶)中心温度降至 25 ℃以下才可移入接种室接种。接种室消毒采用高效过滤器或移动层流罩将空气净化，结合臭氧消毒，使用接种机或人工接种，接种过程要严格无菌操作，接种结束后及时清理接种室。

使用液体菌种接种，须具备完善的液体菌种生产和接种设备设施及专业技术人员。

7.7 发菌管理

7.7.1 发菌条件

发菌室要求洁净无尘、通风良好，温度控制在 20 ℃～25 ℃，空气相对湿度控制在 65%～70%，菌袋模式需设置发菌层架。

7.7.2 发菌培养

将菌袋整框摆放在发菌层架上，菌瓶整框直接码放多层，避光培养。接种第 5 d 后经常观察菌丝生长状况，及时清除被杂菌污染的菌袋(瓶)，并进行无害化处理。接种后 25 d～30 d 菌丝发满菌袋(瓶)，继续培养 5 d～7 d，菌丝达到生理成熟。

7.8 出菇管理

7.8.1 袋栽模式

7.8.1.1 催蕾

将发好菌的菌袋移入菇房，揭盖，排放于专用出菇架上。进入菇房的第 1 d～4 d，温度控制在 16 ℃～18 ℃，湿度控制在 75%～85%，CO_2 浓度控制为 0.15%～2.8%，不需光照和通风，循环风定时开。第 5 d 将套环外拉，温度控制在 14 ℃～16 ℃，每天通风换气并给予光照，菇蕾出现后将套环去除。

7.8.1.2 疏蕾

第 10 d～15 d，温度控制在 12 ℃～14 ℃，湿度控制在 90%～95%，CO_2 浓度控制在 0.15%～2.8%，给予光照并加强通风。当菇蕾高度为 5 cm～9 cm 时，及时疏蕾，剔除不规则小菇或劣质菇，保留 2 个～4 个优势菇蕾向袋(瓶)口伸长。

7.8.1.3 生长期管理

温度控制在 12 ℃～14 ℃，湿度控制在 85%～95%，CO_2 浓度升高至 0.3%～0.8%，每天通风换气并增加光照。采收前 3 d～4 d 不宜光照。

7.8.2 瓶栽模式

7.8.2.1 搔菌、催蕾

菌瓶移入菇房前机械搔菌，去除瓶口老化菌皮，保持料面平整，然后排放于专用出菇架上。进入菇房的第 1 d～4 d,温度控制在 16 ℃～18 ℃,湿度控制在 75%～85%,不需光照和通风,循环风定时开。第 5 d 将温度控制在 14 ℃～16 ℃,每天通风换气并给予光照,诱导菇蕾出现。

7.8.2.2 疏蕾

第 10 d～15 d,温度控制在 14 ℃～16 ℃,湿度控制在 90%～95%,CO_2 浓度 0.15%～2.8%,给予光照并加强通风。当菇蕾高度为 2 cm～3 cm 时进行适当疏蕾,也可不疏蕾。

7.8.2.3 生长期管理

温度控制在 10 ℃～12 ℃,湿度控制在 85%～95%,CO_2 浓度升高至 0.3%～0.8%,光照强度 200 lx～500 lx,通风循环风同时开。

7.9 采收和包装

7.9.1 采收

当菌盖近平展,直径与菌柄直径基本一致时即可采收。采收时佩戴口罩,手握菌柄,快速掰下,随手修剪,轻轻放入铺有柔软海绵垫的采收框内,尽量避免菇体间的碰触和损伤,保持菇体完整。产品质量安全应符合 NY/T 749 的要求。

7.9.2 清库

采收后,将菌袋(瓶)转移至生产废弃物处理区进行脱袋或挖瓶处理,菇房内地面上的菇根、死菇等残留物应及时清理,对清空的菇房进行清洗及消毒处理,所用消毒剂及其使用方法参见附录 B。

7.9.3 包装

包装前杏鲍菇需在 3 ℃～5 ℃的冷库中预冷至菇体中心温度达 7 ℃以下。包装车间保持清洁、干燥。包装人员应穿戴干净的衣、帽、鞋和口罩,根据 NY/T 3418 的要求对杏鲍菇进行归类分级,按照客户需求装入干净、专用的包装容器内。包装材料应清洁、干燥、无毒、无异味,符合 GB 4806.7 的要求;包装标识应清晰、规范、完整、准确,符合 GB/T 191 和 NY/T 1655 的要求。

8 病虫害防治

8.1 防治原则

应贯彻预防为主、综合防治的方针。以农业防治和物理防治为主。

8.2 主要病害、虫害

a) 主要病害:绿霉、毛霉、链孢霉、根霉、细菌性病害等。

b) 主要虫害:蚊蝇类、螨类、线虫类等。

8.3 防治方法

8.3.1 农业防治

a) 选用抗病抗逆强、活力好的菌种,用于生产的菌种必须健壮、适龄且无病虫污染。

b) 培养料灭菌应彻底,操作人员严格按照无菌操作规程接种。

c) 发菌场所应整洁卫生、通风良好,发现杂菌污染袋,及时清出,集中处理。

d) 菇房应保持良好的通风,子实体发病或菌袋有虫害发生时,及时清除病菇并清理菌袋。

8.3.2 物理防治

a) 接种室、发菌室及菇房应定时刷洗,保持室内环境洁净。

b) 发菌室及菇房悬挂杀虫色板、诱虫灯。

c) 定期进行产区环境检测、车间通风系统的过滤网检查工作,定期更换通风系统的过滤网或滤芯。

8.3.3 化学防治

a) 接种室、发菌室及菇房在使用之前应进行消毒处理,所用消毒剂及其使用方法参见附录 B。

b) 病虫害发生严重时,使用已登记可在食用菌上使用的低毒低残留的农药,药物的使用应符合 NY/T 393 的要求。

c） 出菇期禁止使用任何化学药物。

9 生产废弃物处理

9.1 废弃生产物料的处理

生产过程中产生的破损包装材料、废弃周转框及菌棒脱袋处理后的塑料袋，应集中回收处理，不可随意丢弃造成环境污染。

脱瓶处理后的塑料瓶需回收利用。

9.2 菌渣的无害化处理

杏鲍菇采收后的大量菌渣废弃物，应资源化循环利用，可用作其他食用菌或农作物栽培基质、肥料或燃料等。

10 储存和运输

杏鲍菇以鲜销为主，分级包装好的杏鲍菇应在低温（1 ℃～5 ℃）的低温条件下储存。长距离或夏季高温时应使用冷藏车运输，以保持产品良好品质。

11 生产记录档案

建立绿色食品杏鲍菇生产档案，明确记录环境清洁卫生条件、各类生产投入品的采购及使用、生产管理过程、病虫害防治、包装运输等各个生产环节。生产记录档案应保留 3 年以上，做到农产品生产可追溯。

附 录 A
(资料性附录)
绿色食品杏鲍菇菌种生产培养基推荐配方

绿色食品杏鲍菇菌种生产培养基推荐配方见表 A.1。

表 A.1 绿色食品杏鲍菇菌种生产培养基推荐配方

配方类型	组 成
母种培养基配方	土豆 200 g、葡萄糖 30 g、蛋白胨 5 g、KH_2PO_4 3 g、琼脂 20 g、纯净水 1 000 mL
栽培种培养基配方	木屑 40%、玉米芯 40%、麦麸 18%、石膏 1%、石灰 1%
枝条种培养基配方	杨树枝条(清水浸泡 24 h 以上)70%、麦粒 20%、木屑 10%
液体摇瓶培养基配方	土豆 200 g、葡萄糖 30 g、蛋白胨 5 g、KH_2PO_4 3 g、$MgSO_4 \cdot 7H_2O$ 1.5 g、纯净水 1 000 mL
液体深层发酵培养基配方	马铃薯 200 g、葡萄糖 20 g、黄豆粉 30 g(煮 15 min 后过滤)、KH_2PO_4 1 g、$MgSO_4 \cdot 7H_2O$ 0.5 g、酵母膏 1 g、维生素 B_1 10 mg、消泡剂 0.3 g、纯净水 1 000 mL

绿色食品杏鲍菇生产栽培基质推荐配方见表 A.2。

表 A.2 绿色食品杏鲍菇生产栽培基质推荐配方

配 方	成 分
配方 1	杂木屑 21%、甘蔗渣 21%、玉米芯 21.9%、麦麸 18.4%、玉米粉 6.8%、豆粕粉 8.4%、石灰 1.5%、石膏 1%。含水量 65%~68%,pH 7.5~8.0
配方 2	玉米秸 36.5%、豆秸 20%、木屑 13%、麦麸 18%、豆粕粉 5%、玉米粉 5%、石灰 1.5%、石膏 1%。含水量 65%~68%,pH 7.5~8.0
配方 3	杂木屑 65%、麦麸 20.5%、玉米粉 6%、豆粕粉 6%、石灰 1.5%、石膏 1%。含水量 65%~68%,pH 7.5~8.0

附 录 B
(资料性附录)
绿色食品杏鲍菇接种、培养及出菇环境消毒常用药品

绿色食品杏鲍菇接种、培养及出菇环境消毒常用药品见表 B.1。

表 B.1 绿色食品杏鲍菇接种、培养及出菇环境消毒常用药品

消毒剂	用 途	用量、浓度及使用方法
酒精	手及器皿表面消毒	70%~75%涂擦
高锰酸钾	器具表面消毒	0.1~0.2%水溶液浸泡、喷雾
新洁尔灭	皮肤和不耐热器皿表面的消毒	0.25%水溶液涂擦或浸泡
二氧化氯消毒剂(必洁仕)	器械表面消毒、空间消毒	1%~7%水溶液消毒、喷雾
石灰水	接种室、发菌室、菇房	3%~5%水溶液喷洒

LB/T 203—2021

绿色食品金针菇生产操作规程

2021-09-26 发布 2021-10-01 实施

中国绿色食品发展中心 发布

前　　言

本规程由中国绿色食品发展中心提出并归口。

本规程起草单位：中国农业科学院农业资源与农业区划研究所、江苏省农业科学院蔬菜研究所、清丰县食用菌推广站、清丰县龙丰食用菌有限公司、北京市农业绿色食品办公室、中国绿色食品发展中心。

本规程主要起草人：邹亚杰、胡清秀、杜芳、曲绍轩、李辉平、安社蕊、姬利强、周绪宝、刘艳辉。

绿色食品金针菇生产操作规程

1 范围

本规程规定了绿色食品金针菇生产的要求,包括术语和定义、产地环境、投入品、菌种选择及质量要求、生产工艺流程、病虫害防治、清料、生产废弃物处理、储存和运输、生产档案管理等技术要求。

本规程适用于绿色食品金针菇的生产及管理。

2 规范性引用文件

下列文件中的内容通过文中的规范性引用而构成本文件必不可少的条款。其中,注日期的引用文件,仅该日期的版本适用于本文件。不注日期的引用文件,其最新版本(包括所有的修改单)适用于本文件。

GB/T 191　包装储运图示标志

GB/T 12728　食用菌术语

GB/T 24616　冷藏食品物流包装、标志、运输和储存

GB/T 37671　金针菇菌种

NY/T 391　绿色食品　产地环境质量

NY/T 393　绿色食品　农药使用准则

NY/T 528　食用菌菌种生产技术规程

NY/T 658　绿色食品　包装通用准则

NY/T 749　绿色食品　食用菌

NY/T 1934　双孢蘑菇、金针菇储运技术规范

NY 5099　无公害食品　食用菌栽培基质安全技术要求

3 术语和定义

GB/T 12728 中界定的以及下列术语和定义适用于本文件。

3.1

液体菌种　liquid spawn

在液体培养基中培养的菌种。

3.2

摇瓶菌种　liquid spawn by shake cultivation

在恒温摇床培养方式培养的菌种。

3.3

深层发酵培养菌种　liquid spawn by cultivation in fermenter

采用大型发酵罐为容器培养的菌种。

4 产地环境

4.1 厂区环境

产地环境要求符合 NY/T 391 的要求。厂区应清洁卫生、水质优良、地势平坦、交通便利;远离工矿区和城市污染源、禽畜舍、垃圾场和死水水塘等危害食用菌的病虫源滋生地。与常规农田邻近的食用菌厂区应设置缓冲带或物理屏障,以避免受农田有害物的飘逸影响。不宜选择地势低洼,洪涝灾害风险高

的场所。

4.2 厂区布局

应根据金针菇的生产工艺流程，科学规划各生产区域。堆料场、拌料车间、装瓶/装袋车间、灭菌区、隔热缓冲间、冷却区、接种清洗缓冲室、接种区、培养区、出菇区、包装车间、储存冷藏库应各自独立，又合理衔接，其中灭菌区、隔热缓冲间、冷却区和接种区应紧密相连。生产废弃物处理区应严格远离其他区域。

5 投入品

5.1 生产用水

生产用水应符合 NY/T 391 的要求。

5.2 栽培原料

主辅料应来自安全生产农区，质量应符合 NY 5099 及绿色食品相关规定要求，要求洁净、干燥、无虫、无霉、无异味，防止有毒有害物质混入，不应使用来源于污染农田或污染区农田的原料。

5.3 设备设施

搅拌车间、装瓶/装袋车间采用半封闭式厂房，能够遮阳、避雨，满足设备运行和生产操作的需求。灭菌区、冷却区、接种区、培养区、出菇区采用封闭式厂房，发菌室应安装初、中效新风处理系统，能够对温度、湿度、CO_2 浓度、光照等参数进行人工调控，满足设备运行和生产操作的需求。

栽培环境控制系统、水电等设施应与生产规模相匹配，并符合相关质量安全标准。灭菌锅等压力设备，应通过相关部门检验合格后使用，并定期检查、维护和校验，由专人持证操作。

6 菌种选择及质量要求

6.1 菌种选择

选用优质高产、抗病抗逆性强、适应性广、商品性好的品种；菌种应从具资质的单位购买，菌种来源可追溯。

6.2 菌种生产及质量要求

菌种生产应符合 NY/T 528 的要求，菌种质量应符合 GB/T 37671 的要求，用于生产的菌种必须种性纯正、生命力旺盛。

液体菌种生产按照摇瓶培养和发酵罐深层培养两个阶段进行，培养基配方为 PDA 标准培养基。摇瓶菌种要求菌种外观澄清透明不浑浊，无杂菌、无异味；菌丝体密集、均匀悬浮于液体中不分层，菌丝体湿重不少于 8 g/L。发酵罐深层培养菌种要求菌液澄清透明不浑浊，稍黏稠；菌丝体密集、均匀悬浮于液体中不分层，菌丝粗壮、分枝密度高、有隔膜，可见锁状联合，无杂菌，菌丝体湿重 10 g/L，pH＜5.0。

7 生产工艺流程

备料→拌料→装瓶(袋)→灭菌→冷却→接种→发菌管理→出菇管理→采收包装。

7.1 基质配方

可选用下列配方：

玉米芯 42.5%、米糠 30%、麸皮 10%、啤酒糟 5.5%、大豆皮 5.5%、甜菜渣 4%、贝壳粉 1.5%、碳酸钙 1%。

松木屑 39%、米糠 20%、玉米芯 39%、贝壳粉 2%。

7.2 拌料

将主料、辅料及其他配料应按配方量逐一加入拌料机内，加水后两级或三级搅拌，充分混匀，栽培基质含水量 65%～67%，pH 6.2～6.8，灭菌后 pH 5.8～6.2。

搅拌区地面、墙壁清洁无杂物，地面无积水，包装废弃物、垃圾应及时清理。

7.3 装瓶(袋)

瓶栽可选用容量为 1 100 mL～1 400 mL 的塑料瓶，每瓶装料量(湿重)为 950 g～1 100 g。袋栽可采用(17 cm～18 cm)×(37 cm～38 cm)×(0.004 5 cm～0.005 0 cm)的栽培袋，每袋装料量为 1 150 g～1 250 g。

7.4 灭菌

采用高压蒸汽灭菌，将排放料瓶的周转筐移入灭菌柜，在蒸汽压力达到 0.125 MPa～0.30 MPa 条件下，维持 80 min～120 min，灭菌结束，待压力降至零再开柜。

拌料、装瓶(袋)、灭菌应在当天内完成。

7.5 冷却

待料袋/料瓶温度降至 50 ℃～60 ℃时移入冷却室，洁净冷却。冷却室应事先进行清洁和除尘处理。

7.6 接种

料袋/料瓶温度降至 18 ℃以下时才可移入接种室接种。使用接种机或人工接种，接种工具、接种室等在使用前应进行洁净和消毒处理。接种过程要严格无菌操作，接种结束后及时清理接种室。

7.7 发菌管理

7.7.1 发菌条件

发菌室应洁净无尘、通风良好，遮光效果好。

7.7.2 发菌培养

接种后，将菌瓶(袋)整框摆放在发菌层架上进行避光分段培养。第一阶段培养 5 d～6 d，温度控制在 14 ℃～16 ℃，瓶间温度控制在 15 ℃～19 ℃，二氧化碳浓度控制在 0.3%以下，湿度以自然湿度为标准；第二阶段培养 16 d～18 d，温度控制在 12 ℃～15 ℃，瓶间温度控制在 15 ℃～20 ℃。空气相对湿度控制在 70%～80%；二氧化碳浓度控制在 0.4%以下；第 21 d～23 d，菌丝长满 95%以上。

发菌期间经常观察菌丝生长状况，及时清除已被杂菌污染的菌瓶(袋)。清理后的污染菌瓶(袋)应进行无害化处理。

7.8 出菇管理

7.8.1 搔菌

菌瓶(袋)发菌管理结束，移出培养房，开瓶(袋)，搔除瓶口老化菌皮，搔菌深度，瓶口离料面距离(2.5±0.1)cm。确认搔菌后的料面平整，无细菌，霉菌污染等，料面冲洗干净，补水后无漂浮物。排放于专用出菇架上转移至出菇房。

7.8.2 催蕾

温度控制在 14 ℃～15 ℃，空气相对湿度控制在 95%～98%，二氧化碳含量保持 0.3%～0.4%为宜，原基分化，菇蕾出现，处理时间 8 d～10 d。

7.8.3 抑制期

温度控制在 4 ℃～5 ℃，空气相对湿度控制在 85%～90%，二氧化碳浓度保持 0.3%～0.4%为宜，原基分化，菇蕾出现。芽出瓶口 0.5 cm～1.0 cm 时开始光照，利用光抑制配合低浓度二氧化碳控制芽数和整齐度，光照频率 200 lx，间歇式照射 2 h～3 h。再利用弱风抑制增加芽紧实度，风机的频率为 30 Hz～40 Hz，抑制期 5 d～7 d。

7.8.4 包片

瓶栽方式，第 15 d～17 d，芽出瓶口 1 cm～2 cm，菌盖大小控制在 1 mm～2 mm 时，瓶口包塑料片。包片后温度控制在 5 ℃～7.5 ℃，空气相对湿度控制在 96%～98%，二氧化碳浓度保持在 0.4%～0.6%为宜。

7.8.5 伸长期

第 18 d～24 d，温度控制在 6 ℃～7.5 ℃，空气相对湿度控制在 80%，二氧化碳浓度保持 1%～

1.8%为宜。

7.8.6 采收期

温度控制在6 ℃～8 ℃，空气相对湿度控制在80%，二氧化碳浓度保持1%～1.5%为宜。第25 d～26 d，菌盖直径可达0.5 cm～0.7 cm，菌柄长度15 cm～18 cm，即可进行采收。

7.9 采收和包装

采收和质量要求、预冷、包装应符合NY/T 749、NY/T 1934和NY/T 658的要求。包装标识应清晰、规范、完整、准确，符合GB/T 191和GB/T 24616的要求。

8 病虫害防治

8.1 防治原则

应贯彻预防为主、综合防治的方针，以农业防治和物理防治为主。

8.2 防治方法

8.2.1 农业防治

a) 选用抗病抗逆性强、活力好的菌种，用于生产的菌种必须健壮、适龄且无病虫杂菌污染；

b) 培养料灭菌应彻底，操作人员严格按照无菌操作规程接种；

c) 发菌场所应整洁卫生、通风良好，发现杂菌污染菌瓶(袋)，及时清除，集中处理；

d) 菇房应保持良好的通风，子实体发病或菌(瓶)袋有虫害发生时，及时清除病菇并清理菌(瓶)袋。

8.2.2 物理防治

a) 接种室、发菌室及菇房应定时清洗，保持室内环境洁净和良好的周围卫生环境。

b) 接种室、发菌室、出菇室环境消毒灭菌中，采用臭氧等物理方法。定期进行产区环境检测、车间通风系统的过滤网检查工作，定期更换通风系统的过滤网或滤芯。

8.2.3 化学防治

a) 接种室、发菌室、菇房使用前应进行消毒处理，消毒剂及其使用方法参见附录A；

b) 病虫害发生严重时，使用已登记可在食用菌上使用的低毒低残留的农药，药物的使用应符合NY/T 393的要求；

c) 出菇期禁止使用任何化学药品。

9 清料

采收后，将菌袋(瓶)转移至废料场进行脱袋或脱瓶处理，及时对清空的菇房进行清洗及消毒处理，所用消毒剂及其使用方法参见附录A。

10 生产废弃物处理

10.1 废弃生产物料的处理

金针菇栽培中所产生的废塑料袋(或瓶)、包装袋、栽培框等废弃塑料，应集中回收处理，不可随意丢弃造成环境污染。瓶栽模式菌瓶应回收利用。

10.2 菌渣的无害化处理

金针菇采收后的大量菌渣废弃物，应资源化循环利用，即重新作为其他食用菌的栽培基质或用作农作物栽培基质、肥料。

11 储存和运输

金针菇以鲜销为主，预冷、入库、储藏、出库、运输要求应符合NY/T 1934的要求。

12 生产档案管理

建立绿色食品金针菇工厂化生产档案，明确地记录环境清洁卫生条件、各类生产投入品的采购及使用、生产管理过程、病虫害防治、包装运输等各个生产环节。生产记录档案应保留3年以上，做到农产品生产可追溯。

附　录　A
（资料性附录）
绿色食品金针菇生产环境消毒方案

绿色食品金针菇生产环境消毒方案见表 A.1。

表 A.1　绿色食品金针菇生产环境消毒方案

防治对象	防治时期	防治用品名称	使用剂量	施药方法
杀菌/环境消毒	接种期	75%乙醇	0.1%～0.2%浓度浸泡或涂擦	接种工具、接种台、菌种外包装、接种人员的手等
	接种期、空库时期	紫外灯	直接照射，紫外灯与被照射物距离不超过 1.5 m，每次 30 min 以上	接种室、冷却室、保鲜库等，不得对菌种、子实体进行紫外照射消毒
	空库时期	高锰酸钾	0.05%～0.1%的高锰酸钾溶液，喷雾或涂擦	培养室、无菌室、接种室、出菇房、空房等消毒
	空库时期	氢氧化钙/石灰	石灰 10 g/L，现用现配，喷雾，涂擦	出菇房、出菇层架等表面消毒
	空库时期	漂白粉	浓度为 1%，现用现配，喷雾	走廊、接种室、发菌室、出菇室等喷雾

LB/T 204—2021

绿色食品高产蛋鸡养殖规程

2021-09-26 发布 2021-10-01 实施

中国绿色食品发展中心 发布

前　　言

本规程由中国绿色食品发展中心提出并归口。

本规程起草单位：山东省农业科学院农业质量标准与检测技术研究所、湖南省饲料工业办公室、山东省绿色食品发展中心、中国绿色食品发展中心、山东省农业科学院家禽研究所、福建省绿色食品发展中心、安丘市畜牧业发展中心、青岛田瑞生态科技有限公司。

本规程主要起草人：范丽霞、赵善仓、徐飞良、苑学霞、孟浩、张宪、李福伟、王馨、王磊、董燕婕、谢秋萍、任显凤、魏宝华、曲晓青。

绿色食品高产蛋鸡养殖规程

1 范围

本规程规定了绿色食品高产蛋鸡养殖的术语和定义、环境、引种、饲养管理、疾病防控、生产废弃物处理、生产档案管理各个环节应遵循的准则。

本规程适用于绿色食品高产蛋鸡养殖。

2 规范性引用文件

下列文件中的内容通过文中的规范性引用而构成本文件必不可少的条款。其中,注日期的引用文件,仅该日期的版本适用于本文件。不注日期的引用文件,其最新版本(包括所有的修改单)适用于本文件。

GB 14554 恶臭污染物排放标准

GB 18596 畜禽养殖业污染物排放标准

NY/T 33 鸡饲养标准

NY/T 388 畜禽场环境质量标准

NY/T 391 绿色食品 产地环境质量

NY/T 471 绿色食品 饲料及饲料添加剂使用准则

NY/T 472 绿色食品 兽药使用准则

NY/T 473 绿色食品 畜禽卫生防疫准则

NY/T 1168 畜禽粪便无害化处理技术规范

中华人民共和国畜牧法

中华人民共和国动物防疫法

中华人民共和国食品安全法

病死及病害动物无害化处理技术规范(农医发〔2017〕25 号)

3 术语和定义

下列术语和定义适用于本文件。

3.1 高产蛋鸡

500 日龄内产蛋达 290 个以上的蛋鸡品种。

3.2 全进全出制

同一鸡舍或同一鸡场只饲养同一批次的鸡,同时进场、同时出场的管理制度。

4 环境

4.1 场址应符合《中华人民共和国畜牧法》、相关法律法规以及土地利用规划。

4.2 场址选择、建设条件、规划布局要求应符合 NY/T 473 的要求。

4.3 鸡场的生态、空气环境应符合 NY/T 391 的要求;鸡舍内外环境卫生应符合 NY/T 388 的要求。

5 引种

雏鸡应来自有《种畜禽生产经营许可证》和《动物防疫合格证》的种鸡场,并经产地检疫合格。全场雏鸡应来源于同一种鸡场、同一批次、同一品种的优质健康鸡苗。

6 饲养管理

6.1 饲养方式

饲养方式主要为笼养,全进全出制。雏鸡、育成鸡、产蛋鸡分阶段饲养。

6.2 育雏准备

6.2.1 对育雏舍、设备、用具等进行清扫、冲洗及消毒。

6.2.2 入雏前至少需要空舍 14 d,任何人员、车辆、物品不得进入。

6.2.3 入雏前 2 d 开门窗通风换气。

6.2.4 入雏前 1 d(夏季)或 2 d(冬季),将舍内温度提升到 30 ℃以上。

6.3 育雏期(0 周龄～6 周龄)

6.3.1 育雏条件

温度:初期温度应稍高些,保持在 32 ℃～35 ℃,随着日龄的增加,可逐渐降温,每周下降 2 ℃～3 ℃。湿度:50%～70%。保证良好的通风条件。育雏密度可参考表 1,光照情况可参见附录 A。

表 1 育雏期饲养密度

周龄(周)	笼养育雏(只/m^2)
0～2	50～70
3～4	40～50
5～6	30～35

6.3.2 饮水

雏鸡需充分饮水,饮水温度不低于 18 ℃,前 2 d 的饮水可添加多种维生素和电解质,水质应符合 NY/T 391 的要求。定期清洗饮水器、水线并消毒。

6.3.3 开食

饮水 0.5 h 后即可开食,育雏期饲料营养成分指标参见附录 B。育雏期分为两个阶段的,参考 0 周龄～2 周龄、3 周龄～6 周龄营养成分指标;育雏期只有一个阶段的,参考 0 周龄～6 周龄营养成分指标。

6.3.4 断喙

推荐 1 日龄红外线断喙,人工断喙建议在 7 日龄～10 日龄打完疫苗后实施。断喙前 12 h 断料,断喙后自由采食,并适当提高育雏温度,断喙后 2 d～3 d 在饮水中加入抗应激物质。

6.3.5 分群

育雏结束后将雏鸡转到育成鸡舍内饲养。分群前两周,育成鸡舍与设备应进行彻底清洗及消毒。雏鸡根据个体大小进行分群,保证每笼内密度合适,分群时将弱雏挑出单独饲养,根据发育状况针对性地开展饲养管理。通过调整饲养密度、饲料饲喂量、饲料营养水平,使其鸡群体重和生长发育趋于均匀。

6.4 育成期(7 周龄～16 周龄)

6.4.1 育成条件

舍内温度:18 ℃～25 ℃,每天温差不超过 2 ℃;湿度:55%～65%。加强通风换气,以纵向通风为宜。光照情况可参见附录 A。笼养方式密度不超过 20 只/m^2。保证体成熟与性成熟一致,适时开产;保持良好的均匀度,保证开产整齐度;确保体重达标,利于蛋重和高产。

6.4.2 饲喂

育雏期饲料营养成分指标参见附录 B。

6.4.3 体重与群体均匀度管理

每周按鸡群数量的 1%～3%随机称重,数量不小于 50 只。与本品种的标准体重进行对照,对差异较大的个体，及时进行分群饲养，保证均匀度在85%以上。注重蛋鸡育雏、育成时期骨骼发育情况，定期测量胫长，并对比养殖品种的标准，及时修正饲养管理方法，保证群体中有85%的胫长达到标准。

6.5 产蛋前期(17周～5%产蛋率)

第17周开始使用产前料，产蛋前期饲料营养成分指标见附表A，可分多次提供饲料，熄灯前2 h最后一次喂料。

17周龄平均体重达到1.4 kg左右，鸡体发育已成熟，可通过递增光照时长(参见附录A)，刺激其达到产蛋高峰期。

6.6 产蛋期(5%产蛋率～淘汰)

6.6.1 注意事项

蛋鸡产蛋水平个体之间存在差异，产蛋后期，每周要对鸡群的产蛋情况进行观察，连续观察数天，同时结合鸡的个体状况，及时淘汰低产个体，提高饲料报酬。

6.6.2 饲喂

逐步从育成鸡饲料过渡到产蛋期料；产蛋鸡饮水适宜温度为16 ℃。

6.6.3 环境控制

适宜温度为18 ℃～25 ℃，相对湿度为50%～65%，保持鸡舍通风良好。从18周龄开始增加光照时间(参见附录A)，根据体重是否达到品种标准，体重达标后，先更换饲料(产前料转为产蛋料)。

6.6.4 鸡蛋收集

每日至少收集蛋2次，蛋库储放温度为5 ℃～10 ℃，相对湿度为80%～85%。

收集鸡蛋应及时，将破壳蛋、软壳蛋、畸形蛋等分类存放并标识。

6.7 饲料使用

饲料及饲料添加剂符合NY/T 471的要求。自由采食和定时喂料均可。日粮应符合该品种蛋鸡的营养需求。日粮营养水平按NY/T 33和附录B的规定进行设置。

7 疾病防控

7.1 防疫

按NY/T 473的规定执行。

7.2 免疫接种

依据国家相关法规的要求，结合当地疫病流行状况和自身实际情况，有针对性地选用不同种类的疫苗；根据疫病的检疫和监测情况，进行有计划的免疫接种；根据不同传染病的特点、疫苗性质、鸡群状况、环境等具体情况，建立科学的免疫程序。免疫程序可参考附录C。

7.3 疾病治疗

7.3.1 蛋鸡常见疾病包括：禽流感、新城疫、鸡白痢、传染性支气管炎、传染性鼻炎、喉气管炎、法氏囊病、鸡痘、球虫病、减蛋综合征等。

7.3.2 坚持预防为主、防重于治的方针。由具有资质的执业兽医开展诊断治疗及防疫工作。

7.3.3 推荐使用植物提取物、中兽药、抗菌肽、微生态制剂等替代化学药品和抗生素的使用。推荐使用的中兽药名录可参见附录D。

7.3.4 确需使用兽药时，应在执业兽医指导下进行，兽药的使用应符合NY/T 472的要求，尽量使用高效低毒兽药，注意药物的拮抗作用和配伍禁忌，并严格遵守休药期规定。

7.4 消毒管理

7.4.1 环境消毒

鸡舍周围环境、鸡场进出口及道路应定期消毒；鸡舍内在鸡10日龄后要定期进行喷雾消毒，育雏期每周消毒2次，育成期每周消毒1次，产蛋期每周消毒2次～3次，发生疫情时每日1次，在鸡群免疫的前一天和后一天暂停消毒。

7.4.2 车辆、人员、用具消毒

鸡场门口设运输车辆消毒池和人员消毒更衣间，消毒通道的长度、宽度以消毒池的长度和宽度为最低标准；鸡舍门口设消毒池，工作人员进出鸡舍时必须脚踩消毒池消毒；定期对集蛋箱、喂料器、饮水器等用具进行消毒。消毒通道及消毒池应防雨、防风、防冻，以确保雨天、冬季及大风环境下的消毒效果。

7.4.3 消毒药剂

消毒药剂的使用应符合NY/T 472的要求。使用高效、低毒和对环境污染低的消毒剂，产蛋期不应使用酚类和醛类消毒剂。

8 生产废弃物处理

8.1 每天定时清理鸡粪，按NY/T 1168集中处理。遵循减量化、无害化、资源化的原则，符合GB 14554和GB 18596的要求。

8.2 病死鸡应根据《中华人民共和国动物防疫法》《中华人民共和国食品安全法》《病死及病害动物无害化处理技术规范》进行无害化处理。

8.3 过期的疫苗等生物制品及其包装不得随意丢弃，应按照要求进行无害化处理。

9 生产档案管理

9.1 进雏档案

在购鸡后，应及时建立进雏档案，记录进雏日期、时间、数量、来源、运送工具、天气情况、鸡舍编号、饲养员姓名等信息。

9.2 生产记录

包括日期、日龄、鸡群健康状况、死亡数、死亡原因、无害化处理情况、粪污处理利用情况、存笼数、环境条件(温度、湿度)、饲喂情况、免疫情况、用药情况、消毒情况、生产性能情况、蛋品检测情况等。

免疫用药记录需记录日期、疫苗名称、种类、药名、厂名、有效期限、使用量及方法、免疫副反应等。

9.3 出售记录

销售阶段不同批号蛋品往各个经销商或买家销售的出库、运输、入库及销售库存记录。蛋品批号应由地区号、养殖户编号、蛋品生产月份与当月生产批次4部分组成。

9.4 资料存档

建立完整的养殖档案，由专人负责，资料应妥善保存3年以上，以备查阅。

附 录 A
(资料性附录)
高产蛋鸡推荐光照时间与强度表

高产蛋鸡推荐光照时间与强度表见表 A.1。

表 A.1 高产蛋鸡推荐光照时间与强度表

生长阶段	周龄,周	日龄,d	光照时间	光照强度,lx
育雏期	1	1～3	23 h	30～50
	1	4～7	每天减少 0.5 h,逐渐降至 21 h	20～40
	2	8～14	每天减少 0.5 h,逐渐降至 18 h	10～20
	3	15～21	逐渐降至 16 h	10～20
	4～6	22～42	每周减少 2 h,逐渐降至 10 h	10～15
育成期	7～16	43～112	自然光照为主,8 h～10 h	5
产蛋前期～产蛋期	17	113～119	自然光照为主,8 h～10 h	5
	18～19	120～133	每周增加 0.5 h～1 h	10～20
	20～淘汰	134～淘汰	每周增加 0.25 h～0.5 h,逐渐增至 16 h～17 h	10～20

附 录 B
（资料性附录）
绿色食品高产蛋鸡配合饲料主要营养成分指标

绿色食品高产蛋鸡配合饲料主要营养成分指标见表B.1。

表B.1 绿色食品高产蛋鸡配合饲料主要营养成分指标

项目	育雏期			育成期		产蛋前期	产蛋期	
	0周～2[b]周龄	3周～6[b]周龄	0周～6周龄	7周～12周龄	13周～16周龄	17周～5%产蛋率	高峰期	产蛋后期
粗蛋白质，%	19.0～22.0	17.0～19.0	18.0～20.0	15.0～17.0	14.0～16.0	16.0～17.0	15.0～17.5	13.0～15.0
赖氨酸，%≥	1.00	0.80	0.85	0.66	0.45	0.60	0.65	0.60
蛋氨酸[a]，%≥	0.40	0.30	0.32	0.27	0.20	0.30	0.32	0.30
苏氨酸，%≥	0.65	0.50	0.55	0.45	0.30	0.40	0.45	0.40
粗纤维，%≤	5.0	6.0	6.0	8.0	8.0	7.0	7.0	7.0
粗灰分，%≤	8.0	8.0	8.0	9.0	10.0	13.0	15.0	15.0
钙，%	0.6～1.0	0.6～1.0	0.6～1.0	0.6～1.0	0.6～1.0	2.0～3.0	3.0～4.2	3.5～
总磷，%	0.40～0.70	0.40～0.70	0.40～0.70	0.35～0.75	0.30～0.75	0.35～0.60	0.35～0.60	0.30～0.50
氯化钠，%	0.30～0.80	0.30～0.80	0.30～0.80	0.30～0.80	0.30～0.80	0.30～0.80	0.30～0.80	0.30～0.80

注：总磷含量已经考虑了植酸酶的使用。

[a] 表中蛋氨酸的含量为蛋氨酸或蛋氨酸＋蛋氨酸羟基类似物及其盐折算为蛋氨酸的含量；如使用蛋氨酸羟基类似物及其盐，应在产品标签中标注折算蛋氨酸系数。

[b] 育雏期分为两个阶段的，选用0周～2周龄、3周～6周龄指标；育雏期只有一个阶段的，直接选用0周～6周龄指标。

附　录　C
（资料性附录）
绿色食品高产蛋鸡推荐免疫程序

绿色食品高产蛋鸡推荐免疫程序见表C.1。

表C.1　绿色食品高产蛋鸡推荐免疫程序

日龄，d	疫苗品种	剂量	方法	备　注
1	马立克氏疫苗	1羽份	颈部皮下注射	预防马立克氏病
6～7	新支二联苗/新支流三联苗	1羽份/0.3 mL～0.5 mL	点眼或滴鼻或喷雾/颈部皮下注射	预防鸡新城疫和鸡传染性支气管炎/预防新城疫、鸡传染性支气管炎和禽流感(H9)
12	法氏囊疫苗	2羽份	滴口/饮水	预防鸡传染性法氏囊病
18	禽流感H5+H7	0.3 mL～0.5 mL	颈部皮下/肌肉注射	预防禽流感(H5+H7)
	新支二联苗	1羽份	点眼或滴鼻	预防鸡新城疫和鸡传染性支气管炎
24～26	法氏囊疫苗	2羽份	滴口饮水	预防鸡传染性法氏囊病
30	鸡痘疫苗	1羽份	翅膀刺种	预防鸡痘
40～45	新支二联苗	1羽份	滴眼/喷雾	预防鸡新城疫和鸡传染性支气管炎
	禽流感H5+H9	0.3 mL～0.5 mL	颈部皮下/肌肉注射	预防禽流感(H5)+(H9)
50～60	传染性喉气管炎疫苗	1羽份	点眼/涂肛	预防鸡传染性喉气管炎
	传染性鼻炎疫苗	1羽份	皮下注射	预防鸡传染性鼻炎
68～72	禽流感H5+H7、H9	1羽份	颈部皮下/肌肉注射	预防禽流感(H5、H7、H9)
	新支二联苗	1羽份	滴眼/喷雾	预防鸡新城疫和鸡传染性支气管炎
90～95	新流二联苗	0.3 mL	颈部皮下注射	预防鸡新城疫和鸡禽流感(H9)
100～120	新支减疫苗	0.5 mL	颈部皮下/肌肉注射	预防鸡新城疫、传染性支气管炎和减蛋综合征
	禽流感H5+H7、H9	0.3 mL～0.5 mL	颈部皮下/肌肉注射	预防禽流感(H5、H7、H9)
150	新支二联苗	1羽份	滴眼/喷雾	预防鸡新城疫和鸡传染性支气管炎

注：150日龄以后，每间隔45 d加强免疫新支二联苗1次；监测禽流感抗体水平，根据监测结果制订相应的免疫程序。此参考程序主要针对一般发病区的绿色食品高产蛋鸡养殖场参考使用，各地区可根据当地情况进行免疫接种；使用疫苗时务必按照疫苗说明书的要求使用。

附　录　D
(资料性附录)
绿色食品高产蛋鸡推荐使用的中兽药目录

绿色食品高产蛋鸡推荐使用的中兽药目录见表 D.1。

表 D.1　绿色食品高产蛋鸡推荐使用的中兽药目录

药物名称	主要成分	功能主治	参考用法与用量
清瘟败毒散	石膏、地黄、水牛角、黄连、栀子、牡丹皮、黄芩、赤芍、玄参、知母、连翘、桔梗、甘草、淡竹叶	泻火解毒,凉血。主治热毒发斑,高热神昏	1 g~3 g
扶正解毒散	板蓝根、黄芪、淫羊藿	扶正祛邪,清热解毒。主治鸡传染性法氏囊病	0.5 g~1.5 g
四味穿心莲散	穿心莲、辣蓼、大青叶、葫芦茶	清热解毒,除湿化滞。主治泻痢,积滞	0.5 g~1.5 g
荆防败毒散	荆芥、防风、茯苓、独活、柴胡、前胡、川芎、枳壳、羌活、桔梗、薄荷、甘草	辛温解表,疏风祛湿。主治风寒感冒,流感	每 1 L 水 0.5 g~1 g,连用 3 d~5 d
板青颗粒	蟾蜍、板蓝根、大青叶、黄芪、金银花、连翘、贯众、马齿苋、薄荷牛磺酸、金丝桃素、健胃增食剂	清热解毒、凉血。主治风热感冒,咽喉肿痛,热病发斑	每 1 L 水 0.25 g,连用 3 d~5 d
双黄连口服液	连翘、金银花、黄芩	感冒发热	0.5 mL~1 mL
清瘟解毒口服液	地黄、栀子、黄芩、连翘、玄参、板蓝根	清热解毒。主治外感发热	0.6 mL~1.8 mL,连用 3 d
杨树花口服液	杨树花、黄连、黄芩、黄芪、黄柏、栀子、白头翁、乳酸菌、芽孢杆菌、复合有机酸、消化酶	化湿止痢。主治痢疾,肠炎	1 mL~2 mL
黄芪多糖口服液	黄芪多糖、生地黄、水牛角、黄连、桔梗、甘草、淡竹叶	扶正固本,调节机体免疫。可辅助用于鸡传染性法氏囊病的预防和治疗	每 1 L 水 0.7 mL~1 mL,连用 5 d~7 d
麻杏石甘口服液	麻黄、苦杏仁、石膏、甘草	清热,宣肺,平喘。主治肺热咳喘	每 1 L 水 1 mL~1.5 mL,连用 3 d~5 d
银黄提取物口服液	金银花、黄芩	清热疏风,利咽解毒。主治风热犯肺,发热咳嗽	每 1 L 水 1 mL,连用 3 d
激蛋散	虎杖、丹参、菟丝子、当归、川芎、牡蛎、地榆、肉苁蓉、丁香、白芍	清热解毒,活血祛瘀,补肾强体,抗病增蛋。主治输卵管炎,卵巢炎、卵巢囊肿,输卵管黏连、肿块,产蛋功能低下	每 1 kg 饲料 10 g,连用 3 d~5 d,第 1 d 用量加倍
蛋鸡宝	党参、黄芪、茯苓、白术、麦芽、山楂、六神曲、菟丝子、蛇床子、淫羊藿	益气健脾,补肾壮阳。用于提高产蛋率,延长产蛋高峰期	每 1 kg 饲料 20 g
降脂增蛋散	刺五加、仙茅、何首乌、当归、艾叶、党参、白术、山楂、六神曲、麦芽、松针	补肾益脾,暖宫活血;可降低鸡蛋胆固醇。主治产蛋下降	每 1 kg 饲料 5 g~10 g
注:中兽药种类较多,主成分含量各异,需参考说明书使用,预防和重症用量按照说明书减量或加量。			

绿 色 食 品 生 产 操 作 规 程

LB/T 205—2021

绿色食品半舍饲生猪养殖规程

2021-09-26 发布　　　　2021-10-01 实施

中国绿色食品发展中心　发布

前　　言

本规程由中国绿色食品发展中心提出并归口。

本规程起草单位:四川省绿色食品发展中心、四川省畜牧科学研究院、四川省农业科学院分析测试中心、四川农业大学、山东畜牧兽医职业学院、云南省畜牧兽医科学院、福建省绿色食品发展中心、重庆市农产品质量安全中心、中国绿色食品发展中心、贵阳市农业农村局、四川驰阳农业开发有限公司、西藏自治区绿色食品办公室。

本规程主要起草人:郑业龙、应三成、刘炜、冯鞠花、张艾青、易军、闫志农、陈吉红、李文彪、邓小松、曾海山、周熙、盖文婷、付雪梅、黄程鹏、谢秋萍、王言、钟志君、聂建。

绿色食品半舍饲生猪养殖规程

1 范围

本规程规定了绿色食品半舍饲生猪养殖的品种的选择，产地环境，总体布局、棚舍建设及设施设备配套，引种、饲养管理、牧草管理、饲料及饲料添加剂、兽药、繁殖、疫病防控、生产废弃物处理、人员管理和养殖档案管理等各环节应遵循的准则。

本规程适用于绿色食品半舍饲生猪养殖。

2 规范性引用文件

下列文件中的内容通过文中的规范性引用而构成本文件必不可少的条款。其中，注日期的引用文件，仅该日期的版本适用于本文件。不注日期的引用文件，其最新版本(包括所有的修改单)适用于本文件。

GB 31650 食品安全国家标准 食品中兽药最大残留限量

GB 16548 病害动物和病害动物产品生物安全处理规程

GB/T 16569 畜禽产品消毒规范

GB 18596 畜禽养殖业污染物排放标准

GB/T 19630 有机产品生产、加工、标识与管理体系

NY/T 391 绿色食品 产地环境质量

NY/T 393 绿色食品 农药使用准则

NY/T 394 绿色食品 肥料使用准则

NY/T 471 绿色食品 畜禽卫生防疫准则

NY/T 472 绿色食品 兽药使用准则

NY/T 473 绿色食品 兽药使用准则

NY/T 1569 畜禽养殖场质量管理体系建设通则

NY/T 388 畜禽场环境质量标准

NY/T 1168 畜禽粪便无害化处理技术规范

NY/T 2661 标准化养殖场 生猪

中华人民共和国农业部公告第278号

3 品种的选择

选择抗逆性强、耐粗饲、适应能力强的品种如藏猪、凉山黑猪、荣昌猪、渠溪黑猪、合川黑猪、黔北黑猪、江口罗萝卜猪等。

4 产地环境

4.1 选址

4.1.1 在适养区内，符合当地建设和产业发展规划，周边有足够的种植面积消纳产生的粪污。

4.1.2 地势高而平整、避风向阳、干燥。

4.1.3 距离大江大河、水源保护区、风景名胜区、城镇居民区、工业区、其他养猪场、农贸市场、地质灾害频发区2 km以上。

4.1.4 水源便利、充足、水质良好，电力供应充足、可靠。

4.1.5　放牧地生态环境良好，无污染，易于组织防疫，坡度在25°以下的草地、山坡、林下，饲草饲料资源丰富。

4.2　空气、水、土壤质量要求

场区空气质量应符合NY/T 391的要求，场区饮用水水质和灌溉水水质应符合NY/T 391的要求，放牧地的土壤应符合NY/T 391的要求。畜禽圈舍中空气质量应定期进行监测，并符合NY/T 388的要求。

5　总体布局、棚舍建设及设施设备配套

5.1　按生活管理区、棚舍区、放养区、粪污处理区和隔离区五个功能区布置，各功能区之间设置有防疫隔离绿化带或实体墙。

5.2　人员、物料运转采取单一流向，净道、污道分开。

5.3　棚舍区周围有围墙，入口处有消毒室和消毒池，放养区周围设防疫沟或绿化隔离带。

5.4　棚舍区按功能分为配种舍(含种公猪)、妊娠舍、分娩哺乳舍、保育舍、育肥舍。

5.5　棚舍建筑结构可选择砖混结构、轻钢结构或大棚结构，建筑形式可选择开敞式、半开敞式或有窗式。

5.6　猪舍应冬暖夏凉、通风透气。

5.7　建设相应的上猪台、粪污处理设施、隔离舍、兽医室、病死猪无害化处理等辅助设施。

6　引种

6.1　宜采用“自繁自养”方式，自繁自养的猪只应定期检验检疫。

6.2　引进种猪应来自具有《种畜禽生产经营许可证》和《种猪质量合格证》的种猪场，按GB 16549的要求实施产地检疫，并取得动物检疫合格证明或无特定动物疫病的证明。对新引进的猪只，应进行隔离观察，确认健康方可进场饲养。

7　饲养管理

7.1　放养前管理

7.1.1　放养前准备工作

做好猪只的免疫、驱虫、阉割去势和免疫工作，并饲喂一定数量的青绿饲料和牧草。

7.1.2　放牧猪的选择

健康、体重达6 kg～30 kg的保育仔猪、空怀母猪，合群调教，佩戴耳标编号。

7.2　放养

7.2.1　放养初期的调教

放养初期采用母猪引领仔猪的方式，白天放养，傍晚回舍。

7.2.2　放养场地

在草地、林下、山坡或收获后的农田菜地等建设围栏，防止进入农作物种植区或村庄。

7.2.3　分区放养

将放养区根据养殖规模大小分为不同的小区，测定牧草生长速度，掌握牧草季节变化规律，制订载畜量，采用轮牧进行放养。

7.2.4　放养时间

猪只白天放牧，夏秋季节放牧8 h～10 h，冬春季节放牧6 h～8 h。

7.2.5　放养气候

暴雨、暴雪、山洪及极端气温条件下不放牧。

7.2.6 舍饲期间的饲养管理

7.2.6.1 收牧后自由饮水，安装自动饮水设施，保证猪只有充足的饮水，水质符合 NY/T 391 的要求，并定期进行水质化验。

7.2.6.2 每天放牧前和收牧后早晚进行 2 次补饲，饲料每次添加量要适当，防止饲料污染腐败，各类猪的补饲量和推荐配方参见附录 A。

7.2.6.3 保持圈舍及料槽、过道和设施设备等干净卫生，经常检查饮水设备，观察猪群健康状况。

7.2.6.4 根据饲养工艺进行转群时，按体重大小强弱分群，分别进行饲养，饲养密度要适宜，保证猪只有充足的空间，猪的饲养密度应符合 NY/T 473 的要求。

8 牧草管理

8.1 牧草种植要选择优质禾本科或豆科牧草种植。

8.2 定期观察基地植物生长情况，如发现植物病变，立即采取防治措施，使用的农药应符合 NY/T 393 的要求，喷洒农药后必须在农药残留去除后才可放牧。

8.3 对于疑似发病植物不得放牧，应观察确认无病变方可进行放牧。

8.4 确认牧草发病时，应立即停止放牧，应铲除发病植被，并对发病植被及种植区域抛洒适量熟石灰进行杀菌消毒及太阳暴晒方可继续种植。

8.5 牧草种植所用肥料应符合 NY/T 394 的要求。

8.6 定期对放养土地进行监测，对土壤成分进行分析，防止微量元素超标。

9 饲料及饲料添加剂

9.1 购买的植物源性饲料原料应是已通过认定的绿色食品及其副产品，或来源于绿色食品原料标准化生产基地的产品及其副产品，或按照绿色食品生产方式生产、并经绿色食品工作机构认定基地生产的产品及其副产品。

9.2 动物源性饲料原料只应使用乳及乳制品、鱼粉，其他动物源性饲料不应使用，动物源性饲料原料应来自经国家饲料管理部门认定的产地或加工厂。

9.3 进口饲料原料应来自经过绿色食品工作机构认定的产地或加工厂。

9.4 使用的饲料原料、饲料添加剂、配合饲料、浓缩饲料和添加剂预混合饲料产品质量标准、选择及使用应符合 NY/T 471 的要求。

9.5 购买的商品饲料，其原料来源和生产过程应符合 NY/T 471 的要求。

9.6 应做好饲料原料和添加剂的相关记录，确保所有原料和添加剂的可追溯性。

10 兽药

兽药的使用应符合 NY/T 472 的规定，常见病防治参见附录 C。

10.1 可使用的兽药种类

10.1.1 优先使用 GB/T 19630 规定的兽药。

10.1.2 优先使用 GB 31650 要求或农业部公告第 278 号中无休药期要求的兽药。

10.1.3 可使用国务院兽医行政管理部门批准的微生态制剂、中药制剂和生物制品。

10.1.4 可使用高效、低毒和对环境污染低的消毒剂。

10.2 不应使用药物种类

10.2.1 不应使用 NY/T 472 中生产 A 级绿色食品不应使用的药物。

10.2.2 不应使用酚类消毒剂。

10.2.3 不应为了促进畜禽生长而使用抗菌药物、抗寄生虫药、激素或其他生长促进剂。

10.2.4 不应使用基因工程方法生产的兽药。

10.3 用药原则

10.3.1 应坚持预防为主、对症适量、严格兽药配伍、合理把握疗程、使用安全兽药原则。

11 繁殖

有计划地进行选种选配,建议采用人工授精和本交相结合的方法配种,防止放牧时野交乱配。

12 疫病防控

12.1 养殖场卫生防疫要求应符合 NY/T 473 的要求,并建立卫生防疫管理制度。

12.2 养殖场应建立质量管理体系,并按照 NY/T 1569 的规定执行。

12.3 消毒按 GB/T 16569 的规定进行,制定圈舍清洗消毒规程,粪便及废弃物的清理、消毒规程和猪体外消毒规程,消毒剂的使用应符合 NY/T 472 的要求。

12.4 按照国家规定的强制免疫病名录对猪群实施强制免疫。对强制免疫以外的病种,根据本地区疫病发生种类和特点,结合本场实际,确定免疫内容、方法和免疫程序,各类猪的推荐免疫程序参见附录 B。

12.5 猪群的免疫应符合《中华人民共和国动物防疫法》及其配套法规的要求,并接受动物卫生监督机构的监督。

12.6 加强生猪饲养管理,并制定畜禽疾病定期监测及早期疫情预报预警制度,并定期对其进行监测;在产品申报绿色食品或绿色食品年度抽检时,应提供 12.8 所列疾病的病原学检测报告。

12.7 种猪在春季和秋季各驱虫 1 次,仔猪在断奶后和肉猪出栏前 1 月驱虫 1 次,驱虫药物交替使用,严格执行休药期制度。

12.8 当发生国家规定无须扑杀的动物疫病或其他非传染性疾病时,要开展积极的治疗;必须用药时,应按照 NY/T 472 的规定使用治疗性药物。

12.9 免疫用具在使用前后应彻底消毒,疫苗现用现配,剩余或废弃的疫苗及其包装物要做无害化处理,不得乱扔。

12.10 应由具有资质的专门兽医人员诊断治疗及防疫工作。

13 废弃物处理

13.1 病死猪处理

13.1.1 对于非传染病及机械创伤引起的病猪,应及时进行治疗,死猪应及时定点进行无害化处理和处置,应符合 GB 16548 的要求。

13.1.2 养殖场内发生传染病后,应及时隔离病猪,猪应及时定点进行无害化处理和处置,应符合 GB 16548 的要求。

13.2 粪便处理

13.2.1 每天应及时除去生猪舍内的污物、粪便并将粪便及污物运送到储粪场。

13.2.2 猪场粪便、污水、污物及固体废弃物的处理应符合 NY/T 1168 及国家环保的要求,处理后饲养场污物排放标准应符合 GB 18596 的要求。

14 人员管理

14.1 饲养人员应遵守场内各项规章制度,定期体检。

14.2 应具有1名以上执业兽医技术人员。

14.3 外部人员进入生产区应按照场内规定，消毒后方可进入。

15 养殖档案管理

15.1 养殖场档案管理按照NY/T 2661的规定执行。

15.2 养殖档案，包括品种、数量、繁殖记录、标识、进出场情况。

15.3 投入品档案，包括投入品来源、名称、使用对象、时间和用量等情况，尤其是对饲料、兽药等投入品的购买、使用、存储等做好详细记录；检疫、免疫、监测、消毒情况、发病、诊疗、死亡和无害化处理情况。

15.4 繁殖档案，包括配种、预产日期、分娩、总产仔数、活产仔数、寄养情况等信息。

15.5 防疫档案，包括检疫、免疫、监测、消毒情况、发病、诊疗、死亡和无害化处理情况。

15.6 人员档案，包括人员简历、培训计划和培训档案。

15.7 设施设备档案，包括设备使用、维护记录。

15.8 所有记录准确、可靠、完整，至少应在清群后保存3年以上。

附 录 A
(资料性附录)
绿色食品半舍饲生猪推荐补饲量、放牧时间和参考配方

绿色食品半舍饲生猪推荐补饲量、放牧时间和参考配方见表A.1。

表A.1 绿色食品半舍饲生猪推荐补饲量、放牧时间和参考配方

分 类	日喂量,kg/头	放牧时间,h	玉米,%	饼粕类,%	麸皮,%	预混料,%
后备猪	0.6～1.4	8～10	62	16	14	8
种公猪	1.6～2.0	8～10	60	17	15	8
空怀母猪	1.6～2.2	8～10(配种期间不放牧)	64	13	15	8
妊娠前期(0 d～21 d)	1.6～1.8	8～10	68	12.5	12.4	8
妊娠中期(22 d～90 d)	2.0～2.4	8～10	68	12.5	12.4	8
妊娠后期	2.4～3.0	8～10(产前1周不放牧)	70	10	12	8
哺乳母猪(产仔后5 d)	5.0～7.0	8～10(产后1周不放牧)	63	25	4	8
哺乳仔猪(1周后)	自由采食	8～10(产后2周不放牧)	45	50	0	5
保育仔猪	自由采食	8～10	53	42	0	5
育肥前期	0.6～1.6	8～10	60	18	14	8
育肥后期	1.6～2.4	8～10	58	12	22	8

附 录 B
（资料性附录）
绿色食品半舍饲生猪推荐免疫程序

绿色食品半舍饲生猪推荐免疫程序见表 B.1。

表 B.1 绿色食品半舍饲生猪推荐免疫程序

猪 别	免疫时间	疫苗种类	剂 量
仔猪	10 日龄	支原体肺炎灭活苗	1 头份
	14 日龄	猪链球菌多价蜂胶灭活苗	1 头份
	30 日龄	伪狂犬基因缺失苗、猪瘟疫苗	各 1 头份
	35 日龄	圆环病毒 2 型灭活苗	1 头份
	45 日龄	猪高致病性蓝耳病灭活苗	1 头份
	60 日龄	口蹄疫灭活苗	1 头份
	65 日龄	猪瘟疫苗	1 头份
后备母猪	配种前 45 d	细小病毒灭活苗	每次 1 头份
	配种前 40 d	猪瘟疫苗	每次 1 头份
	配种前 30 d	伪狂犬基因缺失苗	每次 1 头份
	配种前 28 d	口蹄疫灭活苗	每次 1 头份
	配种前 7 d	猪高致病性蓝耳病灭活苗	每次 1 头份
种母猪	产前 45 d	细小病毒灭活苗	每次 1 头份
	产前 35 d	圆环病毒 2 型灭活苗	每次 1 头份
	产前 30 d	伪狂犬基因缺失苗	每次 1 头份
	产前 25 d	口蹄疫灭活苗	每次 1 头份
	产前 14 d	猪瘟疫苗	每次 1 头份
	断奶后（空怀期）	猪链球菌多价蜂胶灭活苗	每次 1 头份
	每年 3 月和 9 月	支原体肺炎灭活苗	每次 1 头份
种公猪	每年 3 月和 9 月	猪瘟疫苗	每次 2 头份
	每年 3 月、7 月和 11 月	口蹄疫灭活苗	第 1 次 2 头份，以后每次 1 头份
	每年 3 月和 9 月	猪高致病性蓝耳病灭活苗	每次 1 头份
	每年 3 月、7 月和 11 月	伪狂犬基因缺失苗	每次 1 头份
	每年 4 月和 10 月	圆环病毒 2 型灭活苗	每次 1 头份
	每年 4 月和 10 月	猪链球菌多价蜂胶灭活苗	每次 1 头份
	每年 3 月和 9 月	支原体肺炎灭活苗	每次 1 头份
	每年 3 月和 9 月	细小病毒灭活苗	每次 1 头份

附 录 C
（资料性附录）
绿色食品半舍饲生猪常见病的防治方法

绿色食品半舍饲生猪常见病的防治方法见表C.1。

表C.1 绿色食品半舍饲生猪常见病的防治方法

类别	药 名	制剂	途 径	剂 量	休药期
抗寄生虫药	伊维菌素	注射液	皮下注射	0.3 mg/kg 体重	18
	盐酸噻咪唑	片剂	口服	10 mg/kg～15 mg/kg 体重	3
	盐酸左旋咪唑	注射液	皮下注射或肌肉注射	7.5 mg/kg 体重	28
	磷酸派嗪	片剂	口服	0.2 g/kg～0.25 g/kg 体重	21
抗菌药	氨苄西林钠	注射液	皮下注射或肌肉注射	5 mg/kg～7 mg/kg 体重	15
	恩诺沙星	注射液	肌肉注射	2.5 mg/kg 体重，一日1次～2次，连用2 d～3 d	10
	硫酸多黏菌素	可溶性粉	口服	1.5 mg/kg～5 mg/kg 体重，连用5 d～7 d	7
	乳糖酸红霉素	注射用粉针	静脉注射	3 mg～5 mg，一日2次，连用2 d～3 d	—
	氟苯尼考	注射液	肌肉注射	20 mg/kg 体重	30
	硫酸庆大霉素	注射液	肌肉注射	2 mg/kg～4 mg/kg 体重	40
注：兽药的使用及休药期参照NY/T 472的规定执行。					

绿 色 食 品 生 产 操 作 规 程

LB/T 206—2021

绿色食品高脂型肉牛养殖规程

2021-09-26 发布 2021-10-01 实施

中国绿色食品发展中心 发布

前　言

本规程由中国绿色食品发展中心提出并归口。

本规程起草单位:内蒙古自治区农畜产品质量安全监督中心、内蒙古自治区农牧业科学院、呼和浩特市农畜产品质量安全中心、中国绿色食品发展中心、福建省绿色食品发展中心、山西省农产品质量安全中心、陕西省农产品质量安全中心、青海省海西州农畜产品质量安全检验检测中心、呼和浩特市动物疫病防控中心、科尔沁右翼前旗农畜产品质量安全监督检验站、巴彦淖尔市绿色产业发展中心、草原和牛投资有限公司。

本规程主要起草人:云岩春、郝贵宾、张瑞娥、栗瑞红、王冠、刘军、王峰、王根云、李红霞、唐伟、谢秋萍、王颖、刘桂瑞、韩继福、王珏、青山、韩胜利、苏伦嘎、邢明勋、王岗。

绿色食品高脂型肉牛养殖规程

1 范围

本规程规定了绿色食品高脂型肉牛养殖过程中的术语和定义、牛场环境与布局、基本要求、饲养管理原则、防疫、粪污和废弃物处理与利用、牛场人员管理和档案管理。

本规程适用于绿色食品高脂型肉牛的养殖。

2 规范性引用文件

下列文件中的内容通过文中的规范性引用而构成本文件必不可少的条款。其中,注日期的引用文件,仅该日期的版本适用于本文件。不注日期的引用文件,其最新版本(包括所有的修改单)适用于本文件。

GB 18596 畜禽养殖业污染物排放标准

NY/T 391 绿色食品 产地环境质量

NY/T 471 绿色食品 饲料及饲料添加剂使用准则

NY/T 472 绿色食品 兽药使用准则

NY/T 473 绿色食品 畜禽卫生防疫准则

NY/T 815 肉牛饲养标准

3 术语和定义

下列术语和定义适用于本文件。

3.1 高脂型肉牛

经标准化饲养,28 月龄以上屠宰,取胴体主要部位上脑、里脊、腿肉测定脂肪含量,平均值大于14%;重要部位上脑、眼肉脂肪含量大于 25%,肌间脂肪分布均匀,该类型牛称为高脂型肉牛。

3.2 架子牛强度育肥

架子牛强度育肥也称后期集中育肥,是指犊牛断奶后粗放式饲养,待体型长成后再持续性的给予高营养水平日粮,集中强度育肥,在 28 月龄以上达到生产高脂牛肉要求,实现优质高效。

3.3 直线育肥

从断奶开始针对其生长发育的各阶段性,持续性的给予高营养水平日粮,使其快速生长、强度育肥,在 28 月龄以上达到屠宰标准,实现优质高效。

3.4 犊牛育成期

指犊牛初生至 8 月龄阶段。

3.5 全混合日粮

全混合日粮(TMR)是一种将粗料、精料、矿物质、维生素和其他添加剂充分混合,能够提供足够的营养以满足牛需要的饲养技术。

3.6 散栏饲养

给予牛足够空间,不拴系,自由采食,自由饮水,自由运动的饲养管理方式。

4 牛场环境与布局

4.1 环境

牛场建设前应经环境评估,环境应符合 NY/T 391 的要求。

4.2 牛场选址、布局及设施设备要求

牛场的选址、布局及设施设备按照 NY/T 473 和《动物防疫条件审查办法》的规定执行。

4.3 饲养密度

采取散栏饲养方式，每头牛占用圈舍面积 30 m^2 以上。

5 基本要求

5.1 品种要求

高脂肉牛养殖，应选择高品质、专门化肉牛品种及其杂交后代，如和牛、安格斯牛等。

5.2 引进牛只

引进牛只须从无特定疫病区引进，并执行《动物检疫管理办法》相关规定。

只进行肥育牛的生产场，引进小牛或架子牛时，应从绿色食品牛场引进发育良好、健康的牛只。

5.3 隔离观察

牛只到场后隔离观察 30 d～45 d，经检查确认健康合格后方可混群饲养或转入育肥圈舍。

5.4 育肥方式

采取幼龄牛直线育肥和架子牛强度育肥模式，出栏月龄 28 个月以上。

6 饲养管理原则

6.1 基本要求

按照 NY/T 473 的相关规定，合理安排饲养密度，确保牛只有足够的活动空间，设立单独小圈开展饲养，每圈 5 头～10 头。

6.1.1 按照性别、月龄、体重、体况及生理阶段分群饲养原则。

6.1.2 定时、定量饲喂原则。

6.1.3 饲料原料及产品卫生标准应符合 NY/T 471 的规定。饲草料变更应有 14 d 的过渡期。

6.1.4 饲养过程管理

保持圈舍干燥、卫生，定期消毒；牛只应自由饮水，饮水质量应符合 NY/T 391 的规定，饮水设备应定期清洗和消毒；每天有适量的运动，观察牛群健康状况，发现异常及时隔离观察。饲养区内不应饲养其他动物。

6.2 饲养阶段划分与营养需求

6.2.1 饲养阶段划分

饲养阶段分为犊牛育成期（或架子牛培育期）、育肥前期、育肥中期、育肥后期。

6.2.2 营养需求

营养要求按照 NY/T 815 的规定执行。

6.2.3 育肥期划分与营养需求参照表 1，营养需要量参照表 A.1。

表 1 育肥牛的阶段划分与营养需求

育肥期划分	营养需求				
	粗蛋白，%	干物质采食量，%	精补料采食量，%	日增重，kg/d	目标体重，kg
育肥前期（9 月龄～13 月龄）	13～14	2.5～3.0	1.1～1.2	0.8～1.2	250～390
育肥中期（14 月龄～20 月龄）	12	2.0～2.5	1.3～1.4	1.0～1.2	390～600
育肥后期（21 月龄～28 月龄）	10～12	1.5～2.0	1.5～1.8	0.8～1.0	600～800

6.2.4 饲喂方法

采用阶段分群小圈散栏饲养方式管理，全混合日粮方式饲喂，育肥期饲喂方案参照表 A.2，精饲料配方参照表 A.3，每日饲喂 2 次～3 次，自由饮水。

6.3 投入品管理

6.3.1 饲料及饲料添加剂

应使用符合 NY/T 471 要求的饲料及饲料添加剂。

6.3.2 兽药

兽药使用须符合 NY/T 472 的要求。不得在饲料和饮水中添加激素类药品以及国务院兽医行政管理部门规定的其他禁用药品。要建立用药记录制度，严格执行休药期制度，达不到休药期的不能作为绿色食品活牛出售。兽药使用参见表 A.4。

6.4 出场

出栏活牛严格按照《动物检疫管理办法》相关规定申报检疫，检疫合格并取得《动物检疫合格证明》后，方可出场运输。

运牛车辆执行备案制度，并保持清洁卫生。

7 防疫

7.1 建立完善的防疫消毒制度

7.1.1 环境消毒

牛舍周围环境，每 2 周～3 周用 2%火碱或撒生石灰或环保型消毒剂消毒 1 次；牛场周围及场内污水池、排粪坑、下水道出口，每月用漂白粉或环保型消毒剂消毒 1 次。

7.1.2 车辆消毒

在场区出入口、牛舍入口设有消毒池，车辆出入须经过消毒池，注意定期更换消毒液。

7.1.3 人员消毒

所有人员进入场区须经过消毒通道，工作人员进入生产区和牛舍要经过更衣、消毒（喷雾、超声、紫外等）。严格控制外来人员，必须进入生产区时，要更换场区工作服（或防护服）和防疫雨鞋，并遵守场内防疫制度，按指定路线行走。

7.1.4 牛舍消毒

每批牛只调出后，要彻底清扫干净，用高压水枪冲洗，然后进行喷雾消毒。

7.1.5 用具消毒

定期对食槽、饮水槽、饲料车进行消毒，用 0.1%新洁尔灭或 0.2%～0.5%过氧乙酸或环保型消毒剂消毒。

7.1.6 带牛消毒

定期进行带牛消毒，减少环境中的病原微生物。主要用于带牛消毒的消毒药有：0.1%新洁尔灭，0.3%过氧乙酸、0.1%次氯酸钠等。

7.1.7 消毒剂的选择

选用对人和牛安全、没有残留毒性、对设备没有破坏、不会在牛体内蓄积的消毒剂。应符合 NY/T 472 的要求。

7.2 建立规范的疫病防控制度，并符合 NY/T 473 的要求。

7.2.1 疫苗免疫

牛场除按照国家和当地兽医主管部门规定的动物疫病免疫病种实施免疫外，可根据实际情况增加免疫病种，建立适合本牛场的免疫程序，肉牛疫病免疫程序参见表 A.5。

7.2.2 布鲁氏菌病防治

严格执行《布鲁氏菌病防治技术规范》等有关规定。

7.2.3 结核病防治

严格执行《牛结核病防治技术规范》等有关规定。

7.2.4 寄生虫病防治

选择高效、安全的抗寄生虫药物进行寄生虫驱治，并符合 NY/T 472 的要求。

7.3 建立普通病防治制度

7.3.1 牛场应按规定聘用执业兽医师。

7.3.2 建立兽医巡视制度，发现病牛及时处置和治疗。

7.4 病死牛的处理

严格按照《病死及病害动物无害化处理技术规范》等相关规定处理病死牛。

7.5 灭鼠、灭吸血昆虫

采用物理或其他方法(绿色安全无毒)灭杀养殖场所老鼠、吸血昆虫(蚊、蝇、蝶、虻、蜱等)，并做无害化处理，清除滋生环境。

8 粪污和废弃物的处理与利用

粪便及污水应按照国家及当地农牧主管部门要求进行无害化处理后进行资源化利用，并符合 NY/T 473 相关规定。废弃物处理应遵循减量化、无害化和资源化的原则，并符合 GB 18596 的要求。

9 牛场人员管理

管理及饲养人员应具有相关管理和饲养经验，熟悉肉牛生活习性，定期进行健康检查，并依法取得健康证明后方可上岗工作。

10 档案管理

10.1 档案记录

按照《畜禽标识和养殖档案管理办法》执行。

10.2 档案保存

资料存档最少保存 3 年，以备查阅。

附　录　A
（资料性附录）
绿色食品高脂型肉牛养殖规程

高脂型肉牛育肥期每日营养需要量见表A.1。

表A.1　高脂型肉牛育肥期每日营养需要量

育肥期	月龄	体重 kg	日增重 kg/d	干物质 采食量 kg/d	粗蛋白 g/d	总可消 化养分 kg/d	代谢能 Mcal*/d	肉牛能 量单位	增重 净能 Mcal/d	综合 净能 Mcal/d	钙 g/d	磷 g/d	维生素A 1 000 IU/d
前期	9	250	0.80	5.56	778	3.77	13.65	3.89	2.67	7.51	32	16	10.6
	10	274	0.80	5.89	825	4.02	14.57	4.17	2.86	8.05	34	16	11.6
	11	298	1.00	6.65	898	4.69	16.97	4.83	3.81	9.33	37	18	12.6
	12	328	1.00	7.05	952	5.02	18.16	5.20	4.09	10.03	37	19	13.9
	13	358	1.20	7.87	1 023	5.78	20.93	6.00	5.24	11.58	39	21	15.2
中期	14	394	1.20	8.31	997	6.17	22.35	6.45	5.63	12.44	40	22	16.7
	15	430	1.20	8.73	1 047	6.56	23.73	6.89	6.02	13.29	40	23	18.2
	16	466	1.20	9.12	1 094	6.92	25.07	7.31	6.39	14.11	41	24	19.8
	17	502	1.00	8.96	1 075	6.73	24.36	7.15	5.63	13.80	39	23	21.3
	18	532	1.00	9.24	1 109	7.00	25.33	7.47	5.88	14.41	39	24	22.6
	19	562	1.00	9.50	1 140	7.26	26.29	7.78	6.13	15.02	38	25	23.8
	20	592	1.00	9.75	1 170	7.52	27.22	8.09	6.37	15.61	37	25	25.1
后期	21	622	1.00	9.99	1 199	7.77	28.14	8.40	6.61	16.20	36	26	26.4
	22	652	0.80	9.58	1 150	7.35	26.59	7.99	5.48	15.42	34	25	27.6
	23	676	0.80	9.75	1 170	7.53	27.25	8.21	5.63	15.84	32	24	28.7
	24	700	0.80	9.91	1 190	7.71	27.89	8.42	5.78	16.26	32	25	29.7
	25	724	0.80	10.07	1 007	7.88	28.53	8.64	5.93	16.68	30	25	30.7
	26	748	0.80	10.19	1 019	8.03	29.07	8.83	6.06	17.04	31	25	31.7
	27	772	0.80	10.33	1 013	7.99	28.91	8.81	5.80	17.01	30	25	32.7
	28	796	0.80	10.42	1 042	8.32	30.13	9.20	6.31	17.75	31	26	33.8

高脂型肉牛育肥饲喂方案见表A.2。

表A.2　高脂型肉牛育肥饲喂方案

育肥期	前期					中期							后期							
月龄，月	9	10	11	12	13	14	15	16	17	18	19	20	21	22	23	24	25	26	27	28
目标体重，kg	250	274	298	328	358	394	430	466	502	532	562	592	622	652	676	700	724	748	772	796
日增重，kg/日	0.80	0.80	1.00	1.00	1.20	1.20	1.20	1.20	1.00	1.00	1.00	1.00	1.00	0.80	0.80	0.80	0.80	0.80	0.80	0.80
精补料，kg/日	2.5	3	3.5	4	4.5	5	5.5	6	6.5	7.5	8.5	9	9.5	10	10	10	10	10.5	11	11.5

* cal为非法定计量单位，1 cal=4.186 J。

（续）

育肥期		前期					中期							后期							
粗料 kg/日	青贮	4	4	5	5	5	5	3	3	—	—	—	—	—	—	—	—	—	—	—	—
	干草	3.5	3.5	3	3	3	3	2	1.5	1.5	1.5	1.0	1.0	—	—	—	—	—	—	—	—
	稻草	—	—	—	—	—	—	1.5	1.5	1.5	1.0	1.0	1.0	1.5	1.5	1.5	1.5	1.5	1.5	1.0	1.0
	合计	7.5	7.5	8.0	8.0	8.0	8.0	6.5	6.0	3.0	2.5	2.0	2.0	1.5	1.5	1.5	1.5	1.5	1.5	1.0	1.0
总计 kg/日		10	10.5	11.5	12	12.5	13	12	12	9.5	10	10.5	11	11	11.5	11.5	11.5	11.5	12	12	12.5

育肥牛 1 000 kg 精饲料推荐配方见表 A.3。

表 A.3　育肥牛 1 000 kg 精饲料推荐配方

单位为千克

原料	育肥前期(9 月龄～13 月龄)	育肥中后期(14 月龄～28 月龄)
玉米	320.0	570.0
大麦	100.0	80.0
玉米胚芽粕	127.5	50.0
DDGS(高脂)	100.0	85.5
豆粕	120.0	50.0
菜籽粕	160.0	90.0
糖蜜	15.0	15.0
磷酸氢钙	10.0	10.0
石粉	15.0	17.0
小苏打	10.0	10.0
盐	20.0	20.0
复合维生素＋微量元素	2.5	2.5
注:原料应符合 NY/T 471 的要求。以上配方仅供参考,各养殖场可根据营养需求和原料供应实际情况制订。		

绿色食品高脂型肉牛养殖兽药使用推荐表见表 A.4。

表 A.4　绿色食品高脂型肉牛养殖兽药使用推荐表

种类	药名	剂型	途径	剂量	停药期,d
抗菌药类	氨苄西林钠(Ampicillin Sodium)	注射用粉针	肌内,静脉	10 mg/kg～20 mg/kg	28
		注射液	肌内,皮下	5 mg/kg～7 mg/kg	21
	苄星青霉素(Benzathine benzylpenicillin)	注射液	肌内	2 万单位/kg～3 万单位/kg	30
	青霉素钾/钠(Benzylpenicillinpotassium/sodium)	注射用粉针	肌内	1 万单位/kg～2 万单位/kg	28
	普鲁卡因青霉素(Procainepenicillin)	注射用粉针	肌内	1 万单位/kg～2 万单位/kg	10
	硫酸小檗碱(Berberine Sulfate)	注射液	肌内	0.15 g～0.4 g	—
		粉剂	内服	3 g～5 g	—
	恩诺沙星(Enrofloxacin)	注射液	肌内	2.5 mg/kg	14
	乳糖酸红霉素(Erythromycin lactobionate)	注射用粉针	静脉	3 mg/kg～5 mg/kg	21
	土霉素(Oxytetracycline)	注射液	肌内	10 mg/kg～20 mg/kg	28
	盐酸土霉素(Oxytetracycline Hydrochloride)	注射用粉针	静脉	5 mg/kg～10 mg/kg	19

（续）

种类	药名	剂型	途径	剂量	停药期，d
抗寄生虫类	氯氰碘柳胺钠(Closantel Sodium)	片剂、混悬液	内服	5 mg/kg	28
		注射液	肌肉，皮下	2.5 mg/kg～5 mg/kg	28
	氰戊菊酯(fenvalerate)	溶液	喷雾	0.05%～0.15%溶液	1
	碘醚柳胺(Rafoxanide)	混悬液	内服	0.35 mL/kg～0.6 mL/kg	60
	三氯苯哒唑(Triclabendazole)	混悬液	内服	6 mg/kg～12 mg/kg	28
	伊维菌素(ivermectin)	注射液	皮下	0.2 mg/kg	35
		浇泼剂	外用	0.5 mg/kg	2
	左旋咪唑(盐酸，磷酸)(Levamisole)	片剂	内服	7.5 mg/kg	3
		注射液	肌肉，皮下	7.5 mg/kg	28
中药制剂	双黄连注射液(ShuanghuanglianInjection)	注射液	肌肉，静脉	0.05 mL/kg～0.1 mL/kg	—
	黄芪多糖注射液	注射液	肌肉，静脉	0.01 mL/kg～0.05 mL/kg	—
	板蓝根注射液	注射液	肌肉	40 mL～80 mL	—
	穿心莲注射液	注射液	肌肉	30 mL～50 mL	—
	银黄注射液	注射液	肌肉	0.01 mL/kg～0.05 mL/kg	—
	柴胡注射液	注射液	肌肉	20 mL～40 mL	—
	四季青注射液	注射液	肌肉	30 mL～50 mL	—
	鱼腥草注射液	注射液	肌肉	20 mL～40 mL	—

注：疾病防治需要专业兽医根据临床症状及病因确定用药及治疗方案，兽药使用须符合 NY/T 472 的要求。纯中药制剂用于育肥牛一般无限制，建议按说明书使用。

绿色食品高脂型肉牛疫病免疫程序见表 A.5。

表 A.5　绿色食品高脂型肉牛疫病免疫程序

接种日龄	疫苗名称	接种方法	免疫期及备注
5	牛大肠杆菌灭活疫苗	肌肉注射	建议做自家苗
60	气肿疽灭活疫苗	皮下注射	初免
75	牛病毒性腹泻/黏膜病、传染性鼻气管炎二联灭活疫苗	肌肉注射	初免，断乳前慎用
90	口蹄疫O型、A型二价灭活疫苗	肌肉注射	初免，断乳前慎用
100	牛病毒性腹泻/黏膜病、传染性鼻气管炎二联灭活疫苗	肌肉注射	加强免疫，4个月
115	Ⅱ号炭疽芽孢苗	皮下注射	1年，春、秋季使用为好
125	口蹄疫O型、A型二价灭活疫苗	肌肉注射	加强免疫，6个月
180	气肿疽灭活疫苗	皮下注射	加强免疫，7个月
200	布氏菌病活疫苗(S2株)或布氏菌病活疫苗(A19株)	灌服(S2株)/皮下注射(A19株)	S2株免疫期24个月，不得采用注射法 A19株免疫期72个月，适用于3月～8月龄犊牛接种

（续）

接种日龄	疫苗名称	接种方法	免疫期及备注
220	牛病毒性腹泻/黏膜病、传染性鼻气管炎二联灭活疫苗	肌肉注射	4个月
240	牛巴氏杆菌病灭活疫苗	皮下或肌肉注	9个月
270	牛羊厌气菌氢氧化铝灭活疫苗	皮下或肌肉注射	6个月，或用羊产气荚膜梭菌多价浓缩苗
290	口蹄疫O、A型二价灭活疫苗	肌肉注射	6个月
320	牛焦虫细胞苗	肌肉注射	6个月，最好每年3月接种
340	牛病毒性腹泻/黏膜病、传染性鼻气管炎二联灭活疫苗	肌肉注射	4个月
注：340日龄以后，按照免疫期到期后及时接种该种疫苗。以上免疫程序仅供参考，各养殖场免疫程序应根据养殖场实际情况制定。			

绿 色 食 品 生 产 操 作 规 程

LB/T 207—2021

绿色食品鲤鱼池塘养殖规程

2021-09-26 发布　　2021-10-01 实施

中国绿色食品发展中心　发布

前　言

本规程由中国绿色食品发展中心提出并归口。

本规程起草单位:中国水产科学研究院东海水产研究所、唐山市水产技术推广站、中国绿色食品发展中心、宁夏回族自治区农产品质量安全中心、四川省绿色食品发展中心。

本规程主要起草人:么宗利、苏文清、张志华、顾志锦、周熙、来琦芳、周凯、杜宗君、孙真、高鹏程、刘一萌。

绿色食品鲤鱼池塘养殖规程

1 范围

本规程规定了绿色食品鲤鱼池塘养殖的产地环境,池塘条件,水质管理,苗种放养,饲养管理,病害防治,尾水排放及废弃物处理,收获、包装、储存和运输,日常管理等各个环节应遵循的准则和要求。

本规程适用于绿色食品鲤鱼成鱼池塘养殖。

2 规范性引用文件

下列文件中的内容通过文中的规范性引用而构成本文件必不可少的条款。其中,注日期的引用文件,仅注日期的版本适用于本文件;不注日期的引用文件,其最新版本(包括所有的修改单)适用于本文件。

GB 11607 渔业水质标准

GB/T 36782 鲤鱼配合饲料

NY/T 391 绿色食品 产地环境技术条件

NY/T 471 绿色食品 饲料及饲料添加剂使用准则

NY/T 658 绿色食品 包装通用准则

NY/T 755 绿色食品 渔药使用准则

NY/T 842 绿色食品 鱼

NY/T 1056 绿色食品 储藏运输准则

NY/T 3616 水产养殖场建设规范

SC/T 1137 淡水养殖水质调节用微生物制剂质量与使用原则

SC/T 9101 淡水池塘养殖水排放要求

农业部〔2003〕第31号令 水产养殖质量安全管理规定

农医发〔2017〕25号 病死及病害动物无害化处理技术规范

3 产地环境

3.1 养殖产地

应符合GB 11607、NY/T 391、NY/T 3616的规定。周边无对养殖环境造成威胁的污染源,水质清新,透明度25 cm~40 cm,pH 6.5~9.0,溶氧量≥5 mg/L,且水源充足排灌方便,交通便利,电力充足。

3.2 养殖水源

水质清新,pH 6.6~9.0,溶氧量≥5 mg/L。其余应符合GB 11607的规定及NY/T 391规定。

4 池塘条件

4.1 养成池

长方形,池堤坚固,塘底平坦,壤土、黏土或沙壤土,不渗漏;面积根据地形地貌、养殖品种、养殖模式、生产管理水平、进排水量、进排水时间等确定,15亩~60亩为宜,池深2.5 m~4.0 m,水深2.0 m~2.5 m。

4.2 蓄水池

蓄水池应能完全排干,水容量为总养成水体的1/3以上。

4.3 尾水处理池

采用循环用水方式，养成池的水排出后，应先进入处理池，经过净化处理后，再进入蓄水池。不采用循环用水，养成后的尾水，也应经处理池净化后，按照 SC/T 9101 要求达标排放。

4.4 池塘设施

养成池的进水口与排水口尽量远离。排水渠的宽度应大于进水渠，排水渠底一定要低于各相应池塘排水闸底 30 cm 以上。

应配备增氧设备，同时选用水车式增氧机和叶轮式增氧机按 1∶1 的比例搭配使用。每 10 亩水面配备至少 1 台增氧机，每台增氧机功率不低于 3 kW。

5 水质管理

5.1 干塘清淤

成鱼出池后，排干池水，同时清除池底过多的淤泥，使淤泥厚度≤10 cm，延缓池塘老化。干塘清淤至少每年进行 1 次。

5.2 消毒清塘

苗种放养前，使用消毒剂清塘。常用清塘药物及方法见表 1。药物的使用应符合 NY/T 755 的要求。

表 1 常用清塘药物及方法

药　物	清塘方法	使用剂量，kg/亩	使用方法	毒性消失时间，d
生石灰	干法清塘	60～75	排除塘水，倒入生石灰溶化，趁热全池泼洒。第二天翻动底泥，3 d～5 d 后注入新水	7～10
	带水清塘	125～150	排除部分水，将生石灰化开成浆液，趁热全池泼洒	
含氯石灰（有效氯≥25%）	干法清塘	1	先干塘，然后将含氯石灰加水溶化，拌成糊状，然后稀释，全池泼洒	4～5
	带水清塘	13～13.5	将含氯石灰溶化后稀释，全池泼洒	

5.3 有益微生物的使用

按照 SC/T 1137 的规定使用微生物。在水温 25 ℃以上，选择日照较强的天气，定期施用光合细菌、枯草芽孢杆菌等微生物，施用微生物后要注意增加溶氧，微生物须在用药 3 d～4 d 后方能使用。定期添加碳源（葡萄糖、糖蜜等）调节水体碳氮比。控制绿藻和硅藻为主，避免蓝藻水华暴发。

6 苗种放养

6.1 鱼种质量

选择水产新品种审定委员会认定的鲤鱼品种。从原良种场购买鱼苗，苗种应规格整齐、体色正常、体质健壮、活力强，经检疫合格。其余应符合 NY/T 842 的要求。

6.2 池塘进水

清塘 3 d～5 d 后注水，初次注水水深宜 0.5 m～0.8 m。注水时用规格为 24 孔/cm（相当于 60 目）的筛绢网过滤。

6.3 养殖模式及放养方式

6.3.1 养殖模式

根据 NY/T 842 的要求，养殖模式应采用健康养殖、生态养殖方式。

6.3.2 放养方式

成鱼养殖可采用单养或套养类型，各地区各品种的放养比例分别参照附录A执行。

7 饲养管理

7.1 饲料

配合颗粒饲料质量要求符合GB/T 36782和NY/T 471的规定。鲤鱼养成阶段饲料要求见表2。

表2 鲤鱼养成阶段饲料主要营养成分指标

单位为百分号

项　　目	主要营养成分指标
粗蛋白质	≥30
粗脂肪	≥4
粗纤维	≤10
粗灰分	≤14
钙	2～4
总磷	≥1.1
赖氨酸	≥1.5
蛋氨酸	≥0.6

7.2 投喂方法

7.2.1 投喂原则

做到四定：定时、定位、定质、定量。

7.2.2 投喂方法

日投喂量：投饲量应根据季节、天气、水质和鱼的摄食强度进行调整。成鱼养殖日投饲量一般为鱼体重的1%～3%。

日投喂次数：成鱼养殖投喂次数为2次～4次，每次投喂时间持续20 min～40 min。

8 病害防治

采用无病先防，有病早治，全面预防，积极治疗的原则。彻底清塘消毒，鱼种消毒，调节水质，细心操作，避免鱼体受伤，常见病害防治方法见附录B。使用药物执行NY/T 755的标准要求。

9 尾水排放及废弃物处理

池塘排放养殖水水质应符合SC/T 9101的要求。生产资料包装物使用后当场收集或集中处理，不能引起环境污染。养殖生产粪污及底泥经发酵后作为肥力还田，也可将其收集处理用于其他用途，不得随意排放。病死鱼无害化处理按农医发〔2017〕25号的规定执行，选用合适处理方法进行无害化处理，一般推荐选择深埋法处理。

10 收获、包装、储存和运输

10.1 收获

规格达到500 g以上即可收捕上市；排出池水，留1 m深水，拉网或抬网捕获。

10.2 包装

包装应符合NY/T 658的要求。活鱼可用帆布桶、活鱼箱、尼龙袋充氧等或采用保活设施，运输工具和装载容器表面应光滑、易于清洗与消毒,保持洁净、无污染、无异味;鲜鱼应装于无毒、无味、便于冲洗的鱼箱或保温鱼箱中,确保鱼的鲜度及鱼体的完好。在鱼箱中需放足量的碎冰,以保持鱼体温度在0 ℃~4 ℃。

10.3 运输和储存

按 NY/T 1056 的规定执行。暂养和运输水应符合 NY/T 391 的要求。

11 日常管理

11.1 巡塘

每天巡塘不少于2次,宜在清晨观察水色和鱼的动态,及时处理浮头和鱼病。

11.2 水质检测

定时测量水温、溶解氧、pH、透明度、氨氮、亚硝酸盐、总碱度、总硬度等指标,其中溶解氧、pH、氨氮、亚硝酸盐、总碱度、总硬度建议采用便携式水质分析仪测定。

11.3 使用增氧机原则

正确使用增氧机,阴雨天或晴天的早晨、午后开机,每次2 h,高温季节每次增加1 h~2 h。

11.4 养殖生产记录

按农业部〔2003〕第31号令建立养殖池塘档案,做好全程养殖生产的各项记录。

附 录 A
(资料性附录)
绿色食品鲤鱼池塘养殖鱼种放养方式参考

绿色食品鲤鱼池塘养殖鱼种放养方式参考见表 A.1。

表 A.1 绿色食品鲤鱼池塘养殖鱼种放养方式参考

地 区	放养时间	饲养周期 年	种类	放养类型	放养规格 g	放养密度 尾/亩
东北地区	4 月～5 月	2	鲤鱼	主养	60	2 000
			鲢鱼	配养	60	280
			鳙鱼	配养	60	50
华北地区	秋放:10 月～11 月 春放:3 月～4 月	2	鲤鱼	主养	100	1 000
			鲢鱼	配养	75	400
			鳙鱼	配养	60	50
			鲫鱼	配养	25	200
西北地区	冬放:11 月～12 月 春放:3 月～4 月	2	鲤鱼	主养	60	1 600
			鲢鱼	配养	60	300
			鳙鱼	配养	60	50
西南地区	冬放:11 月～12 月 春放:3 月底前	2	鲤鱼	主养	50～150	1 700
			鲫鱼	配养	15～25	1 000
			鲢鱼	配养	50～500	250
			鳙鱼	配养	50～500	50
长江下游地区	春节前后	1～3	鲤鱼	配养	50	400
长江中上游	冬放:11 月～12 月 春放:2 月～3 月	1～2	鲤鱼	配养	100～200	100
珠江三角洲	11 月底至翌年 3 月	1	鲤鱼	配养	6	100

附　录　B
(资料性附录)
绿色食品鲤鱼池塘养殖主要病害方案

绿色食品鲤鱼池塘养殖主要病害方案见表B.1。

表B.1　绿色食品鲤鱼池塘养殖主要病害方案

防治对象	渔药/制剂名称	使用剂量	施药方法	安全间隔期,d
烂鳃病	亚氯酸钠溶液	0.3 mg/L～0.6 mg/L(连续3 d～6 d)	全池泼洒	10
细菌性肠炎	聚维酮碘溶液	0.2 mg/L～2 mg/L(连续3 d～5 d)	全池泼洒	—
水霉病	海水晶(有效成分:NaCl、$MgCl_2$ Na_2SO4、$CaCl_2$、KCl和$NaHCO_3$)	盐度6～7(连续5 d～7 d)	浸浴	—
小瓜虫	海水晶	盐度6～7(连续5 d～7 d)	浸浴	—

绿 色 食 品 生 产 操 作 规 程

LB/T 208—2021

绿色食品草鱼池塘养殖规程

2021-09-26 发布

2021-10-01 实施

中国绿色食品发展中心　发布

前　言

本规程由中国绿色食品发展中心提出并归口。

本规程起草单位：中国水产科学研究院东海水产研究所、上海市农产品质量安全中心、中国绿色食品发展中心、广东省农产品质量安全中心、安徽省绿色食品管理办公室、四川省绿色食品发展中心。

本规程主要起草人：来琦芳、么宗利、孙真、张维谊、张宪、欧阳英、高照荣、周熙、周凯、高鹏程、杜宗君。

绿色食品草鱼池塘养殖规程

1 范围

本规程规定了绿色食品草鱼(*Ctenopharyngodon idella*)池塘养殖的产地环境,池塘条件,养殖水质管理,苗种放养,饲养管理,病害防治,尾水排放及废弃物处理,收获、包装、储存和运输,日常管理各个环节应遵循的准则和要求。

本文规程适用于绿色食品草鱼成鱼池塘养殖。

2 规范性引用文件

下列文件中的内容通过文中的规范性引用而构成本文件必不可少的条款。其中,注日期的引用文件,仅该日期对应的版本适用于本文件;不注日期的引用文件,其最新版本(包括所有的修改单)适用于本文件。

GB 11607 渔业水质标准

GB 11776 草鱼鱼苗、鱼种

GB/T 17715 草鱼

GB/T 36205 草鱼配合饲料

NY/T 391 绿色食品 产地环境质量

NY/T 393 绿色食品 农药使用准则

NY/T 471 绿色食品 饲料及饲料添加剂使用准则

NY/T 658 绿色食品 包装通用准则

NY/T 755 绿色食品 渔药使用准则

NY/T 842 绿色食品 鱼

NY/T 1056 绿色食品 储藏运输准则

NY/T 3204 农产品质量安全追溯操作规程 水产品

NY/T 3616 水产养殖场建设规范

NY 5071 无公害食品 渔用药物使用准则

SC/T 1008 淡水鱼苗种池塘常规培育技术规范

SC/T 1137 淡水养殖水质调节用微生物制剂质量与使用原则

SC/T 9101 淡水池塘养殖水排放要求

农业部〔2003〕第31号令 水产养殖质量安全管理规定

农医发〔2017〕25号 病死及病害动物无害化处理技术规范

3 产地环境

3.1 养殖产地

应符合 NY/T 391 的要求,且水源充足排灌方便,交通便利,电力充足。

3.2 养殖水源

应符合 GB 11607、NY/T 391、NY/T 3616 的要求。周边无对养殖环境造成威胁的污染源,水质清新,透明度 25 cm~40 cm,pH 6.5~9.0,溶氧量≥5 mg/L。

4 池塘条件

4.1 养成池

长方形,东西走向为宜。面积15亩~60亩,池深2.5 m~3.0 m,水深2.0 m~2.5 m;池堤坚固,塘底平坦,壤土、黏土或沙壤土,不渗漏。

4.2 蓄水池

蓄水池应能完全排干,水容量应为总养成水体的1/3以上。

4.3 尾水处理池

养成池的水排出后,应先进入尾水处理池,采用循环用水方式的,经净化处理符合GB 11607规定后,再进入蓄水池。不采用循环用水方式的,经处理符合SC/T 9101规定后直接排放。

4.4 进排水渠道

养成池的进、排水渠,进水口与排水口宜远离。排水渠的宽度应大于进水渠,排水渠底应低于各相应养殖池排水闸底30 cm以上。应配备增氧设备,宜同时选用水车式增氧机和叶轮式增氧机,按1∶1的比例搭配使用。每10亩水面配备至少2台增氧机,每台增氧机功率不低于3 kW。

5 养殖水质管理

5.1 干塘清淤

成鱼出池后,排干池水,同时清除池底过多的淤泥,使淤泥厚度≤10 cm,延缓池塘老化。干塘清淤至少每年进行1次。

5.2 消毒清塘

苗种放养前,使用消毒剂清塘。常用清塘药物及方法见表1。药物的使用应符合NY/T 755的要求。

表1 常用清塘药物及方法表

药　物	清塘方法	使用剂量	使用方法	毒性消失时间,d
生石灰	干法清塘	60 kg/亩~75 kg/亩	排除塘水倒入生石灰溶化趁热全池泼洒,第2天翻动底泥,3 d~5 d后注入新水	7~10
	带水清塘	125 kg/亩~150 kg/亩	排除部分水将生石灰化开成浆液,趁热全池泼洒	
含氯石灰(有效氯≥25%)	干法清塘	1 kg/亩	干塘后将含氯石灰加水溶化拌成糊状,稀释后全池泼洒	4~5
	带水清塘	13 kg/亩~13.5 kg/亩	含氯石灰溶化,稀释后全池泼洒	

5.3 有益微生物制剂的使用

参照SC/T 1137标准使用微生物制剂。在水温25 ℃以上,选择日照较强的天气,定期施用光合细菌、枯草芽孢杆菌等微生物制剂,施用微生物制剂后要注意增加溶氧,微生物制剂须在用药3 d~4 d后方能使用。定期添加碳源(葡萄糖、糖蜜等)调节水体碳氮比。控制绿藻和硅藻为主,避免蓝藻水华暴发。

6 苗种放养

6.1 鱼种来源

从原良种场购买鱼苗,种质符合GB/T 17715的要求,选择规格整齐、体色正常、体质健壮、活力强,质量应符合GB 11776的要求,购入鱼种应检疫合格。培育方法及日常管理按照SC/T 1008规定执行。

6.2 注水

消毒清塘 3 d～5 d 后注水，初次注水水深宜 0.5 m～0.8 m。注水时用规格为 24 孔/cm(相当于 60 目)的筛绢网过滤。

6.3 养殖模式及放养方式

6.3.1 养殖模式

根据 NY/T 842 的要求，养殖模式应采用健康养殖、生态养殖方式。

6.3.2 放养方式

成鱼养殖可采用单养或套养类型，各地区各品种的放养比例分别参照附录 A 执行。

7 饲养管理

7.1 饲料

配合颗粒饲料质量要求符合 GB/T 36205 和 NY/T 471 的要求。草鱼养成阶段饲料要求应符合粗蛋白 25%～32%、粗脂肪 4%～7%、粗灰分 13%～15%、粗纤维 10%～15%、总磷 1%～1.6%、赖氨酸 1%～1.4%。

7.2 投喂原则

做到四定：定时、定位、定质、定量。

7.3 投喂方法

7.3.1 驯食

池塘面积不超过 40 亩宜放置 1 个～2 个投喂台，50 亩～60 亩宜放置 2 个～3 个投喂台；60 亩以上的宜设置多于 3 个投喂台；放苗 2 d～3 d 后，开始投饵驯化。投饵台附近，边投饵边给予声响刺激，按照定时原则日驯食 2 次～3 次，每次 20 min～30 min，驯至池鱼集群上浮水面抢食，转为正常投饵。

7.3.2 投喂次数

3 月下旬至 6 月每日投喂 2 次～3 次，7 月～8 月每日投喂 3 次～4 次，9 月每日投喂 2 次～3 次；每次投喂不少于 45 min；人工投喂和机械投喂均可。

7.3.3 投喂量

3 月～7 月投饵率为鱼体重 5%，8 月投饵率为鱼体重 3%～4%，9 月投饵率为鱼体重 5%。

8 病害防治

鱼种放养前，应用氯化钠浸浴(1%～3%，5 min～20 min)清除敌害生物。放养前按照 NY/T 755 注射草鱼出血病灭活疫苗，赤皮病、烂鳃病、小瓜虫病预防浸浴参见附录 B。

应符合无病先防，有病早治，全面预防，积极治疗的原则。使用药物执行 NY/T 755、NY/T 393 和 NY 5071 的要求。

9 尾水排放及废弃物处理

池塘排放养殖水水质应符合 SC/T 9101 淡水池塘养殖水排放要求。生产资料包装物使用后当场收集或集中处理，不应引起环境污染。养殖生产粪污及底泥经发酵后作为肥力还田，也可将其收集处理用于其他用途，不应随意排放。病死鱼无害化处理按农医发〔2017〕25 号的规定执行，选用合适处理方法进行无害化处理，一般推荐选择深埋法处理。

10 收获、包装、储藏和运输

10.1 收获

规格达到 1 000 g 以上即可收获上市；排出池水，留 1 m 深水，用拉网捕获。

10.2 包装

包装应符合 NY/T 658 通用准则要求。活鱼可用帆布桶、活鱼箱、尼龙袋充氧等或采用保活设施；鲜鱼应装于无毒、无味、便于冲洗的鱼箱或保温鱼箱中，确保鱼的鲜度及鱼体的完好。在鱼箱中需放足量的碎冰，以保持鱼体温度在 0 ℃～4 ℃。

10.3 储存和运输

储存运输按 NY/T 1056 的规定执行。暂养和运输水应符合 NY/T 391 的要求。

11 养殖尾水排放及废弃物处理

有机废弃物存储恰当，降低环境污染风险。垃圾、废物、废水等按照法律规定处置，废水外排时，应满足 SC/T 9101 的要求。清除的淤泥经无害化后用作肥料等加以资源化利用。

12 日常管理

12.1 巡塘

每天巡塘不少于 2 次，宜在清晨观察水色和鱼的动态，及时处理浮头和鱼病。

12.2 水质检测

定时测量水温、溶解氧、pH、透明度、氨氮、亚硝酸盐、总碱度、总硬度等指标，其中溶解氧、pH、氨氮、亚硝酸盐、总碱度、总硬度建议采用便携式水质分析仪测定。

12.3 生产档案记录

按农业部令〔2003〕第 31 号的规定建立养殖池塘档案，做好全程养殖生产的各项记录。档案记录应符合 NY/T 3204 的要求。

附 录 A
(资料性附录)
绿色食品草鱼池塘养殖鱼种放养方式参考表

绿色食品草鱼池塘养殖鱼种放养方式参考表见表A.1。

表A.1 绿色食品草鱼池塘养殖鱼种放养方式参考表

地　区	饲养周期 年	放养时间	种类	放养类型	放养规格 g	放养密度 尾/亩
东北地区	3	4月～5月	草鱼	主养	350	300
			草鱼	主养	500	30
			鲤鱼	配养	50	100
			鲢鱼	配养	50	250
			鳙鱼	配养	50	90
华北地区	2～3	秋放:10月～11月 春放:3月～4月	草鱼	主养	250	350
			草鱼	主养	75	800
			鲤	配养	75	200
			团头鲂	配养	100	100
			鲢鱼	配养	50	500
			鳙鱼	配养	60	100
西北地区	2～3	冬放:11月～12月 春放:3月～4月	草鱼	主养	200	360
			草鱼	主养	350	160
			鲤	配养	60	100
			团头鲂	配养	40	100
			鲢鱼	配养	60	350
			鳙鱼	配养	60	50
西南地区	2	冬放:11月～12月 春放:3月底前	草鱼	主养	50～400	350
			鲤	主养	15～150	670
			鲢鱼	配养	50～250	150
			鳙鱼	配养	50～350	30
珠江三角洲	1.5～2	11月底至翌年3月	草鱼	主养	250～750	300
			草鱼	主养	50	400
			鳙鱼	配养	250	150
			鲢鱼	配养	50	80
长江下游地区	2～3	春节前后	草鱼	配养	500～750	80
			草鱼	配养	150～200	100
			草鱼	配养	50	345
长江中上游	2～3	冬放:11月～12月 春放:2月～3月	草鱼	配养	250～750	150
			草鱼	配养	50～100	250

附　录　B
（资料性附录）
绿色食品草鱼池塘养殖常见病害、诊断方法和处置措施

绿色食品草鱼池塘养殖常见病害、诊断方法和处置措施见表 B.1。

表 B.1　绿色食品草鱼池塘养殖常见病害、诊断方法和处置措施

防治对象	防治时期	鱼药名称	使用剂量	施药方法	安全间隔期，d
出血病	6 月～10 月	草鱼出血病灭活疫苗	体重 12 g～250 g 每尾注射 0.2 mL；体重 250 g～750 g，每尾注射 0.3 mL	腹腔或肌肉注射	免疫期 15 个月
肠炎病	4 月～9 月	氟苯尼考粉预混剂（50%）	10.0 mg/（d・kg 体重）	拌饵投喂连用 4 d～6 d	—
赤皮病	常年可见，尤其放养或捕捞后最易发生	氟苯尼考粉预混剂（50%）	10.0 mg/（d・kg 体重）	拌饵投喂连用 4 d～6 d	—
烂鳃病	4 月～10 月，7 月～9 月最严重	氟苯尼考粉预混剂（50%）	10.0 mg/（d・kg 体重）	拌饵投喂连用 4 d～6 d	—
小瓜虫病	初冬春末，水温 15 ℃～25 ℃	海水晶（有效成分：NaCl、$MgCl_2$、Na_2SO_4、$CaCl_2$、KCl 和 $NaHCO_3$）	6 mg/L～7 mg/L（连续 5 d～7 d）	浸浴	—

绿 色 食 品 生 产 操 作 规 程

LB/T 209—2021

绿色食品鳙鱼大水面养殖规程

2021-09-26 发布　　2021-10-01 实施

中国绿色食品发展中心　发布

前　言

本规程由中国绿色食品发展中心提出并归口。

本规程起草单位:安徽农业大学、安徽省绿色食品管理办公室、中国水产科学研究院东海水产研究所、宿松富民水产养殖有限公司、宁夏绿色食品发展中心、云南省农产品质量安全中心、湖北省绿色食品管理办公室、江苏省绿色食品办公室、中国绿色食品发展中心。

本规程主要起草人:张云龙、胡晓欣、么宗利、丁淑荃、万全、袁小琛、杨启超、王冰、彭步旭、顾志锦、邱纯、杨远通、杭祥荣、赵建坤。

绿色食品鳙鱼大水面养殖规程

1 范围

本规程规定了绿色食品鳙鱼的产地环境、苗种投放、饵料、日常管理、捕捞、产品质量要求、生产废弃物处理及生产档案管理。

本规程适用于绿色食品鳙的大水面生产。

2 规范性引用文件

下列文件中的内容通过文中的规范性引用而构成本文件必不可少的条款。其中,注日期的引用文件,仅该日期的版本适用于本文件。不注日期的引用文件,其最新版本(包括所有的修改单)适用于本文件。

GB 11607 渔业水质标准

GB 17718 鳙

GB/T 11778 鳙鱼鱼苗、苗种

NY/T 391 绿色食品 产地环境质量

NY/T 394 绿色食品 肥料使用准则

NY/T 755 绿色食品 渔药使用准则

NY/T 842 绿色食品 鱼

SC/T 1149—2020 大水面增养殖容量计算方法

农医发〔2017〕25 号 病死及病害动物无害化处理技术规范

3 产地环境

3.1 水域条件

选择水源充沛、生态环境良好、光照充足、周边无污染源的水域,如小Ⅰ型水库及更大面积的水库、湖泊等,产地环境条件应符合 NY/T 391 的要求。

3.2 水质

要求水域中溶解氧≥5 mg/L,pH 6.5～9.0,浮游生物量≥1.0 mg/L。水质条件应符合 GB 11607 和 NY/T 391 的要求。

4 苗种投放

4.1 苗种质量

应选择体形、体色正常,体质健壮,无伤、无病、无畸形的苗种。原则上推荐由省级及省级以上的原、良种场提供的苗种,并经检疫部门检疫合格。鳙鱼种质应符合 GB 17718 的要求,鳙鱼苗种质量应符合 GB 11778 的要求。

4.2 投放时间

投放时间应根据不同地区的水温情况具体而定,一般推荐水温 10 ℃～15 ℃时投放鱼种。南方地区的投放时间一般为每年 11 月至翌年 3 月;北方地区一般为每年的 4 月中旬至 7 月。

4.3 投放规格

2 年～3 年长成的,投放规格为 150 g/尾～250 g/尾;当年长成的,投放规格为 500 g/尾～750 g/尾。

4.4 投放密度

鳙鱼鱼种的投放密度，根据投放水域的鱼产力、增养殖容量及苗种规格确定，湖泊、水库增养殖容量的计算方法按照 SC/T 1149 的规定执行，也可参照同类水域的投放经验。大水面生产中，鲢、鳙鱼一般为搭配投放，其中鳙的投放量占比为 60%～80%，根据不同营养类型的水域，推荐放养密度见表 1。实行轮投制度，每年分 2 次～3 次投放不同规格的鱼种。在实际生产中，可通过生产实践，观察鱼类生长实际情况，用"经验法"进行校正。

表 1 不同营养类型水域中鳙鱼苗种的推荐投放密度

放养规格，g/尾	放养密度，尾/亩
150～250	10～25
500～750	6～20

4.5 苗种消毒

苗种投放时，进行消毒处理，常用消毒方法见表 2。

表 2 鳙鱼苗种常用消毒方法

药物名称	剂量	使用方法
食　盐	2%～4%	浸浴 5 min～8 min
聚维酮碘	10 mg/L～15 mg/L	浸浴 10 min～20 min

5 饵料

鳙鱼主要以水体中天然的浮游动物作为饵料，不需人工投喂饵料。对于贫营养型大水面，在政策允许且不对水环境造成影响的条件下，可适当施肥。肥料的使用应符合 NY/T 394 的要求。

6 日常管理

6.1 建立生产日志

建立生产日志，做好"三项记录"，准确记录生产全过程的苗种投放、管理措施、动保产品使用以及成鱼销售情况。

6.2 日常巡查

坚持每天巡查水域，观察水质状况，做好防洪、防盗、防逃等应急措施。对鳡鱼、翘嘴鲌等凶猛鱼类较多的水域，应采用相应渔具渔法控制其数量。

6.3 定期监测

每隔 30 d，监测鳙鱼摄食及生长状况。有条件的每季度监测水质状况，特别是重点监测水温、溶解氧、pH、透明度、氨氮、亚硝酸盐、总碱度、总硬度等指标，其中溶解氧、pH、氨氮、亚硝酸盐、总碱度、总硬度建议采用便携式水质分析仪测定。

6.4 病害防治

坚持预防为主，防治结合的原则，定期对生产水域和工具进行消毒。保持良好的水体环境，实行生物预防与健康生产。对确需用药的，渔药使用应符合 NY/T 755 的规定。

7 捕捞

7.1 捕捞方式

库湾及小型水库宜采用拉网捕捞等，中型以上水库或湖泊宜采用联合渔具渔法或定置张网等方式捕捞。采用"捕大留小，轮捕轮放"的方式，根据不同地区的市场需求及市场价格采取适时捕捞。

7.2 捕捞规格

鳙鱼上市规格应为根据不同地区的市场需求具体而定，一般推荐规格为 2 500 g/尾以上。

8 产品质量要求

体形正常、体态匀称、肌肉紧密且富有弹性、无畸形、无病灶。产品质量应符合 NY/T 842 的要求。

9 生产废弃物处理

病死鱼无害化处理按农医发〔2017〕25 号的规定执行，选用合适处理方法进行无害化处理，一般推荐选择深埋法处理。

10 生产档案管理

10.1 生产档案记录

10.1.1 繁育或购买鱼种记录

包括购买单据、苗种来源记录和鱼种运输记录。

10.1.2 苗种投放记录

包括日期、种类、投放规格、总数量、总重量、鱼种平均重量、最大最小重量，鱼种平均长度、最大和最小长度，水体温度、pH、溶氧量，鱼体消毒情况，鱼体其他情况、投放方式、投放地点和天气情况等。

10.1.3 生产管理记录

包括日期、气候、气温和水温等，以及投入品使用记录。

10.1.4 水质监测记录

包括水质检测时间、次数、方法，水位等。

10.1.5 生长记录

包括抽样时期、种类、尾数，每尾鱼的长度、重量，平均长度、重量和肥满度等。

10.1.6 病害预防记录

包括病害名称、发病时间、病害来源、发病原因、防治方法、预防效果和死亡情况等。

10.1.7 事故记录

包括自然灾害、突发事件、死鱼情况、处理措施及原因分析等。

10.2 记录的要求

记录要求及时真实，不得弄虚作假。生产档案至少保存 3 年以上。

10.3 记录的应用

生产单位对各类记录进行阶段性的分析，计算本场的生产技术指标和生产指标，查找存在问题，采取相应措施改进提高。一旦发生产品质量安全问题和环保事件，确保记录可追溯。

绿 色 食 品 生 产 操 作 规 程

LB/T 210—2021

绿色食品鲢鱼大水面养殖规程

2021-09-26 发布 2021-10-01 实施

中国绿色食品发展中心 发布

前　言

本规程由中国绿色食品发展中心提出并归口。

本规程起草单位:安徽农业大学、安徽省绿色食品管理办公室、宿松富民水产养殖有限公司、安徽省公众检验研究院有限公司、内蒙古自治区水产技术推广站、湖北省绿色食品管理办公室、江苏省绿色食品办公室、云南省农产品质量安全中心、中国绿色食品发展中心。

本规程主要起草人:张云龙、谢陈国、丁淑荃、万全、袁小琛、杨启超、王冰、彭步旭、张飞、冯伟业、杨远通、杭祥荣、邱纯、高蓉、王雪薇。

绿色食品鲢鱼大水面养殖规程

1 范围

本规程规定了绿色食品鲢鱼的产地环境、苗种投放、饵料、日常管理、捕捞、产品质量要求、生产废弃物处理及生产档案管理。

本规程适用于绿色食品鲢的大水面生产。

2 规范性引用文件

下列文件中的内容通过文中的规范性引用而构成本文件必不可少的条款。其中，注日期的引用文件，仅该日期的版本适用于本文件。不注日期的引用文件，其最新版本(包括所有的修改单)适用于本文件。

GB 11607 渔业水质标准

GB 17717 鲢

NY/T 391 绿色食品 产地环境质量

NY/T 394 绿色食品 肥料使用准则

NY/T 755 绿色食品 渔药使用准则

NY/T 842 绿色食品 鱼

SC/T 1149—2020 大水面增养殖容量计算方法

农医发〔2017〕25 号 病死及病害动物无害化处理技术规范

3 产地环境

3.1 水域条件

选择水源充沛，生态环境良好，光照充足，周边无污染源的水域、如小Ⅰ型水库及更大面积的水库、湖泊等，产地环境条件应符合 NY/T 391 的要求。

3.2 水质

要求水域中溶解氧≥5.0 mg/L，pH 6.5～9.0，浮游生物量≥1.0 mg/L。水质条件应符合 GB 11607 和 NY/T 391 的要求。

4 苗种投放

4.1 苗种质量

应选择体形、体色正常，体质健壮的苗种。原则上推荐由省级及省级以上的原、良种场提供的苗种，并经检疫部门检疫合格。鲢鱼种质应符合 GB 17717 的要求，鲢鱼苗种质量应符合 GB 11777 的要求。

4.2 投放时间

投放时间应根据不同地区的水温情况具体而定，一般推荐水温 10 ℃～15 ℃时投放鱼种。南方地区的投放时间一般为每年 11 月至翌年 3 月；北方地区一般为每年的 4 月中旬至 7 月。

4.4 投放规格

两年长成的，投放规格为 100 g/尾～150 g/尾；当年长成的，投放规格为 250 g/尾～500 g/尾。

4.5 投放密度

鲢鱼鱼种的投放密度，根据投放水域的鱼产力、增养殖容量及苗种规格确定，湖泊、水库增养殖容量的计算方法按照 SC/T 1149 的规定执行，也可参照同类水域的投放经验。大水面生产中，鲢、鳙鱼一般为搭配投放，其中，鲢的投放量占比为20%～40%，根据不同营养类型的水域，推荐放养密度见表1。可实行轮投制度，每年分2次～3次投放不同规格的鱼种。在实际生产中，可通过生产实践，观察鱼类生长实际情况，用“经验法”进行校正。

表1 不同营养类型水域中鲢鱼苗种的推荐投放密度

放养规格，g/尾	放养密度，尾/亩
100～150	5～15
250～500	2～13

4.6 苗种消毒

苗种投放时，进行消毒处理，常用消毒方法见表2。

表2 鲢鱼苗种常用消毒方法

药物名称	剂　量	使　用　方　法
食　盐	2%～4%	浸浴5 min～8 min
聚维酮碘	10 mg/L～15 mg/L	浸浴10 min～20 min

5 饵料

鲢鱼主要以水体中天然的浮游植物作为饵料，不需人工投喂饵料。对于贫营养型大水面，在政策允许且不对水环境造成影响的条件下，可适当施肥。肥料的使用应符合NY/T 394的要求。

6 日常管理

6.1 建立生产日志

建立生产日志，做好“三项记录”，准确记录生产全过程的苗种投放、管理措施、动保产品使用以及成鱼销售情况。

6.2 日常巡查

坚持每天巡查水域，观察水质状况，做好防洪、防逃、防盗等应急措施。对鳡鱼、翘嘴鲌等凶猛鱼类较多的水域，应采用相应渔具渔法控制其数量。

6.3 定期监测

每隔30 d，监测鲢鱼摄食及生长状况。有条件的每季度监测水质状况，特别是重点监测水温、溶解氧、pH、透明度、氨氮、亚硝酸盐、总碱度、总硬度等指标，其中溶解氧、pH、氨氮、亚硝酸盐、总碱度、总硬度建议采用便携式水质分析仪测定。

6.4 病害防治

坚持预防为主，防治结合的原则，定期对生产水域和生产使用工具进行消毒。保持良好的水体环境，实行生物预防与健康生产。对确需用药的，渔药使用应符合NY/T 755的规定。

7 捕捞

7.1 捕捞方式

库湾及小型水库宜采用拉网捕捞等，中型以上水库或湖泊宜采用联合渔具渔法或定置张网等方式捕捞。采用“捕大留小，轮捕轮放”的方式，根据不同地区的市场需求及市场价格采取适时捕捞。

7.2 捕捞规格

鲢鱼上市规格应为根据不同地区的市场需求具体而定，一般推荐规格为1 500 g/尾以上。

8 产品质量要求

体形正常、体态匀称、肌肉紧密且富有弹性、无畸形、无病灶。产品质量应符合NY/T 842的要求。

9 生产废弃物处理

病死鱼无害化处理按农医发〔2017〕25号的规定执行，选用合适处理方法进行无害化处理，一般推荐选择深埋法处理。

10 生产档案管理

10.1 生产档案记录

10.1.1 繁育或购买鱼种记录

包括购买单据、苗种来源记录和鱼种运输记录。

10.1.2 苗种投放记录

包括日期、种类、投放规格、总数量、总重量、鱼种平均重量、最大最小重量，鱼种平均长度、最大和最小长度，水体温度、pH、溶氧量，鱼体消毒情况，鱼体其他情况、投放方式、投放地点和天气情况等。

10.1.3 生产管理记录

包括日期、气候、气温和水温等，以及投入品使用记录。

10.1.4 水质监测记录

包括水质检测时间、次数、方法，水位等。

10.1.5 生长记录

包括抽样时期、种类、尾数，每尾鱼的长度、重量，平均长度、重量和肥满度等。

10.1.6 病害预防记录

包括病害名称、发病时间、病害来源、发病原因、防治方法、预防效果和死亡情况等。

10.1.7 事故记录

包括自然灾害、突发事件、死鱼情况、处理措施及原因分析等。

10.2 记录的要求

记录要求及时真实，生产档案至少保存3年以上。

10.3 记录的应用

生产单位对各类记录进行阶段性的分析，计算本场的生产技术指标和生产指标，查找存在问题，采取相应措施改进提高。一旦发生产品质量安全问题和环保事件，确保记录可追溯。

绿 色 食 品 生 产 操 作 规 程

LB/T 211—2021

绿色食品凡纳滨对虾海水池塘养殖规程

2021-09-26 发布 2021-10-01 实施

中国绿色食品发展中心 发布

前　言

本规程由中国绿色食品发展中心提出并归口。

本规程起草单位:中国水产科学研究院东海水产研究所、上海市农产品质量安全中心、全国水产技术推广总站、中国绿色食品发展中心。

本规程主要起草人:么宗利、张维谊、来琦芳、王建波、王静芝、周凯、丰东升、高鹏程、马雪。

绿色食品凡纳滨对虾海水池塘养殖规程

1 范围

本规程规定了绿色食品凡纳滨对虾(*Penaeus vannamei*)海水池塘养殖的产地环境,池塘条件,水质管理,苗种放养,饲料管理,病害防治,收捕、包装、运输与储存,尾水排放及废弃物处理,日常管理等各个环节应遵循的准则和要求。

本规程适用于绿色食品凡纳滨对虾海水池塘养殖。

2 规范性引用文件

下列文件中的内容通过文中的规范性引用而构成本文件必不可少的条款。其中,注日期的引用文件,仅注日期的版本适用于本文件;不注日期的引用文件,其最新版本(包括所有的修改单)适用于本文件。

GB 11607　渔业水质标准
GB/T 20014.13　良好农业规范　第13部分:水产养殖基础控制点与符合性规范
GB/T 22919.5　水产配合饲料　第5部分:南美白对虾配合饲料
NY/T 391　绿色食品　产地环境技术条件
NY/T 471　绿色食品　饲料及饲料添加剂使用准则
NY/T 755　绿色食品　渔药使用准则
NY/T 658　绿色食品　包装通用准则
NY/T 840　绿色食品　虾
NY/T 1056　绿色食品　储藏运输准则
SC 2055　凡纳滨对虾
SC/T 2068　凡纳滨对虾　亲虾和苗种
SC/T 8139　渔船设施卫生基本条件
SC/T 9103　海水养殖水排放要求
农业部〔2003〕第31号令　水产养殖质量安全管理规定
农医发〔2017〕25号　病死及病害动物无害化处理技术规范

3 产地环境

3.1 养殖产地

应符合NY/T 391的要求,且水源充足、排灌方便,交通便利,电力充足。

3.2 养殖水源

应符合GB 11607及NY/T 391的要求。

4 池塘条件

4.1 养成池

池塘形状长方形,长、宽比不大于3:1,东西走向为宜。面积1.5亩~100亩。池深2.5 m~3 m,水深为1.5 m以上。底质以沙质或泥沙质为宜。

4.2 蓄水池

蓄水池应能完全排干,水容量应为总养成水体的1/3以上。

4.3 尾水处理池

采用循环用水方式,养成池的水排出后,应先进入处理池,经过净化处理后,再进入蓄水池。不采用循环用水,养成后的尾水,也应经处理池后,方可排放。

4.4 池塘设施

养成池的进、排水,进水口与排水口尽量远离。排水渠的宽度应大于进水渠,排水渠底一定要低于各相应虾池排水闸底 30 cm 以上。

应配备增氧设备,一般同时选用水车式增氧机和叶轮式增氧机按 1∶1 的比例搭配使用。

5 水质管理

5.1 干塘清淤

对虾出池后,排干池水,同时清除池底过多的淤泥,使淤泥厚度≤10 cm,延缓池塘老化。干塘清淤至少每年进行 1 次。

5.2 消毒清塘

苗种放养前,使用消毒剂清塘。常用清塘药物及方法见表 1。药物的使用应符合 NY/T 755 规定。

表 1 常用清塘药物及方法

药　物	清塘方法	使用剂量	使用方法	毒性消失时间,d
生石灰	干法清塘	60 kg/亩～75 kg/亩	排除塘水,倒入生石灰溶化,趁热全池泼洒。第 2 天翻动底泥,3 d～5 d 后注入新水	7～10
	带水清塘	125 kg/亩～150 kg/亩	排除部分水,将生石灰化开成浆液,趁热全池泼洒	
含氯石灰(有效氯≥25%)	干法清塘	1 kg/亩	先干塘,然后将含氯石灰加水溶化,拌成糊状,然后稀释,全池泼洒	4～5
	带水清塘	13 kg/亩～13.5 kg/亩	将含氯石灰溶化后稀释,全池泼洒	

5.3 有益微生物的使用

在水温 25 ℃以上,选择日照较强的天气,定期施用光合细菌、芽孢杆菌等微生物,施用微生物后要注意增加溶氧,微生物须在用药 3 d～4 d 后方能使用。定期添加碳源(葡萄糖、糖蜜等)调节水体碳氮比。控制绿藻和硅藻为主,避免蓝藻水华暴发。

6 苗种放养

6.1 池塘进水

初次进水以 50 cm 为宜,以后再逐渐提高水位,亦可以首次进水至 1 m 左右,以后再提高。进水时须用 60 目筛绢网过滤,避免带入小杂鱼或小虾。

6.2 基础生物饵料培养

池塘进水后施用肥料培养基础生物饵料,以有机肥为主,有机肥所占比例不得低于 50%,用量为 50 kg/亩～100 kg/亩。应控制肥料使用总量,水中硝酸盐含量在 40 mg/L 以下。不得使用未经国家或省级农业部门登记的化学或生物肥料,有机肥应经过充分发酵方可使用。

6.3 苗种质量

苗种质量满足 NY/T 840 的要求,其中种质满足 SC 2055 的要求,亲虾和苗种满足 SC/T 2068 凡纳滨对虾的要求,选择规格整齐、体色正常、体质健壮、活力强不携带特定病原体的健康苗种。苗种规格为

0.8 cm～2.0 cm。

6.4 养殖模式及放养方式

6.4.1 养殖模式

根据 NY/T 840 的要求，养殖模式应采用健康养殖、生态养殖方式。

6.4.2 放养方式

当水温稳定在 22 ℃以上时开始放养。配有增氧设施的健康养殖，放苗密度 3 万尾/亩～5 万尾/亩；生态养殖放苗密度 0.3 万尾/亩～0.5 万尾/亩。

7 饲养管理

7.1 饲料选用及质量要求

选用配合饲料符合 GB/T 22919.5 和 NY/T 471 的要求。

7.2 饲料投喂量

饲料投喂应以人工饲料为主，各阶段投喂量见表 2。

表 2 凡纳滨对虾池塘养殖投饵量及饲料要求

对虾规格，cm	所投饵料(干重)占对虾体重百分比，%	配合饲料粒径，mm	粗蛋白质，%	赖氨酸，%
<3	池内基础饵料			
幼虾(3～5)	9.8～15.0	0.5～0.8	≥36	≥1.8
中虾(5～8)	6.5～9.7	0.8～1.0	≥34	≥1.6
成虾(>8)	3.2～6.4	>1.2	≥32	≥1.4

7.3 饲料投喂方法

对虾全天投喂量分配：白天占 40%，傍晚和夜间占 60%。

投喂时间为：早晨 6:00—7:00，10:00—11:00，14:00—15:00，18:00—19:00，22:00—23:00。

8 病害防治

应坚持以预防为主，防重于治的原则。严格检疫，杜绝病原从亲虾或苗种带入，投放健壮苗种或经消毒处理的虾苗；在准确诊断的基础上对症或对因用药，防止细菌继发感染等。使用药物执行 NY/T 755 的要求，常见病害防治用药参见附录 A。

9 收捕、包装、运输与储存

9.1 收捕

对虾收捕应根据养殖状况、市场需求、季节温度等灵活掌握，体长规格一般在 8 cm 以上。

9.2 包装

按 NY/T 658 的规定执行，活虾应有充氧和保活设施，鲜虾应装于无毒、无味、便于冲洗的箱中，确保虾的鲜度及虾体的完好。

9.3 运输

基本要求应符合 NY/T 1056 的要求。渔船应符合 SC/T 8139 的要求。活虾运输要有暂养、保活设施，应做到快装、快运、快卸，用水清洁、卫生；鲜虾用冷藏或保温车船运输，保持虾体温度在 0 ℃～4 ℃，所有虾产品的运输工具应清洁卫生，运输中防止日晒、虫害、有害物质的污染和其他损害。

9.4 储存

基本要求应符合 NY/T 1056 的要求。活虾储存中应保证虾所需氧气充足;鲜虾应储存于清洁库房,防止虫害和有害物质的污染及其他损害,储存时保持虾体温度在 0 ℃~4 ℃。冻虾应储存在−18 ℃以下,应满足保持良好品质的条件。

10 尾水排放及废弃物处理

池塘排放养殖水水质应符合 SC/T 9103 的要求。清除的淤泥经无害化后可用作肥料等加以资源化利用。病死虾无害化处理按农医发〔2017〕25 号的规定执行,选用合适处理方法进行无害化处理,一般推荐选择深埋法处理。

11 日常管理

11.1 水质检测

定时测量水温、溶解氧、pH、透明度、氨氮、亚硝酸盐、总碱度、总硬度等指标,其中溶解氧、pH、氨氮、亚硝酸盐、总碱度、总硬度建议采用便携式水质分析仪测定。

11.2 巡塘

坚持早、中、晚巡池,观察池塘水质、对虾活动、觅食等。每 10 d~15 d 测量 1 次对虾体长或体重,制定和调整下一步管理措施。

11.3 养殖生产记录

按农业部〔2003〕第 31 号令的规定建立养殖池塘档案做好全程养殖生产的各项记录。

附　录　A
（资料性附录）
绿色食品凡纳滨对虾池塘养殖主要病害防治方案

绿色食品凡纳滨对虾池塘养殖主要病害防治方案见表 A.1。

表 A.1　绿色食品凡纳滨对虾池塘养殖主要病害防治方案

防治对象	防治时期	渔药名称	使用剂量	施药方法	安全间隔期，d
弧菌病	整个养殖周期	氟苯尼考	每 100 kg 饲料添加 0.2 kg	拌饵投喂，连续投喂 3 d～5 d	7 d
聚缩虫	整个养殖周期	硫酸锌粉	预防：每 1 m^3 水体用硫酸锌粉 0.2 g～0.3 g 治疗：每 1 m^3 水体用硫酸锌粉 0.75 g～1 g	全池泼洒 预防：每次 15 d～20 d 治疗：一日 1 次，病情严重可连用 1 次～2 次	无休药期

绿 色 食 品 生 产 操 作 规 程

LB/T 212—2021

绿色食品中华绒螯蟹大水面养殖规程

2021-09-26 发布 2021-10-01 实施

中国绿色食品发展中心 发布

前　言

本规程由中国绿色食品发展中心提出并归口。

本规程起草单位：中国水产科学研究院东海水产研究所、辽宁省绿色食品发展中心、江苏省绿色食品办公室、安徽农业大学、中国绿色食品发展中心。

本规程主要起草人：来琦芳、么宗利、周凯、辛绪红、张云龙、孙真、高鹏程、孙玲玲、刘一萌、唐伟。

绿色食品中华绒螯蟹大水面养殖规程

1 范围

本规程规定了绿色食品中华绒螯蟹(*Eriocheir sinensis*)大水面生产的产地环境条件、生产方式、蟹种投放、生产管理、收捕、包装、运输与储存、尾水排放及废弃物处理等各个环节应遵循的准则和要求。

本规程适用于绿色食品中华绒螯蟹大水面生产。

2 规范性引用文件

下列文件中的内容通过文中的规范性引用而构成本文件必不可少的条款。其中,注日期的引用文件,仅注日期的版本适用于本文件;不注日期的引用文件,其最新版本(包括所有的修改单)适用于本文件。

GB 11607 渔业水质标准

GB/T 19783 中华绒螯蟹

NY/T 391 绿色食品 产地环境技术条件

NY/T 755 绿色食品 渔药使用准则

NY/T 841 绿色食品 蟹

SC/T 1149 大水面增养殖容量计算方法

农业部〔2003〕第31号令 水产养殖质量安全管理规定

农医发〔2017〕25号 病死及病害动物无害化处理技术规范

3 产地环境条件

3.1 水域选择

风浪较小,水质清新,有微流水,浅水区常年水深保持0.8 m~1.5 m,底部平坦,含沙量低的黏壤土为好,底栖生物丰富;水草丰盛,以水生植物如苦草、轮叶黑藻、马来眼子菜、金鱼藻、小茨藻等为主,覆盖率达70%左右。

3.2 水质

水质应符合GB 11607及NY/T 391的要求。

4 生产方式

在湖泊、水库等内陆水体开展中华绒螯蟹大水面养殖,一般采用不投饵生态养殖模式,同一水体不同区域采用轮养轮休养殖模式。

5 蟹种投放

5.1 蟹种来源

渔业行政主管部门批准原良种场繁育的蟹苗培育而成的蟹种,并经检疫部门检疫合格。

5.2 蟹种质量

蟹种的种质和质量应符合GB/T 19783和NY/T 841的要求,规格整齐,色泽光洁,体质健壮,爬行敏捷,附肢齐全,指节无损伤,无畸形、无寄生虫、无疾病。严禁投放性早熟蟹种。

5.3 蟹种消毒

蟹种用池水浸湿2 min后取出5 min~10 min,重复3次。再用3%~5%的食盐水浸浴3 min~

15 min。使用其他药物消毒应符合 NY/T 755 的要求。

5.4 投放密度及时间

提倡生态养殖，合理控制放养密度，鼓励不投饵生态养殖。放养密度应遵循养殖经济动物的营养物排放量不超过水体承载力的最大养殖量，相关计算方法参照 SC/T 1149 大水面增养殖容量计算方法。

2 月～4 月，根据大水面的养殖容量，放养密度为 1 kg/亩～3 kg/亩（小于 50 只/亩），放养规格为 60 只/kg～200 只/kg。

6 生产管理

6.1 水质管理

水质应符合 GB 11607 和 NY/T 391 的要求。定时测量水温、溶解氧、pH、透明度、氨氮、亚硝酸盐、总碱度、总硬度等指标，其中溶解氧、pH、氨氮、亚硝酸盐、总碱度、总硬度建议采用便携式水质分析仪测定。

6.2 检查

检查防逃设施，发现问题及时解决；在汛期期间，密切注意水位上涨情况，及时增设防逃网；检查地笼内是否有河蟹进入，了解河蟹外逃情况，加强防逃管理。

6.3 生产日记管理

按农业部〔2003〕第 31 号令的规定建立养殖池塘档案做好全程养殖生产的各项记录。

7 收捕、包装、运输与储存

7.1 捕捞收获

9 月～12 月，地笼张捕为主，灯光诱捕为辅。

7.2 包装、运输与储存

符合 NY/T 841 的要求。

8 尾水排放及废弃物处理

大水面养殖应符合养殖容量的限制标准，不产生尾水。养殖废弃物无害化后资源化利用。养殖尾水排放及生产废弃物处理。生产资料包装物使用后当场收集或集中处理，不应引起环境污染。病死蟹无害化处理按农医发〔2017〕25 号的规定执行，选用合适处理方法进行无害化处理，一般推荐选择深埋法处理。

图书在版编目(CIP)数据

绿色食品生产操作规程．四 / 张志华，张宪主编．—北京：中国农业出版社，2022.8

ISBN 978-7-109-29820-0

Ⅰ.①绿… Ⅱ.①张… ②张… Ⅲ.①绿色食品—生产技术—技术操作规程 Ⅳ.①TS2-65

中国版本图书馆 CIP 数据核字(2022)第 146838 号

绿色食品生产操作规程(四)

LÜSE SHIPIN SHENGCHAN CAOZUO GUICHENG(SI)

中国农业出版社出版

地址：北京市朝阳区麦子店街 18 号楼

邮编：100125

责任编辑：廖　宁

版式设计：杜　然　　责任校对：吴丽婷

印刷：中农印务有限公司

版次：2022 年 8 月第 1 版

印次：2022 年 8 月北京第 1 次印刷

发行：新华书店北京发行所

开本：880mm×1230mm　1/16

印张：23.75

字数：800 千字

定价：188.00 元
